特色经济作物
化肥农药减施增效技术模式

全国农业技术推广服务中心　组织编写

U0349142

中国农业科学技术出版社

图书在版编目（CIP）数据

特色经济作物化肥农药减施增效技术模式／周泽宇，尚怀国，易克贤主编 . —北京：中国农业科学技术出版社，2021.5

ISBN 978-7-5116-5178-5

Ⅰ.①特… Ⅱ.①周…②尚…③易… Ⅲ.①经济作物-农药施用 Ⅳ.①S48

中国版本图书馆 CIP 数据核字（2021）第 023975 号

责任编辑	于建慧
责任校对	李向荣
责任印制	姜义伟　王思文

出 版 者	中国农业科学技术出版社 北京市中关村南大街 12 号　邮编：100081
电　　话	（010）82109708（编辑室）　　（010）82109702（发行部） （010）82109709（读者服务部）
传　　真	（010）82106650
网　　址	http://www.CASTP.cn
经 销 者	全国各地新华书店
印 刷 者	北京富泰印刷有限责任公司
开　　本	710mm×1 000mm　1/16
印　　张	19
字　　数	326 千字
版　　次	2021 年 5 月第 1 版　2021 年 5 月第 1 次印刷
定　　价	68.00 元

编 委 会

主　编　周泽宇　尚怀国　易克贤

副主编　冷　杨　孙　娟　黄　兴

编　委（按姓氏笔画顺序排序）

丁伟平　于　杰　王玉富　王立东

王克健　王树声　王娟娟　文尚华

刘敏彦　齐永红　许　轲　孙越赟

吴子健　何伯伟　何霞红　宋国柱

张志财　陈彦亮　罗　微　郑红裕

宗庆波　钟　鑫　高　霞　黄贵修

黄香武　黄家雄　康天兰　梁木根

蒋靖怡　谭宏伟　樊小林　潘宁松

前　言

化肥、农药作为主要的农业投入品，在农业生产中发挥着重要作用，但过量施用导致的生产成本攀升及环境污染问题日趋严重。十九大报告明确指出，必须树立和践行绿水青山就是金山银山的理念，坚持节约资源和保护环境的基本国策，像对待生命一样对待生态环境……形成绿色发展方式和生活方式。中药材、甘蔗、麻类、橡胶、木薯、咖啡、烟草等特色经济作物种植范围广、比较效益高，是很多地区特别是部分贫困地区实现脱贫增收的支柱产业。但近年来特色经济作物在生产上存在化肥和农药施用过量、施用方法不当、利用效率不高等问题，亟需研发、推广适宜不同地区的绿色高效生产技术模式。

2018年科技部设立了国家重点研发计划"特色经济作物化肥农药减施技术集成研究与示范"项目，通过研发、集成、示范、推广特色经济作物化肥农药减施增效技术模式，加速提升化肥农药利用效率，加快促进化肥农药减量增效，对于实现特色经济作物的绿色高质量发展具有重要意义。一是推动实现资源节约、节本增效的必然选择。在特色经济作物生产过程中，为了获得更高的产量和更好的防治效果，农民往往大量甚至过量施用化学肥料和化学农药，长此以往陷入了高投入、高消耗，资源透支、过度开发的恶性循环，特色经作产业发展面临的资源压力日益加大，到了必须加快转型升级、实现绿色发展的新阶段。通过特色经济作物化肥农药减施增效技术模式的集成应用，在保证产量稳中略增的前提下，可以实现化学肥料和化肥农药的施用量减少25%以上，既减少了农业投入品的施用量，又降低了劳务用工成本，有利于推动实现资源节约、节本增效。二是推动实现环境友好、提质增效的迫切要求。特色经济作物生产中的化肥农药过量施用，不仅导致了资源的过度消耗和生产成本的增加，也影响了特色经作产品的质量安全和生产环境的生态安全。在新时代，人们不仅对物质文化生活提出了更高要求，而且对环境的要求也日益增长。在"老路走不通，老账还要还，新账不能欠"的前堵后追下，通过特色经济作物化肥农药减施增效技术模式的集成示范，改变传统生产方式，在减少化肥、农药施用量的同时，降低产品农药残留、改善产地环境、保障质量安全，不仅有利于推动实现环境友好型的特色经济作物生产体系，也有利于推动特色经作产业的提质增效、提档升级。三是推动实现产出高效、农民增收的重要途径。随着人们生活水平的不断提高，具有养生、休闲等功能的中药材、咖啡等特色经济作物迎来了难得的发展机遇。但过量施用化肥、农药而导致产品的品质下降、安全堪忧等问题，严重影响了产业的健康发展，导致农民收益的徘徊不前，进而影响了农户的种植积极性。通过特色经济作物化肥农药减施增效技术模式的推广应用，一方面，在实现减肥减药的同时可保证不减产甚至小增产，来促进农民增收；另一方面，通过减少特色经济作物生产全程化学肥药的施用量，来推动特色经作产品的品质提升，通过优质优价来促进农民增收。

特色经济作物种类多、分布范围广，为了总结推广适合不同地区的特色经济作物化肥农药减施增效技术模式，在国家重点研发计划"特色经济作物化肥农药减施技术集成研究与示范"项目（2018YFD0201100）支持下，将项目内部分省份的研究成果汇编成书，在编写过程中得到有关单位和个人的大力支持，在此表示衷心的感谢。

由于时间仓促，水平有限，书中难免有错漏和不足之处，敬请广大读者批评指正。

编　者

2020 年 11 月

目　录

中药材化肥农药施用现状及减施增效技术模式

黄芪化肥农药施用现状及减施增效技术模式

菊花化肥农药施用现状及减施增效技术模式

人参化肥农药施用现状及减施增效技术模式

丹参化肥农药施用现状及减施增效技术模式

咖啡化肥农药施用现状及减施增效技术模式

烟草化肥农药施用现状及减施增效技术模式

中药材

化肥农药施用现状及减施增效技术模式

黄 芪

化肥农药施用现状及减施增效技术模式

河北省承德市黄芪农药减施增效技术模式

一、黄芪农药施用现状

近年来，承德市中药材种植面积不断增加，2019 年，黄芪种植面积达到 2.5 万亩*。随着黄芪种植面积的不断增加，黄芪病虫害的发生率也逐年上升，降低了黄芪的产量和品质，严重影响了黄芪种植产业的发展。

（一）常见病害及防治方法

1. 根腐病

（1）症状　主要为害茎基和根部。染病植株叶变黄枯萎，茎基和主根全部变为红褐色干腐状，上有纵裂或红色条纹，侧根已腐烂或很少，病株易从土中拔出，主根维管束变为褐色，湿度大时根部长出粉霉。

（2）化学防治　发病初期用 15% 噁霉灵水剂 750 倍液或 3% 甲霜·噁霉灵水剂 1 000 倍液喷淋根茎部，每 7~10d 喷药 1 次，连用 2~3 次；或用 50% 托布津 1 000 倍液浇灌病株。

2. 白粉病

（1）症状　主要为害叶片。初期叶片正、反两面产生圆形白色粉状霉斑，叶柄、茎部染病着生白色霉点或霉斑，严重时整个叶片被白粉覆盖，致叶片干枯或全株枯死。

（2）化学防治　发病初期，喷施 430g/L 戊唑醇悬浮剂 3 000 倍液（苗期 6 000 倍液）或 75% 肟菌·戊唑醇水分散粒剂 3 000 倍液喷雾，每 5~7d 喷洒 1 次，连用 2~3 次。

3. 锈病

（1）症状　主要为害叶片。病叶正面出现褪绿色斑，背面淡黄色小疱斑。疱斑表面破裂后露出锈黄色夏孢子堆布满全叶，后期产生深褐色冬孢子堆。发生严重时导致叶片枯死。

---

   * 注：1 亩 ≈ 667 平方米。全书同。

（2）化学防治　发病初期及时喷药防治，可用30%戊唑·咪鲜胺可湿性粉剂500倍液或20%烯肟·戊唑醇悬浮剂1 500倍液喷雾，每5~7d喷洒1次，连用2~3次。

4. 紫纹羽病（俗称"红根病"）

（1）症状　药材发病后，主根和须根的表面出现白色至紫红色的绒状菌丝层，后期菌丝形成膜状菌丝块、菌核或网状菌索。病根由外向内逐渐腐烂，流出无臭味的浆液，后期仅剩下皮壳，植株易从土中拔起。

（2）化学防治　发病初期用15%噁霉灵水剂750倍液或3%甲霜·噁霉灵水剂1 000倍液喷淋根茎部，每7~10d喷药1次，连用2~3次；或用50%托布津1 000倍液浇灌病株。

（二）常见虫害及防治方法

蚜虫

（1）症状　为害黄芪的蚜虫是槐蚜和无网长管蚜的混合群体，以槐蚜为主，多集中为害枝头幼嫩部分及花穗等，使植株生长不良，造成落花、空荚等，严重时引起枝叶枯萎甚至整株死亡。蚜虫分泌的蜜露还会诱发煤污病、病毒病并招来蚂蚁为害等。

（2）化学防治　用33%氯氟·吡虫啉乳油3 000倍液，或用10%吡虫啉粉剂1 500倍液喷雾。

二、黄芪农药减施增效技术模式

（一）核心技术

本模式的核心内容主要包括"优良品种+配方平衡施肥+绿色防控+机械化采收"。

1. 优良品种

道地黄芪种子。

2. 配方平衡施肥

（1）底肥　深翻40cm以上，亩施腐熟有机肥3 000~4 000kg，磷酸二铵复合肥7.5~10kg，深翻入土混合均匀后施入耕层做基肥，整平耙细，起垄做畦。

（2）追肥　每年可结合中耕除草施肥1~2次，每亩沟施腐熟有机肥1 500~

2 000kg，施用化肥应以磷钾肥为主。苗期和花荚期追施磷酸二铵20～30kg，硫酸钾复合肥5～10kg，覆土后及时浇水。

3. 蚜虫绿色防控

有翅成蚜对黄色、橙黄色有较强的趋性，生产中可制作15cm×20cm大小的黄色纸板，并在纸板上涂1层10号机油或治蚜常用的农药，将黄纸板插或挂在黄芪行间与黄芪顶端持平。

4. 采收

黄芪生长2～3年后即可采收，但质量以3～4年生采挖的为宜。秋季植株地上部分完全枯萎后或早春未萌动前，将根挖出。黄芪根深，一定要注意深挖缓拔，防止断根。

（二）生产管理

1. 播前准备

使用翻转犁深耕灭茬45cm以上，翻耕后用旋耕机或圆盘耙对表层土壤进行细碎和平整处理，达到地表平整，土壤细碎疏松、上实下虚，便于机械播种的要求。深耕后使用旋耕起垄施肥机，均匀施入肥料，做到全层施肥，然后立即混土5～10cm。整成140cm的宽畦，畦高25cm，垄间距40cm，畦面平整，耕层松软。

2. 组织播种

直播黄芪春、夏、秋3季均可播种，但以春播和秋播较好。春播时间选在当地气温稳定在5℃以上时，秋播时间在当地气温下降到15℃左右时。

3. 追肥

每年可结合中耕除草施肥1～2次，每亩沟施腐熟有机肥1 500～2 000kg。施用化肥应以磷钾肥为主。苗期和花荚期追施磷酸二铵20～30kg，硫酸钾复合肥5～10kg，覆土后及时浇水。

4. 组织收获

黄芪生长2～3年后即可采收，但质量以3～4年生采挖的为宜。秋季植株地上部分完全枯萎后或早春未萌动前，将根挖出。黄芪根深，一定要注意深挖缓拔，防止断根。根挖出后，趁鲜将芦头、须根剪掉，抖净泥土，在日光下晾晒至七八成干时，将根理直，按长短分级，捆成小捆，再晾晒全干。

（三）应用效果

1. 减药效果

本模式与周边常规生产模式相比，减少化学农药防治次数1～3次，减少化学农药用量 10%~20%，农药利用率提高 5%~10%。害虫为害率控制在 14% 以下。

2. 成本效益分析

黄芪生长年限为 2 年，亩生产成本 4 380 元，亩产量 300kg，亩收入 10 500 元，亩纯收入 6 120 元。

3. 促进品质提升

模拟自然环境进行黄芪仿野生栽培，选择适宜黄芪生长的野外环境，避免人工制造的气候条件下进行的生产，稳定柴黄芪苷、黄酮类等关键技术指标，促进黄芪品质提升。

4. 生态与社会效益分析

生态效益方面，通过实施该生产模式，土壤的 pH 值得到了有效调节，同时土壤的缓冲能力和稳定性得到增强。有机肥施入土壤后，保护环境的同时有利于疏松土壤，改良土壤，促进黄芪的生长。社会效益方面，在进行示范集成的同时，通过开展中药材种植技术培训推广黄芪生产种植技术新模式，实现农业生产与保障生态两不误、两促进的目标。

（四）适宜区域

承德市及周边区域。

（甄云）

辽宁省黄芪化肥农药减施增效技术模式

一、核心技术

本模式的核心内容主要包括"优良品种+配方平衡施肥+绿色防控+机械化采收"。

1. 优良品种

辽宁省黄芪主要种植区为辽西北的朝阳、阜新和锦州等地，目前主栽品种为适宜该地区且表现较好的蒙古黄芪，特点是高产抗旱，高抗根腐病。

2. 配方平衡施肥

结合深耕，底肥施入商品有机肥400kg/亩或腐熟的农家肥2 500kg/亩，撒可富复合肥（15-15-20）35kg/亩。播种前采用药剂拌种，可防治根腐病及克服黄芪连作障碍等问题。结合灌溉，分别在出苗后10~15d（4月中下旬）、盛花期、结荚期施用微生物菌剂20kg/亩；荧光菌5L/亩，可拌种或灌根。

3. 虫害绿色防控

利用害虫对黄蓝色敏感，具有强烈趋黄趋蓝性的特点，引诱害虫扑向黄蓝板并将害虫粘在板上，达到防治害虫的目的，每亩使用量在20~30张；通过性诱剂，每亩设置专用诱捕器1个，每个诱捕器内放置性诱剂2粒。通过杀虫灯诱杀，一般在5—9月害虫成虫发生期，每亩设1盏黑光灯，每日21时开灯、次晨关灯。可减少杀虫剂的使用量。

4. 机械化作业

主要包括机械播种、机械施肥、机械喷药、机械收获。

二、生产管理

1. 播前准备

（1）选地与整地　选择土层深厚，土质疏松、肥沃、排水良好，向阳高燥的中性或微酸性的沙质土壤，向阳不涝的黑土也可。选好地后，深翻30~60cm，结合整地每亩施入腐熟的有机肥2 000~2 500kg，过磷酸钙50kg或磷酸二铵25kg。

（2）种子处理　沸水催芽、细沙揉搓，避免机械损伤。

2. 组织播种

经过处理的种子才可以直播，分为春播和秋播。每亩用种量2kg左右。

苗高6cm左右进行第1次间苗，以后再进行第2次间苗，然后再定苗、补苗。

3. 除草追肥

苗期应勤中耕除草。结合中耕除草进行追肥，亩施磷酸二铵15kg。入冬前枯苗后可追施农家肥2 000kg加过磷酸钙50kg，再培土防冻。追肥要多施磷肥，少施氮肥。

4. 采收加工

本地区黄芪生长期不应超过 3 年，否则地下根茎木栓化，秋季 9—10 月进行采收，之后进行烘干处理。

三、应用效果

1. 减肥减药效果

本模式与常规生产模式相比，减少化学农药防治次数 2 次，减少化学农药用量 29.5%，化肥利用率提高 4.1%，农药利用率提高 5.7%。蚜虫为害率控制在 10% 以下。

2. 成本效益分析

亩生产成本 2 000 元，亩产量 250kg 左右，高产可达 300kg。亩收入 7 500 元，亩纯收入 5 500 元。

3. 促进品质提升

本模式生产的黄芪，黄芪甲苷含量为 0.045%，比常规模式高 1.25 个百分点。含毛蕊异黄酮葡萄糖苷不少于 0.028%。

4. 生态与社会效益分析

通过实施该生产模式，在减少化肥和农药的施用、减轻对环境污染的同时，可增强土壤的缓冲能力和稳定性。与此同时，通过有机肥的施入，可加速土壤团聚体的形成，改善土壤的理化性质，提升地力水平。

四、适宜地区

辽宁省辽西北地区。

（宋国柱、贾慧群）

黑龙江省林口县黄芪化肥农药减施增效技术模式

黄芪是林口县道地药材，种植历史悠久。2019 年，林口县黄芪种植面积

6 000亩，在农民增收和扩大就业等方面发挥着重要作用，是林口县供给侧结构改革的重要产业。2020年3月25日，国家药典委员会再次公示药材、饮片检验通则及重金属、农药残留限量标准，进一步明确中药材有害残留物限量，因此，亟须解决中药材化肥农药施用超量问题，为实现农业农村部"一控两减三基本"的目标，以"生态为根、农艺为本、生物农药和化学农药防控为辅"的植保方针为指导，现提出林口县黄芪化肥农药减施增效技术模式。

一、化肥施用现状

2015年，林口县开始产业化种植黄芪，面积逐年增加，合理轮作，且土壤肥沃疏松，化肥施用情况整体较好，底肥施用量一直维持在中等水平，一般亩施用掺混肥（N 12%、P 18%、K 15%）35kg，追肥在6—7月叶面喷施0.2%～0.3%磷酸二氢钾2次，但部分农户追肥存在问题较大，主要是钾肥施用量不足，有的甚至不追施钾肥，氮肥施药时期偏后造成营养生长过剩，抗病力下降，化肥施用不当不仅增加种植成本，降低了黄芪品质，还引发了环境污染。

（一）化肥利用率低

在林口县黄芪生产中，底肥利用率低主要是因为菌肥施用不足甚至不施，造成磷元素被土壤固定，导致土壤板结，降低化肥利用率；追肥主要是方法不得当，造成化肥利用率低，如氮肥利用率仅为20%左右；土壤的含水量不同，对肥料利用率不同，淋失、挥发和被土壤固定都会降低化肥利用率，不仅增加了农户的经济投入，同时对土壤、水源和环境也造成巨大威胁。

（二）品种结构不合理

林口县黄芪施肥结构不合理，仍以N、P、K为主，且比例失调，导致土壤板结，土壤团粒结构被破坏，土壤酸碱失衡，从而降低保水保肥能力，导致养分损失巨大；缺少微量元素、生物菌肥与有机肥的使用，存在单一施用化肥情况。

（三）施肥方法不科学

目前，林口县黄芪施肥方法较为粗犷，追肥不能做到侧深施肥，大部分施在表土，易造成淋溶流失，降低肥料利用率；存在"重基肥，轻追肥"思想，不施追肥或追肥时期偏后，导致肥料增产效应下降。

（四）水溶肥应用不普遍

水溶性肥料可应用于喷灌、滴灌等设施农业，实现水肥一体化管理。有用量少、使用方便、成本低、作物吸收快、营养成分利用极高的特点，但目前农户对水溶肥认识不足，使用农户不多，有的农户存在"水溶肥就是叶面肥"的错误认知。

二、农药施用现状

近年来，林口县黄芪在生产中主要病害有根腐病、白粉病，一般在发病初期用 30%噁霉灵水剂 1 200~1 500 倍液喷雾或用 50%多菌灵可湿性粉剂 800~900 倍液浇灌病穴；主要虫害有蚜虫、地老虎和蛴螬等，为害严重时期可选用 15%吡虫啉可湿性粉剂 100 倍液或 50%抗蚜威可湿性粉剂 800 倍液喷施，地下害虫用 40%的辛硫磷乳油 1 500~2 000 倍液灌根；常见杂草有稗、狗尾草、马唐、牛筋草、藜、反枝苋、苍耳、鸭跖草、苘麻、铁苋菜、苣荬菜、问荆等，常用化学除草方法是苗前亩用 33%二甲戊灵乳油 150ml，兑水 15~20kg 表土喷雾，苗后亩用 20%拿扑净乳油 100ml 兑水 50kg 均匀喷雾。目前，在黄芪病虫害防治过程中，因化学防治高效便捷、省时省力，仍是主要防治手段。由于病害的发生和害虫抗药性的不断增强，长期单一化施用农药，导致农田生物多样性遭到破坏，自我调节能力降低，农药残留也会愈来愈严重，严重为害环境，也制约了中药材产业的绿色高质量发展。

（一）用药品种单一

在同一地区长期、连续施用一种农药，病菌、害虫和杂草会产生抗药性，减弱农药的防除效果，因此建议轮换用药、混合用药。同时，增施有机肥，做到农业防治、生物防治相结合，提高药材品质与抗逆性。

（二）施用技术不当

1. 施药时间不佳

病害防治不及时，主要表现在查田不到位，未能及时发现中心病株，导致施药时间拖后；除草时期不恰当，主要表现在除草剂喷施时间过早，除草效果不好，过晚易发生药害。

2. 施药设备落后

多采用小型喷雾器，机械化程度低，跑冒滴漏现象时有发生，不仅农药利用率低，严重时易造成药害。

3. 配药方法不当

部分农户不能做到二次稀释，不仅影响药效，混合不充分还易造成药害。

（三）易受漂移药害

目前，黄芪种植区不能完全隔离，与大田作物过于接近，易受大田施药影响造成漂移药害。

（四）对生物农药认识不足

农户认为生物农药成本高、见效慢，没有化学农药高效快速，所以认识不足，目前使用较少。中药材对化学药剂的使用有严格的规定，生产田提倡使用生物农药，特别是起收当年严禁使用化学农药。

三、黄芪化肥农药减施增效技术模式

（一）核心技术

本模式的核心内容主要包括"优良品种+平衡施肥+综合防控+机械采收"。

1. 优良品种

林口县常用品种是引种的内蒙古绵芪，进行适应性驯化选育的品种。特点是抗性强，高产，极抗白粉病。

2. 平衡施肥

施足底肥，以有机肥为主，复合肥为辅，增施生物菌肥与微肥，重视追肥，推广施用水溶性肥料，重视叶面肥应用。有机肥、菌肥、水溶肥等搭配使用，可使土壤孔隙度增加，容重降低，蓄水能力和土壤团聚度、水稳性增加，改善土壤理化性质，提高地力。可根据灌溉设施进行水肥一体化管理，减少施肥量，提高肥料利用率。

3. 综合防控

农业防治、生物防治、物理防治相结合，合理轮作、及时清除植株残体减少病菌侵染源、科学管理水肥增强作物抗性，利用昆虫趋性如黄板诱蚜、瓢虫卵卡等、增施生物菌剂等方式以减少化学药剂的使用，提高农药利用率，提高黄芪品质，实现减施增效目标。

4. 机械采收

黄芪采收方式主要以专用采收机械深挖，配以人工拣出的方法。在大地裸晒 1~2d，抓堆运回场区，小垛堆放，防止雨淋、冻、发热等情况。

（二）生产管理

1. 播前准备

（1）选地　应选择远离公路、铁路等处，土层深厚，土质疏松、肥沃、排水良好、向阳高燥的中性或微酸性沙质壤土地块，周围不得有污染源。

（2）整地　整地深翻 30~40cm，利于保墒，耕细打垄或做畦，畦宽 1~1.2m，高 25~30cm。

（3）施肥　底肥以有机肥为主，亩施 3 000~4 000kg，硫酸钾型掺混肥（N 12%、P 18%、K 15%）20kg，配合生物菌肥 1kg。

2. 适时播种

（1）种子处理　由于黄芪种子种皮坚硬不易透水，存在休眠状态，将种子用石碾快速碾数遍，使外种皮由棕黑色有光泽，变为灰棕色表皮粗糙时为度，以利种子吸水膨胀。亦可将种子拌入 2 倍的细沙揉搓，擦伤种皮时，即可带沙下种。

（2）种植方式

直播：可春、夏季播种。穴播按行距 33cm、株距 27cm 挖浅穴，每穴 4~5粒，覆土 2cm；条播在垄上开双行，行距 15cm，深 2~3cm 浅沟，均匀播种，覆土 2cm，稍加镇压，亩用种量 2~3kg。

育苗移栽：春季或夏季，种子前置处理后，按每亩 7kg 的用种量，均匀撒入田内，覆土厚度 2cm，铺 1 层细沙，行距、株距 6~8cm，当年 10 月上中旬挖出埋土保温贮藏，或在第 2 年春季萌芽前挖苗移栽到大田中去；移栽时按 20cm 开沟，按株距 10cm 斜平摆放芪苗，使苗头上部直立向上，距地面 3~4cm，整平表面稍加镇压。

3. 中耕除草

苗高 5cm 左右时，结合间苗及时进行中耕除草。第 2 次于苗高 8~9cm，第 3次于定苗后各进行中耕除草 1 次。第 2 年以后于 5 月、6 月、9 月各除草 1 次。

4. 适量追肥

移栽定植时根施钼、锌等微肥，施钼酸铵 1.5kg/亩或硫酸锌 1kg/亩。6 月上旬追施水溶性复合肥，如果苗情较弱，可追施氮肥，7月下旬追施硫酸钾或0.2%~0.3%磷酸二氢钾叶面喷施。2年以上黄芪在入冬苗枯后用厩肥2 000kg/亩加过磷酸钙50kg/亩加饼肥150kg/亩混合拌匀施入田间，施后培土防冻。

5. 病虫防治

（1）农业措施　适时清除病残体，减少病菌侵染源，秋耕深翻，降低越冬虫源；结合中耕除草，及时清除田边、埂边杂草，减少病虫越冬场所；科学管理水肥，增强作物长势，提高对病虫害抵抗能力，减轻病虫害发生；合理轮作换茬；发现病株要及时清除中心病株。

（2）生物措施

根腐病：移栽前用枯草芽孢杆菌稀释后结合浇水沟施或穴施预防，发病前或发病初期用1 000亿个孢子/g枯草芽孢杆菌可湿性粉剂1 500~2 000倍液喷淋茎基部。

白粉病：可喷施1.5%多抗霉素水剂100倍液或1 000亿个孢子/g枯草芽孢杆菌可湿粉剂30~40g/亩，应连续用药2次，间隔8~10d。

蚜虫：有翅蚜初发期可用黄板诱杀蚜虫，每亩挂30~40块，或用0.3%苦参碱水剂150g/亩，于发生始盛期均匀喷施。

地老虎：可用杀虫灯或糖、醋、酒诱蛾液诱杀地老虎成虫或0.3%苦参碱可湿性粉剂7 000g/亩穴施。

蛴螬：可灯光诱杀成虫，或用150亿个孢子/g球孢白僵菌可湿性粉剂300g/亩，拌毒土撒入田间，翻入土中。

6. 适时收获

采收一般在秋季植株枯萎时进行，也可在翌年春季尚未萌发前进行，采收时割去地上部分，机械深挖，将地下根刨除，切去芦头晒干，去除须根，扎成小把，晒干即可。

（三）应用效果

1. 减肥减药效果

本模式与原来模式相比，亩减少化学肥料施用15kg，提高肥料利用率31%；减少化学农药防治次数2次，亩减少化学农药用量35%，农药利用率提高22%，病虫害为害率控制在10%以下。

2. 成本效益分析

按本模式生产的黄芪亩产量 370kg，按市场价格 20 元/kg 计算，亩效益 7 400元，比原来模式增产 70kg/亩，增效 1 400元；亩成本 3 500元，较原来模式增加 600 元，但有机肥与微生物菌肥均是长效投入，有利于土壤结构改善和肥料利用率的提升；亩纯收入 3 900元，较原来模式增收 800 元。

3. 促进品质提升

本模式生产的黄芪，根部粗大通直，药用成分含量高，平均黄芪甲苷含量在 0.194% 以上，比原来模式增加 30%，毛蕊异黄酮葡萄糖苷含量在 0.086% 以上，比原来模式增加 24%，同时大大降低了重金属以及农残的含量，提高农产品质量安全水平，提高了林口黄芪的竞争力。

4. 生态与社会效益分析

通过化肥农药减施增效技术模式，实现化肥农药使用量负增长，提高黄芪品质，降低了黄芪有害残留物含量，为林口县黄芪生产提供了技术保障，为中药产业的持续发展提供了方向，是坚持作物高产高效与环境保护并重的必然之路。

（四）适宜区域

林口县及牡丹江中下游流域地区。

（迟静远、范红艳）

甘肃省定西市黄芪化肥农药减施增效技术模式

一、黄芪种植化肥施用现状

甘肃省定西市是黄芪的优势道地产区，2019 年，种植面积为 43 万亩。在市场利益和经济效益双重驱使下，为了获得高产，一些黄芪种植企业和合作社按照大田作物管护方式过分使用化肥、农药，最终导致土地质量下降，药效品质下降，市场混乱等一系列问题发生。

（一）无专用肥料，施肥以大田作物化肥为主

化肥种植过程中以施用化肥为主，施用的肥料为尿素、磷酸二铵、磷肥和

15：15：15 的氮磷钾三元复合肥料。调查的企业和合作社均未施用专用肥料，肥料施用种类和数量各异，基本上靠多年种植经验进行施肥。尿素的施用量在 37.5~105kg/hm²，磷酸二铵施用量为 75kg/hm²，磷肥施用量为 150kg/hm²，氮磷钾复合肥（15-15-15）施用量在 105~112.5kg/hm²。在黄芪生产中，化肥尤其是氮肥的过量施用不仅造成土壤富营养化，同时导致黄芪品质降低。过多施用化肥导致养分流失、土壤板结等次生环境污染问题。

（二）化肥利用率低，不同肥料配比失衡

在黄芪生长季中，化肥利用率比较低，特别是尿素，随着雨水淋溶极易流失，导致尿素利用率低。据统计，我国尿素利用率在 30% 左右，发达国家能够达到 40% 左右。同时，盲目使用化肥也不符合黄芪养分需求规律。

（三）盲目施用化肥，导致成本增加

黄芪种植过程中成本主要包括种苗、人工、化肥农药、水电费用几部分组成。每公顷种苗价格为 13 860 元，人工 14 053 元，化肥 3 600 元，农药 300 元，水电 300 元，成本合计 32 113 元。据估算，黄芪每公顷产值合计为 228 442.5 元，纯利润 196 329.5 元。其中，肥料成本占总成本的 11.21%，而且由于肥料利用不当，导致成本偏高，进一步降低了黄芪种植效益。

二、黄芪种植农药施用现状

目前，在黄芪病虫害防治过程中，对常见病害和地上害虫防治主要是喷洒农药，对地下害虫防治除土壤处理、农药蘸根和灌根外仍缺少其他有效的方法。由于病害的日益严重和害虫抗药性的不断增强，用药剂量逐年提高，农药残留也愈来愈严重，造成黄芪品质和等级下降，严重影响了当地黄芪产业的绿色高质量发展。

（一）常见病害及防治方法

1. 根腐病

（1）症状　植株地上部长势衰弱，植株瘦小，叶色较淡至灰绿色，严重时整株叶片枯黄、脱落。根茎部表皮粗糙，微微发褐，有很多横向皱纹，后产生大的纵向裂纹及龟裂纹。根茎部变褐的韧皮部横切面有许多空隙，如泡沫塑料状，并有紫色小点，呈褐色腐朽，表皮易剥落；木质部的心髓初生淡黄色圆形环纹，

扩大后变为淡紫褐色至淡黄褐色，向下蔓延至根下部的心髓；有时内部出现黑心，木质化程度变高。

（2）发生规律　该病是一种真菌性病害。病菌可在土壤中长期营腐生生活，可存活5年。自根部伤口入侵。地下害虫、线虫及中耕等各种机械伤口均有利于病菌的侵入。病菌借水流、土壤翻耕、农具等传播。低洼积水、杂草丛生、通风不良、雨后气温骤升、连作等病害发生重。

（3）化学防治　药液蘸根：栽植前1d用3%噁霉·甲霜（广枯灵）水剂700倍、50%多菌灵·磺酸盐（溶菌灵）可湿性粉剂500倍液、20%清土（乙酸铜）可湿性粉剂900倍液蘸根10min，晾干后栽植，或用10%咯菌腈（适乐时）15ml，加水1~2kg，喷洒根部至淋湿为止，晾干后栽植；发病初期喷淋或浇灌50%甲基硫菌灵或多菌灵可湿性粉剂800~900倍液、50%苯菌灵可湿性粉剂1 500倍液。

2. 白粉病

（1）症状　叶片、叶柄、嫩茎、荚果均受害。主要在叶背产生白粉，初期产生小型白色粉斑，后扩大至全背，菌丝层很厚，似毡状，即病菌的分生孢子梗和分生孢子。后期白粉层中产生黑色小颗粒，即病菌的闭囊壳。病株叶色发黄、萎缩，焦枯至脱落。严重时全株枯死。白粉层中还有一种更小的黑色颗粒，它们是白粉菌的寄生菌。

（2）发生规律　病菌以闭囊壳随病残体在地表越冬或以菌丝体在根芽上越冬。翌年，温湿度适宜时，释放子囊孢子进行初侵染，病部产生的分生孢子借风雨传播，有多次再侵染。

（3）化学防治　发病初期喷施62.25%腈菌唑、代森锰锌（仙生）可湿性粉剂1 000倍液、20%三唑酮乳油2 000倍液、12.5%速保利（烯唑醇）可湿性粉剂2 000倍液、50%多菌灵·磺酸盐可湿性粉剂800倍液、40%氟硅唑（福星）乳油4 000倍液。

（二）常见虫害及防治方法

蚜虫

（1）发生规律　从出苗后的整个生育期均可受到蚜虫为害，但以花期为害最为严重。蚜虫多集中在植株幼茎、嫩叶及顶端幼嫩部位，造成植株生长停滞，导致减产。

（2）化学防治　在为害严重时期可选用 15% 吡虫啉可湿性粉剂 1 000 倍液或 50% 抗蚜威可湿性粉剂 800 倍液喷施。

三、黄芪化肥农药减施增效技术模式

（一）核心技术

本模式的核心内容主要包括"优良品种+轮作倒茬+配方平衡施肥+单垄覆膜+绿色防控"。

1. 优良品种

品种选择在当地表现较好的陇芪 4 号作为主推品种，特点是高产抗旱，高抗根腐病。

2. 轮作倒茬，加强田间管理

定西区域适宜于黄芪等根类药材生长，但过度缺水经常威胁黄芪生长发育。因此，适当改变耕作模式有助于保持土壤田间持水量，维持黄芪正常生长发育。利用单垄覆盖黑膜技术不仅可以减少土壤水分的蒸发，同时有助于减少杂草的生长，而在垄沟种植可以最大程度地利用土壤水分，保证黄芪产量和品质。马铃薯是当地的主要粮食作物，适宜的轮作方式为黄芪与马铃薯轮作。因此，生产中常实行 3 年以上轮作；精细整地；合理密植，以利通风透光；采挖、栽植、中耕时尽量减少伤口。采挖种苗时剔除病根、伤根苗；防治地下害虫，减少虫伤。

3. 平衡施肥

根据黄芪需肥规律，基于目标产量法/平衡施肥法并根据豆科植物固氮特点进行校正，得到黄芪专用配方方案为（N∶P∶K = 2.7∶1∶1.75 + Ca、B、Mg肥）代替普通三元复合肥。种植前应施足基肥，多施农家肥和有机肥。疏通水沟，不积水，降低湿度。田间操作如中耕时避免损伤根部，减少伤口。

4. 蚜虫及虫害绿色防控

田间设置黄蓝粘虫板、振频式太阳能杀虫灯等，通过这种方式可以有效减少虫害。针对病害，可筛选适宜的生物源农药，同时根据病害发生规律有针对性地进行农药限量消杀，科学喷施。

5. 全程机械化

目前，黄芪已实现种植、覆膜、收获的机械化。

（二）生产管理

1. 播前准备

黄芪属于多年生根类药材，适当深耕旋耕，保证土壤疏松、透气。

2. 培土培肥

播前需要施足基肥，主要以农家肥为主，投入量以 1 000kg/hm² 计算，不足的肥料以化肥的形式补齐（具体的量需要根据当地土壤养分状况和肥料种类确定），同时对土壤进行消毒。

3. 种苗移栽

选择大小一致的种苗进行移栽，移栽苗多以 1 年生苗为主，移栽后马上进行覆膜处理（高垄覆膜）。

4. 病虫害防治

播种结束后开始安装蓝粘虫板、频振式太阳能杀虫灯。根据气候变化及虫害发生规律进行生物源农药和化学农药防控。

5. 组织收获

目前基本实现黄芪机械化收获。

（三）应用效果

1. 减肥减药效果

本模式与周边常规生产模式相比，减少化肥用量60%左右（具体需要根据选地土壤养分含量情况定），化肥施用量得到合理利用；减少化学农药防治次数3~5次，增加生物源农药喷施次数3次，减少农药利用量（虫害）15%，虫害病害率控制在8%以下。

2. 成本效益分析

化肥和农药总成本控制在 1 500元/hm²，使总成本控制在 30 013元/hm²，化肥农药占总成本比例下降至5%，亩产量增加3%~5%，降低成本的同时增加产量，同时减少了由于农药过度使用导致的农残。

（四）适宜区域

甘肃省定西、陇西、岷县等区域。

（张亚玉、孙海）

甘肃省陇西县黄芪化肥农药减施增效技术模式

一、陇西县黄芪种植现状

陇西县中药材种植历史悠久、资源丰富，是全国道地中药材的天然产地。素有"千年药乡""天下药仓"和"西部药都"之美称，被命名为"中国黄芪之乡"。"陇西黄芪"被农业农村部认定为"农产品地理标志保护产品"，"陇西黄芪"地理标志证明商标被国家工商总局认定为中国驰名商标。2019 年，全县种植面积达到 35.26 万亩，总产量 9.8 万 t，产值达 20.72 亿元，中医药产业总产值达到 300 亿元。

随着黄芪的规模化、标准化生产，工业化肥、农药大量使用，不使用有机肥，为增加产量而滥用化肥，甚至使用"壮根灵"等植物激素，同时受中药材价格刺激，药农连年重茬种植，导致中药材病虫害呈现暴发流行趋势，一些次要病虫害加速发展为主要病虫害，为防治病虫害，过量使用农药或使用禁用、限用农药。造成土壤腐殖质急剧下降，严重板结，中药材农残超标，有效成分含量下降等问题。严重影响中药材黄芪品质及中医药产业健康可持续发展。

（一）病害防治

防治病害以农业防治为主，采用轮作倒茬技术，推广施用生物农药。

1. 白粉病

（1）症状　主要为害叶片，也为害花蕊、荚果、茎秆等部位。黄芪白粉病发病初期，叶片和荚果产生稀疏的白色粉状霉层。发病后期，白粉呈灰白色，叶片枯黄，病叶上出现许多小黑点，造成叶片枯黄早落。

（2）发生规律　该病是由白粉菌属豌豆白粉菌侵染而致病。闭囊壳球形或扁球形，黑褐色，闭囊壳内有数个子囊，子囊椭圆形，倒卵形，无色，有短柄。病菌以闭囊壳在病叶上越冬，翌春产生子囊孢子进行传播蔓延。

（3）防治方法　①农业防治：加强栽培管理，合理密植，增施叶面肥。②化学防治：发病初期用多抗霉素防治，中后期用香芹酚防治。7 月下旬视病情施药，使用喷雾器每隔7d喷施1次，连续喷3次。

2. 根腐病

（1）症状　主要为害茎基部和根部。染病植株叶片变黄枯萎，茎基和主根全部变为红褐色干腐状，上有纵裂或红色条纹，侧根已腐烂或很少，病株易从土中拔出，主根维管束变为褐色，湿度大时根部长出粉霉。

（2）发生规律　该病是一种真菌性病害，病原菌为茄腐皮镰孢。镰刀菌是土壤习居菌，在土壤中长期腐生，病菌借水流、耕作传播，通过根部伤口或直接从叉根分枝裂缝及老化幼苗茎部裂口处侵入。地下害虫、线虫为害造成的伤虫口利于病菌侵入。管理粗放、通风不良、湿气滞留地块易发病。

（3）防治方法　①农业防治：改良土壤，增施有机肥，轮作倒茬。②化学防治：栽植前用苏云金杆菌或苦参碱配制的药剂喷施土壤。发病初期用甲基托布津药液喷淋。

（二）虫害防治

1. 蚜虫

（1）发生规律　主要为害黄芪茎叶，成群集聚于叶背、幼嫩茎秆上吸食茎叶汁液。严重者造成茎秆发黄，叶片卷缩，落花落荚，籽粒干秕，叶片早期脱落，以致整株干枯死亡。

（2）防治方法　在蚜虫高发期田间使用粘虫黄板利用害虫趋黄的特性诱杀害虫，可有效控制病毒的传播，明显减少农药的使用。

2. 豆芫菁

（1）发生规律　取食黄芪茎、叶、花，喜食幼嫩部分，严重的可在几天之内将植株吃成光秆。

（2）防治方法　在暴发前期用0.3%苦参碱溶液喷施。

3. 金龟子

（1）发生规律　为害严重，常将植物的幼苗咬断，导致植株枯黄死亡。

（2）防治方法　使用太阳能杀虫灯诱杀。

二、黄芪化肥农药减施增效技术模式

（一）核心技术

本模式的核心技术"优良品种+配方平衡施肥+绿色防控+机械化收获"。

1. 优良品种

选择由甘肃省定西市农业科学研究院选育的陇芪 1 号、陇芪 2 号、陇芪 3 号、陇芪 4 号等品种，特点是高产抗旱，抗病性强，适应性广泛。

2. 配方平衡施肥

施用有机无机专用配方肥，其中，"绿能瑞奇"有机—无机复混肥，总养分含量（3-3-9）≥15%；有机肥比重≥20%，原料为羊粪、复合微生物、无机矿物质；有机肥，其中 N+P_2O_5+K_2O≥5%；有机肥比重≥45%，水分≤30%，pH 值为 5.5~8.5，原料为羊粪、腐殖酸。

经试验研究，连续施用腐熟农家肥可提供大量养分，提高土壤肥力。增加土壤有机质含量，迅速改善土壤的理化性状，促进土壤团粒结构的形成，提高作物抗性。有机肥的最大优势在于，有机质含量≥55%，氮磷钾≥6%，有效活菌数≥0.5 亿/g，富含 25%以上经过氨化处理的腐殖酸能够刺激作物生长，提高作物抵抗不良环境的能力，对作物根部病害、土传病害、苗期病害等有明显的抑制效果。另外，在作物受到病害、冻害、干旱、衰老等逆境时，肥料所含菌种能诱导作物产生超氧化物歧化酶，消除因逆境而产生的自由基，从而提高作物的抗逆性，减轻病害。

试验表明，亩用 2 袋复混肥、4 袋有机肥混合均匀后撒施效果最佳。复混肥里的大量元素在农作物前期提供营养，而后期由有机肥提供营养。黄芪种苗移栽前商品有机肥按照 240kg/667m^2作为基肥施入，结合施肥再深耕 1 次。

3. 病虫绿色防控

通过田间调查，在蚜虫高发期田间使用粘虫黄板利用害虫趋黄的特性诱杀害虫。利用太阳能杀虫灯，达到杀灭金龟子、地老虎等害虫的目的。

4. 机械化采收

采收主要用大马力链条式收获机，使用配套大型四轮拖拉机经悬挂，传动轴连接，开动机器，根据药材根茎深度调节后轮，缓慢将深铲插入土壤中。将药材根茎挖出，经振动筛振动将土筛净后，使药材传送地表面，完成采挖工作。

（二）生产管理

1. 选地整地

应选择地势平坦，土层深厚疏松，透水透气性好，前茬未种植豆科作物的地块。前茬收获后及时深耕 25cm 左右，灭茬晒垡，耙糖保墒。

2. 施肥

黄芪种苗移栽前商品有机肥按照 240kg/亩作为基肥施入，亩用 2 袋复混肥、4 袋有机肥混合均匀后撒施，结合施肥深耕 1 次。

3. 种苗移栽

（1）移栽时间　移栽时间在 3 月中旬至 4 月上旬。

（2）栽培方式　①露地开沟移栽：开沟移栽，用机械开深 30cm 的沟，耙细沟前坡土块，以株距 15~17cm 将黄芪苗平放或倾斜放置在沟内，翻土覆盖种苗，苗头覆土 2~3cm，行距 25cm，保苗量 1.8 万~2 万株/亩。②地膜露头栽培：在地块的第 1 行用平铁锹铲开 1 条 6~8cm 深、30cm 左右宽的梯形沟，将种苗放入铲开的 30cm 宽的沟中，苗头沿梯形沟的方向略朝上，然后，在铲开下 1 行沟的同时，把土覆入第 1 行摆好苗的沟中，使苗头露出地面 1~2cm。将 35cm 宽的地膜覆入第 1 行，使苗头露出地膜。放第 2 行种苗时，使苗头搭在前 1 行覆好地膜边缘 1~2cm 部位。用土盖地膜边缘时，正好将露出膜面（或地面）的 1~2cm 的苗头覆盖。从而，依次重复以上的开沟、移栽、覆膜、覆土这几个步骤进行栽培。

4. 田间管理

（1）中耕除草　出苗后应及时拔除杂草。5 月上旬第 1 次除草，以后应视杂草生长情况除草 2~3 次。

（2）追肥　水地结合灌水追肥，旱地结合降雨进行，7 月中旬喷施含氨基酸水溶肥料，共喷施 3 次，每 7~10d 喷 1 次。

5. 采收

移栽后 1~2 年收获，具体时间为每年 10 月下旬至 11 月上旬，土壤封冻前。

（三）应用效果

1. 减肥减药效果

本模式与周边常规生产模式相比，减少化肥用量 24%，化肥利用率提高 2%，减少化学农药防治次数 3 次，减少化学农药用量 25%，农药利用率提高 1.2%。蚜虫为害率控制在 6% 以下。

2. 成本效益分析

亩生产成本 3 150 元，亩产量 825.3kg，亩收入 4 126.5~4 951.8 元，亩纯收入 976.5~1 801.8 元，适度经营规模 5 000 亩。

3. 促进品质提升

农药残留明显减少，平均黄芪甲苷在 0.78% 以上，比常规模式高 0.1~0.2 个百分点。

（四）适宜区域

甘肃省陇西县及周边产区。

（安世伟、贠进泽）

菊　花

化肥农药施用现状及减施增效技术模式

江苏省盐城市菊花化肥农药减施增效技术模式

江苏省盐城市菊花主要集中在濒临黄海的射阳县洋马镇、大丰区三龙镇、亭湖区盐东镇等镇区。本地菊花已经有 100 多年的种植历史，常年种植 10 万~12 万亩，是中国最大的白菊花生产基地之一。2017 年，全市种植面积最多的年份达 12.5 万亩，2018—2020 年一直稳定在 10 万亩。本地菊花主栽品种主要有：北京菊、红心菊、小星白菊、NJK1-3 号等，近年积极引进大黄菊、金丝菊、洋甘菊、茶用菊等茶用新品种。洋马镇是全国著名的药材之乡，2019 年"洋马菊花"成功入选国家地理保护标志品牌。洋马镇常年种植面积 4 万~6 万亩，年生产鲜花 9 万 t 左右，干品菊花近万 t，其中，胎菊 6 000 多吨。洋马镇常年药农亩均纯收入在 6 000~8 000 元，农村人均纯收入连续多年位居全市之首。

一、菊花化肥施用现状

菊花是江苏省盐城市重要的经济作物，在历次农业产业结构调整、提高当地农民收入和增加就业等方面，发挥着不可或缺的重要调节作用。菊花由于分枝强，后期生长快，需肥量大，当地农民为了获得最大的群体生长量，往往在返青活棵期过量施用化肥、大量使用农药，不仅增加了种植成本，还引发环境污染，破坏了土壤生态环境。

（一）化肥施用量大

在肥料施用方面，目前生产上普遍采用增施化肥以获得高产，大多农民有"多施肥多增产""水大肥勤不用问人"的错误思想，在中药材生产中更是"重氮磷肥，轻施钾肥，少用微肥""重无机肥，轻有机肥"、凭习惯经验盲目施肥现象严重，肥料结构失衡，导致养分流失增多，肥料利用率降低，面源污染趋重。根据洋马镇 2019 年对典型农户调查，菊花种植的物化成本小计 979.8 元，其中，肥料投入 476.8 元，占整个物化成本的 48.7%。菊花投入第一次是菊花基肥，用量较大，一般一次性施入商品有机肥 600kg 左右，需 240 元。6 月 10—15 日，施用三元复合肥，每亩用量 30kg 需 72 元。移栽活棵后，需追施尿素，亩用量 15kg 左右，需 31.5 元。花芽分化时每亩施尿素 20kg 左右，需 42 元。8 月下旬追施促花肥，一般用45%的复合肥20kg，需35元。9月上中旬菊花现蕾期，需追施三元复合肥20kg/亩，需48元。后期还要用0.2%磷酸二氢钾溶液喷施，每隔1周1次，连续4次，亩用量300~400g，需8.32元。从当地施肥策略来看，单一大量施用化肥，尤其是氮肥的过量施用，其养分不仅不能被作物有效地吸收利用，氮、磷、钾等一些化学物质易被土壤固结，形成各种化学盐分，而且还会在土壤中积累，造成土壤养分结构失调，物理性状变差，部分地块有害金属和有害病菌超标，导致土壤性状逐步恶化。同时，由于过量施化肥，土壤水溶性养分等物质被雨水和农田灌水淋溶到地下水及河流中，造成部分地区的地下水及河流污染，使地下水、河流、湖泊呈富营养化，导致环境持续恶化。

（二）化肥利用率低

本地菊花栽培中，化肥实际使用次数还会根据苗情、天气原因适当增施，远远不止上文所述次数。但真正的当季利用率很低，当地农业部门测算，菊花的化肥利用率不足30%。分析导致化肥利用率低的原因主要是以下几个方面：一是施肥习惯造成。由于化肥施用相对较有机肥施用方便，当地农民主要按传统的经验施肥，存在着严重的盲目性和随机性，有时随基肥入施，有时趁雨撒施，有时根据苗情临时施用，施用效果虽然来得快，但造成了严重的浪费，这是化肥施用量大、利用率低的主要原因。二是施用方式不科学。本地农民种植菊花大多具有趁雨前撒施的习惯，基本不会打塘穴施，更不会深施覆土，这不仅造成化肥的挥发和淋失，还降低了肥料利用率，影响后期的产量。三是施肥结构不合理。主要表现为氮、磷、钾比例失调，不能满足作物的生长需要。目前，有些农民仍按传统的经验施肥，看到长势不好就加大化肥投入，也不带水追施，肥料利用率随土壤水分减少而降低。

（三）肥料施用成本高

特种经济作物、中药材等一般适合人多地少、有传统种植习惯的地区种植，非常重视精耕细作，加之收获部位不同，有些采收根茎、有些采收叶片，有些是果实，有些是全株，在高价格的吸引下，往往在肥料施用上不惜成本，追求产量，因此，大多数中药材的肥料投入占总物化投入的50%以上。菊花主要采收器官是花朵，虽然没有茎叶类、根茎类作物需肥量大，但也占到整个物化投入的40%以上。如果基肥中加大有机肥的投入，物化成本则更高。而正常年景菊花的鲜花产量在600~750kg/亩，按正常年景5~6元/kg计算，产值3 000~4 500元。

根据洋马镇 2019 年典型农户调查，一般分散种植农户的物化成本合计 979.8 元，而施肥的直接成本占整个菊花种植成本的 48.7%，再加上菊花是劳动密集型产业，用工多，正常年景需要 15 个工以上，按本地用工工资每人 100 元/d 计算，人工成本需要 1 500 元以上，物化加人工成本合计需要 2 479.8 元，菊农的利润空间非常小。

二、菊花农药施用现状

在菊花生产中，病虫草害是导致菊花减产和质量下降的重要原因。目前，防治菊花病虫草害有化学防治、物理防治、生物防治和农业防治等许多手段，其中，施用最多、防效更快、省时省力的仍为化学防治。但由于菊花生产过程中，病虫种类多、防治无特效药、农药滥用乱用现象突出，直接导致了"无药可用"，防效不显著，用药施用量剧增，更造成了菊花农药残留等一系列安全问题。

（一）农药施用量大

据洋马镇农林中心调查，菊花一生中需要防病治虫 10 多次，施用农药 30 多种，整个生育期需要施用农药 188 元，占整个物化成本的 19.2%。其中，斑枯病在 4 月中下旬至菊花收获都会发生，正常防治 3 次，需 33 元/亩；6 月上旬至 7 月上旬的枯萎病正常防治 4 次，需 50 元/亩；3 月中旬至 10 月中旬霜霉病，需要正常防治 2 次，共计 30 元/亩；蛴螬、蝼蛄等地下害虫，需 55 元/亩；地上害虫如蚜虫、抗性青虫一般需要防治 2 次，需 20 元/亩。7 月中下旬以后还要防治菊天牛、菊蚜、霜霉病、茎枯病等，需要根据菊花病虫害情况多次防治，正常年份还需要用药 220~250 元。导致菊花农药施用大的主要原因是：一是菊花生育期长，从 4 月下旬移栽定植直至 11 月下旬采摘收获，整个生育期长达 7~8 个月，开花采摘集中，极有利于病虫草害的发生为害。二是病虫害种类多，本地菊花栽培中常见病虫害有 20 多种，种类多，流行规律复杂，病源虫源累积多，需重复用药、反复药用，增加了防控次数和防控成本。三是无对症特效药，我国实行新的农药登记管理制度后，直接登记用于中药材的农药只有 10 种药材，其中登记用于杭白菊农药只有 3 个，登记用于菊花农药只有 1 个，而菊花生产中常常面临 20 多种病虫草害威胁，已登记农药相对生产实际需求相差甚远。因此菊农只能凭借在主要作物上的使用经验在菊花生产中使用，直接导致了用药量剧增。四是农药乱用滥用现象严重。新的《农药管理条例》明确规定农药登记有其特定的适用范围和使用方法，不得扩大使用范围、加大用药剂量或者改变使用方法，否则就属于违规使用。但在实际生产中，缺乏登记的农药产品，农民要用药与无合法农药可用的矛盾，致使农民乱用滥用现象普遍。

（二）农药依赖性强

当前，化学防治仍是菊花生产上控制病虫为害最直接、最有效、最经济的措施。在对洋马镇菊农和农技部门的调查中，所有受访对象均表示防治病虫害98%以上以农药为主，其他农业措施、物理措施只占2%，仅能起到辅助作用，而在菊花生产施农药的结构比例大体为：杀虫剂占59%、杀菌剂占35%、除草剂占6%，说明菊花病虫害防治仍对农药有较高的依赖度。但实际生产中，由于农药登记试验费用高、市场空间有限、农药风险大等原因，农药生产企业主动申请菊花防治用药登记的积极性并不高，直接造成无登记的合法农药可用，而菊花的病虫害必须防治又必须用药，药剂和用药技术规程缺失，种植者选药难、用药难，用药不科学、不合理，农药残留超标，乱用滥用现象十分普遍。这不仅导致种植地生物多样性遭到破坏，自我调节能力下降，也直接导致病虫害越防越重、无法控制的恶性循环。

（三）施用技术及药械落后

盐城作为菊花的传统产区，菊农在长期种植过程中总结了一些施药经验和办法，但施药技术落后，不够科学合理；施药机械落后，农药利用率低。一是观念陈旧。部分农民对菊花施用农药技术没有完全掌握，满足于习惯用药方法，认为只要抓住1~2个病虫害防治就行了，发生病虫害习惯于事后补打，没有超前预防的意识，往往等发病、看见虫才施药，错过了最佳防治适期。二是技术落后。农药厂商、植保推广、药械生产三者之间脱节，研究病虫多，研究植保机械和施药技术少，缺乏专门的施药技术研究单位，对施药技术理论基础研究不足，极其不适应当前的形势。在本地菊花病虫害防治中，背负式手动喷雾器仍是菊农防治病虫害的主体，仍以大容量、雨淋式、全覆盖的旧喷雾为主，而且落后的植保机械承担的防治任务占95%以上，农药用量过大、用水量过大、农药利用率低，农产品中农药残留超标、环境污染、作物药害、操作者中毒等经常发生。三是机械落后。目前，农村使用最多的背负式手动喷雾器和背负式机动喷雾机，农民在施药前大多没有经过培训，不掌握农药性能特点、安全防护常识等。在生产中不按规定施药，随意增加农药使用量、混用乱配农药现象非常突出。同时，植保无人飞机、自走式喷杆喷雾机、喷药高压泵等现代新型植保药械在菊花生产中几乎很少运用。而且这些背负式喷雾器大多为 20 世纪 50—60 年代产品，结构形式和技术性能很落后，施药时药液浪费严重，同时这种器械均属于大水量液力式粗雾喷洒机具，施药效益不高，农药使用浪费，而且也是引发农药污染环境的主凶。

三、菊花化肥农药减施增效技术模式

（一）核心技术

近年来，通过研发形成了改菊花"病虫害发生后的被动应付"为"主动预防"，改菊花病虫"全程防控"为"放宽前中期防控、重抓中后期防治"，改"偏施氮肥"为"复合多元精准施肥"的"三改技术"，集成了"抗耐病品种+增施有机肥和绿肥+配方平衡施肥+主动预防+生态控害"的绿色防控、机械化精准施药、有机肥部分替代化肥、高效药肥机械使用、生物物理综合防控等技术，形成了菊花药肥减施增效协同栽培技术模式。

1. 选育抗耐病品种

菊花由于常年连年种植，种性和抗性均下降，严重影响产量和效益。最近几年通过"选育一批、引进一批、培育一批"的形式，使品种得以更新换代。主要引进了安徽黄山长瓣菊、湖北神农架神农香菊、湖南湖白菊，选育了抗病性好、适应性强、质量优、产量高的黄菊 1 号、太花 1 号，培育了一些抗病虫菊花新品种，如倍性育种的倍菊 1 号、红心 13 号、优单 6 号、NJK1 号、NJK 2 号、NJK 3 号等，本地适应性差、抗性差的老品种基本淘汰，减少了种苗感病染病几率及用药成本，单位面积效益提高。

2. 增施有机肥和绿肥

在菊花种植中，坚持有机肥与无机肥相结合，将商品有机肥推广数量、绿肥种植面积和沼液应用面积等工作列入重点考核。同时，大力推广新型高效肥料和施肥模式，开展以缓控释肥为主的新型肥料田间试验示范与技术物化推广，出台缓控释肥、水溶肥等新型高效肥料补贴措施，激发了菊农施用有机肥和种植绿肥的积极性。

3. 配方平衡施肥

实践中，坚持改偏施氮肥为多元复合精准施肥，根据土壤类型、耕作制度、产量水平等因素，将菊花种植区域因地制宜地划分为若干施肥单元，通过田间试验，掌握各个施肥单元施肥数量，优化基肥、追肥分配比例，施肥时期和施肥方法，这样既有利于指导配方肥的生产，又作为农民施肥时参考，从而实现配方施肥，平衡施用氮磷钾三大养分元素，避免了偏施氮肥、过量施肥情况的发生。原则上，磷、钾肥作为基肥一次性施用。对于含量极低的地块，磷钾肥70%作基肥，30%作追肥。

4. 推广综合防治技术

病虫害防治采用预防为主、主动预防、综合治理的原则。采取轮作休耕、套作、换茬、灌水等方式，减少病虫害发生基数。加强水肥和田间清洁管理，降低虫源病源基数。合理密植，保持有利于天敌繁殖和不适合病虫害发生的生态环境。推广无病、抗菌种苗和高产优质高效的抗病虫品种种植，减少用药次数。加强病虫害预测预报，开展专业化统防统治。指导菊农正确掌握防治适期和防治技术，减少和避免不必要的用药浪费。采用人工捕杀、黄蓝板诱杀、杀虫灯等生物和物理防治技术，色诱蚜虫、性诱杀夜蛾、灯诱杀金龟等。适时适量开展化学防治，提倡使用低毒生物农药。指导菊农开展药剂轮换和交替使用，提高防治效果。宣传推广禁用农药和高残留用药，提高菊花产品的安全性。

5. 高效药肥机械使用

大力推广新型采用无人机进行洒药，洒药效率和均匀度大幅度提升，用药总量明显减少。经测算，无人机可节省90%的水和50%的农药，农药有效利用率达35%以上。面积较大、便于田间作业的地方试行自走式喷杆喷雾机、喷药高压泵等现代新型植保药械。施肥时，大面积采用有机肥基施技术，改多次施肥为突出基肥施用，必要时追施。追肥中推广复合肥侧深施技术，在菊花移栽活棵后在根系两侧10~15cm选择优质颗粒肥，施用肥料选择养分比例合理，直径2~5cm，颗粒均匀一致的缓释复合肥，采用侧深施肥之后，将菊花移栽活棵肥、花芽分化肥、促花肥、开花现蕾肥等中后期4次施肥合并为1次，整个生长周期压缩为2次施肥，可节省大量人工成本，既减少了肥料浪费，又减轻了环境污染。

（二）生产管理

1. 育苗

（1）选择苗床　选择土壤肥力较好、地势高燥、排水通畅、前茬未种菊花或病虫害少的田块留种，并做好清除杂草和安全越冬工作。

（2）促进醒棵　苗床开春后有条件的及时追施稀粪水500～750kg/亩，或追施尿素20kg、复合肥25kg兑水浇施促进醒棵。

（3）培育壮苗　苗床四周开好排水沟，在清明前后根据气候情况，当气温稳定超过15℃后及时扦插。一般选择木质化程度低的韧枝部分8～10cm进行扦插。

（4）浇施定植水　扦插时一般选择阴雨天后或雨前定植，以提高成活率。扦插时根据土壤墒情，适量浇足定植水，促进生根。

（5）壮苗选择　移栽时间可根据菊苗生长情况以及前茬作物的收获期而定，本地一般以5月中下旬定植为最佳。移栽时选择生长良好、无病虫害、单株高15～20cm、茎粗壮、根系发达的菊苗，按栽种方式选择适宜密度定植移栽。

（6）栽种密度　根据当地栽种方式单栽或套种选择适宜密度。空白田块单一种植菊花可在畦中央定植1～3行菊苗，每穴2株，株距20～30cm，亩定植6 000～7 000株。套栽视现有作物而定，可中央栽植，也可两边栽植，一般亩定植5 000～6 000株。

2. 大田管理

（1）实行轮作　菊花由于无性繁殖，大都采用扦插育苗，由于异地引种、扦插繁殖等环节带来的土传病害较多，因此，一般每2年进行轮作1次，最好选择水旱轮作，有利于减轻病害。

（2）底肥及大田整理　栽植前应先对大田翻耕1次，并结合整地一次性施入底肥。一次性施入商品有机肥600kg，6月10—15日前后，施用三元复合肥，每亩用量30～40kg，过磷酸钙50～60kg，发酵腐熟的饼肥40～50kg作基肥，深翻30cm左右，把细整平，制成高畦，墒开挖沟，畦面呈龟背形。

（3）定植时间与密度　定植时间一般在4月上中旬，最迟不超过5月上旬。密度因土壤肥力和栽种时间而定，一般每亩苗数6 000～7 000株。种植偏迟、肥力差的田块适当提高密度。

（4）栽种方式　可采用穴栽或开定植沟栽种，密度为120cm×20cm，每穴2株，种植深度10～15cm，栽在每畦中间，穴施磷肥50kg/亩；定植推迟，植株偏大，定植时可适当斜栽，植后须浇足定根水，遇干旱则须浇水抗旱，以确保成活率。

（5）压条　菊花压条分2次进行，第1次在移栽后1个月左右，苗高30～50cm时进行，压条前，需除草松土。压条时把枝条向两边分，掀倒在地，每隔

10cm 左右压上泥块，保证枝条充分与松土接触，有利菊苗生根和基部侧枝生长。第 2 次一般在新侧枝长到 20cm 左右时进行，这时压条的方向由密处压向稀处，使菊苗生长趋于平衡。这项工作最迟在 7 月底前结束。

（6）打顶摘心　当菊苗长到 30cm 高时开始打顶，以抑制长高，促使侧芽萌发分枝。一般需打顶 3~4 次，第 1 次在 7 月中旬，第 2 次在 7 月下旬至 8 月上旬，第 3 次在 8 月 20—25 日。第 3 次要轻打，摘去分枝顶芽 3~5cm。选择晴天植株上露水干后进行。打顶摘心须在 8 月底结束，过迟花蕾小，开花迟，且易受早霜为害。

（7）肥水管理　①防涝抗旱：杭白菊是旱地作物，对水反应敏感，怕涝怕旱，如排水不畅极易出现沤根，基部叶早衰甚至全株死亡。因此，需做好开沟作畦，做到排灌畅通，以改善通气条件，减少病源菌感染；夏季、秋季如遇长期干旱，出现菊苗失水萎缩，要及时沟灌抗旱，促使正常生长。②合理施肥：重施基肥，轻施苗肥，追施分枝肥，重施蕾肥。前期以有机肥、农家肥为主，后期则以速效肥料为主。移栽活棵后，施用尿素，亩用量 15kg 左右；花芽分化时每亩施尿素 20kg 左右；促花肥追施要在 8 月下旬前结束，一般用 45% 的复合肥 15~20kg/亩；9 月上中旬是菊花现蕾期，及时追施尿素或三元复合肥 15~20kg/亩，45~60 元/亩。后期喷肥，根据长势每隔 7d，用 0.2% 磷酸二氢钾溶液喷施，连续 3~4 次，亩用量 300~400g。

（8）病虫害防治　①病害防治：杭白菊病害主要以叶枯病（斑枯病）为主，发病时期为 6—9 月。防治方法是注意做好轮作、合理密度和排水降湿，药剂防治可用 50% 多菌灵 500 倍液或 70% 甲基托布津 800 倍液或 5% 井冈霉素 100 倍液防治。②虫害防治：菊花的虫害主要有蚜虫、夜蛾类等，蚜虫一般 9 月上旬至 10 月发生，视发生情况，可用 10% 吡虫啉 1 000~1 500 倍液喷雾防治。夜蛾类 8 月底开始为害，可用 5% 抑太保 1 500 倍液或 10% 安打 3 000 倍液防治。药剂防治严禁使用氧乐果、甲胺磷等高毒高残留农药，并在收获前 15d 停用。

3. 采收与加工

采花时间在 11 月上旬霜降后采 1 次，约占产量 50%，隔 5~7d 后采摘第 2 次，占产量 30%，过 7d 再采 1 次，占产量的 20%。

（1）采收标准　花瓣平直，有 80% 的花心散开，花色洁白。通常于晴天露水干后或午后，将花头摘下。

（2）采摘方法　用食指和中指夹住花柄，向怀内折断。操作熟练的工人每天可采鲜花60~75kg。

（3）采花时间　最好在晴天露水已干时进行，这样水分少，干燥快，省燃料和时间，减少腐烂，色泽好，品质好。但遇久雨不晴天气，采下的鲜花应立即烘干，切忌堆放，应随采随烘干，最好是采多少烘多少，减少损失。菊花采收完后，用刀割除地上部分，随即培土，并覆盖熏土于菊花根部。

（4）干制　如产量少，天气好，晴天采收即铺于晒场阳光下晒干，晒时宜薄，应勤翻，或薄铺于通风处吹干。但如遇到阴雨天气，采回的鲜花，应及时放于烤房烘烤待售。

（三）应用效果

1. 农药、化肥用量持续下降

据射阳县洋马镇典型调查，2019年，全镇农药使用量97.32t，比2018年下降4.9%。2019年，全市化肥使用量3 611.8t，比2018年下降5.15%。菊花主要生长期组织用药4~5次，比农民自防田少用药1~2次，降低了农药使用量，减轻了环境污染。

2. 菊花病虫害得到了有效控制

近3年来，菊花"三虫三病"，即蚜虫、夜蛾类、地下害虫、叶枯病、根腐病、病毒病是防治工作的重点和难点。通过大力推广应用重大病虫害绿色防控技术，其为害得到了有效控制。2019年10月20日调查，实施综合防治区叶枯病、病毒病平均病指分别为2.27、1.95，常规防治田平均病指为3.62、2.54，实施综合防治区菊花的根腐病发病株率由2017年的67.2%下降为2019年的48.6%。蚜虫、夜蛾类、地下害虫等虫害根据菊花生育进程，坚持卵孵初期用药，均得到了有效控制，未造成显著损失。2019年10月20日调查，实施区菊花病虫总体防效达90.5%，病虫害总体损失率控制在2.9%。

3. 成本效益分析

物化成本：包含种苗175元/亩、肥料476.8元/亩、农药188元/亩、机耕作业费140元/亩，物化成本小计979.8元/亩。人工成本1 500元/亩。

产量鲜花1 200kg左右，胎菊600kg左右，2019年鲜花3.5元/kg左右，胎菊9元/kg，亩产值4 200元，胎菊产值5 400元。扣除人工成本1 500元/亩，纯效益2 700元/亩，胎菊3 900元/亩。

4. 经济社会效益

农药、化肥用量持续下降，农业面源污染逐步得到有效控制，提高了菊花主产区耕地质量水平和菊花产品的产量与品质，保证了菊花产品的质量安全；提高了基层农技人员和广大农民科学施肥、科学用药的技术水平；新型药剂、药械，新型肥料的施用，提高了菊花的产量水平和菊产品的质量，同时减轻了环境污染，促进了菊花产业的可持续发展，保护了生态环境。

（曹丽、孙天曙）

浙江省桐乡市杭白菊化肥农药减施增效技术模式

一、杭白菊化肥施用现状

杭白菊是桐乡市传统特色农产品，中药材"浙八味"之一。种植迄今已有近400年栽培历史，1999年桐乡被农业部命名为"中国杭白菊之乡"，杭白菊先后通过了地理标志证明商标、农产品地理标志产品认定，目前已基本形成了杭白菊基地生产、规模加工、专业营销的全产业链发展格局，成为最具乡土特色的传统优势产业。但是杭白菊生育期长，化肥施用较多、肥效利用率低，一定程度上造成生产成本增，质量降，严重制约了杭白菊高质量健康发展。

（一）化肥施用量大

杭白菊生长周期长，具体分为4月上中旬，定植肥（三元复合肥15kg，商品有机肥1 000~1 500kg），5月至6月初，压条肥第1次（复合肥5~8kg），6—8月压条肥、分枝肥2~3次（复合肥20~35kg），蕾肥2次9月中下旬、10月上中旬（复合肥35~40kg），全年合计85~95kg，商品有机肥1 000~1 500kg。

（二）化肥利用率低

杭白菊多为散户种植，规模化程度较低，有些农民仍按传统的经验施肥，存在着严重的盲目性和随机性，加上施肥方法不科学，追肥时常采用撒施或浅施，造成化肥的挥发和淋失，降低了化肥利用率。经过长期耕种，部分地块土壤氮、磷、钾比例严重失调，同时土壤中的微量元素也长期得不到补充，已不能满足作物的生长需要，根据最小养分定律和同等重要律学说，即使氮、磷、钾的施入比例合理也会影响作物的产量。

（三）化肥施用成本高

受石油、煤炭等资源类产品价格上涨的影响，近年来，化肥价格总体呈上涨态势。而且由于"能源短缺"长期存在，决定了农资成本难以下降。农民为了生产方便，大量使用化学肥料，造成杭白菊生产成本居高不下，以化肥为主的物化投入成本由 2004 年的 231.7 元/亩上升到 2019 年的 714 元/亩，成本增加3.08 倍。

二、杭白菊生产农药施用现状

1. 叶枯病

（1）为害症状 分生孢子经风雨传播侵染，通常在植株下部叶片首先发病。被害初期，叶片上出现针头状淡绿或淡褐色细点，后渐变为褐色至深褐色的圆形、椭圆形或不规则病斑。发病后期，病斑中央呈黄褐色或灰白色，并伴有不明显轮纹，边缘略带紫褐色，中央产生黑色小点，病害严重时，叶片会渐渐枯死悬于茎秆上，并不易自然脱落。

（2）化学防治 药剂防治可用25%阿密西达 1 500倍液或百菌清 800 倍液+井冈霉素 100 倍液喷雾防治。

2. 病毒病

（1）发生规律 病毒病俗称花叶病、癃病，由菊 B 病毒感染所致。通过蚜虫传毒或菊苗带毒引起。连作菊地或烟菊套作田发病重。久旱或土壤干燥有利蚜虫繁殖，也加重此病的发生。

（2）为害症状 病后，叶片呈黄绿相嵌花叶状，畸形，植株矮小或簇生、丛生，生长停滞。一般不能形成花蕾或者花朵畸形。

（3）化学防治 发病初期可选用"吗呤胍"类抗病毒农药防治。

3. 蚜虫

（1）发生规律 多发生在 4—5 月、9—10 月，为害菊花的蚜虫种类较多，主要有菊小长管蚜和棉蚜 2 种。1 年有 2 次迁入高峰。开春后，有翅蚜从越冬杂草上迁移到菊苗上繁殖为害。1 年发生 15 代以上，世代重叠明显。先期为害的为无翅蚜，后期大量繁殖后产生有翅蚜，并迁飞大面积为害。高于30℃不利于发生，20~30℃有利于发生。

（2）为害症状 菊苗上的蚜虫均以无翅蚜为主，密集分布于心叶、嫩梢和老叶的叶背。秋季又有一批有翅蚜从其他植物上迁移到菊花上为害，加之菊花开花后，花芯呈嫩黄色，更加吸引蚜虫集中在花芯上为害。蚜虫为害一方面吸食汁液，造成叶片卷缩，生长停滞，花朵畸形；另一方面传播病毒病，其分泌的蜜露还引发煤污病。

（3）化学防治 视蚜虫发生情况，每7d用1次，连续2~3次，一般用10%吡虫啉1 000倍液或25%吡蚜酮2 500倍液交替使用。

4. 夜蛾类

（1）发生规律 主要以斜纹夜蛾、甜菜夜蛾为主，8月底开始为害，因虫体颜色的差异，农民俗称花虫或青虫。以前夜蛾类害虫为间歇性发生，进入21世纪以来发生频率加快。每年都能达到中等以上发生程度。主要发生在9月至10月上旬。

（2）为害症状 产卵植株基中下部，2~3龄开始散株，2龄前集中取食，高龄（4龄以后）幼虫分散，耐药性增大，易惊散，假死，昼伏夜出，地表1~3cm处化蛹。幼虫暴食叶片。严重发生时可食光绿色叶片。

（3）化学防治 可用5%抑太保1 500倍液或20%或康宽3 000倍、2%甲维盐1 500倍液防治，该类药物对蚕桑特别敏感，须进行隔离防治。

三、杭白菊化肥农药减施增效技术模式

（一）核心技术

1. 优良品种

小洋菊、早小洋菊，比例占95%。

2. 脱毒和健康种苗繁育

经多次重复茎尖脱毒，获取完全脱毒的健康种苗，用大棚、防虫网、遮阳网隔离，全年度进行多次分株、压条、扦插技术，从而加快种苗繁育速度。

3. 连作障碍处理技术

首先，采取轮作，最好是水旱轮作。冬季清洁田园，深翻冻土、增施有机肥、及时排水，应疏通沟渠，降低地下水位，减少病虫害的发生和病虫草基数；

适当控制杭白菊田间密度，通过压条、摘心技术，使杭白菊 2 级、3 级有效分枝控制在 12 万个以下，过多则适当疏除，使杭白菊田间保持通风透光。

（二）绿色防控技术

贯彻"预防为主、综合防治"原则，优先采用农业防治、物理防治、生物防治技术，合理用药，确保产品质量安全。通过水旱轮作、合理密度，科学肥水管理，及时中耕除草，清除残株。掌握防治适期，对症用药，交替用药，按GB/T 8321—2002《农药合理使用准则》要求严格控制安全间隔期、施药量和施药次数。提倡使用粘虫板、性诱剂及杀虫灯诱杀等绿色防控技术。

1. 杀虫灯

灯光诱虫是一种物理防治技术，是实现农产品质量安全的最佳生物保护方法。杀虫灯是根据昆虫具有趋光性的特点，利用昆虫敏感的特定光谱范围的诱虫光源，诱集昆虫并能有效杀灭昆虫，降低病虫指数，防治虫害和虫媒病害的专用装置。主要用于害虫的杀灭，减少杀虫剂的使用。在菊田中每隔 150～200m，棋盘式挂 1 盏频振式杀灯，于 6—8 月开灯，诱杀夜蛾、金龟子等害虫效果较好。

2. 性引诱剂

性引诱剂属于一种化学试剂，以雌性激素作为诱饵，放在盛有农药等杀虫药剂的容器上，利用性引诱剂诱杀害虫的雄性个体，破坏了害虫种群正常的性别比例，雌性个体不能完成交配，从而降低害虫出生率，通过影响出生率和死亡率而间接影响种群密度。在菊田中从 9 月开始挂诱杀瓶，每隔 50m 挂 1 瓶，即可起到诱杀斜纹夜蛾、甜菜夜蛾成虫作用。

3. 黄板

绿色环保，成本低，并且可自制。全年应用可大大减少用药次数。采用黄色纸（板）上涂粘虫胶的方法诱杀害虫，有效减少虫口密度。不造成农药残留和害虫抗药性，可兼治多种虫害。黄板放在菊花田里使用，主要用于防治蚜虫、粉虱等小型昆虫。蚜虫趋黄性强，用黄粘虫板可大量诱杀蚜虫，挂板时间从 10 月初开始。挂板高度为距离地面 80cm，每隔 20m 挂 1 块。

4. 高效低毒低残留农药推广使用

围绕杭白菊病虫害发生、防治以及农药残留状况，提出了整体解决杭白菊用药、控制农药残留、促进产业持续健康发展的思路，印制了彩色图谱版《桐乡市无公害杭白菊标准化栽培管理模式图》《杭白菊标准化栽培技术规程》，通过实施农产品全产业链安全风险管控（一品一策）、"小品种农药登记"项目大力推广高效低毒低残留农药。

（三）主要生产管理

1. 轮作

一般每两年进行轮作，原地连作，须改畦深翻。

2. 底肥及大田整理

栽植前应先对大田翻耕 1 次，每亩施有机肥 1 000~1 500kg。

3. 定植时间与密度

杭白菊定植时间一般在 4 月上中旬，最迟不超过 5 月上旬，一般每亩苗数在 3 500~5 000 株，密度为（1.2~1.5）m×（20~30）cm。

4. 压条

菊花压条分 1~2 次进行，第 1 次在移栽后 1 个月左右，当苗高 30~40cm 时可进行，压条前，须除草松土，松土深度，压条时把枝条向两边分掀倒在地，每隔 10cm 左右压上泥块，保证枝条充分与松土接触，有利菊苗节节生根和节部侧枝生长。待新侧枝长到 20cm 左右，进行第 2 次压条，这时压条的方向由密处压向稀处，最迟在 7 月底前结束。

5. 摘心（打顶）

在压条后，当新梢长到 10~15cm 时摘心，兼顾新枝高度与全园平衡，使其下部枝芽均衡生长，花期整齐。摘心须在 8 月底结束。

6. 合理施肥

施足基肥，轻施苗肥，追施分枝肥，重施蕾肥。前期以有机肥的农家肥为主，后期则以速效肥料为主。

7. 及时做好护栏，防止倒伏

现蕾后设立护栏，防止菊花伏地。

8. 采收

按加工、用途不同，采用不同的采摘标准：用作胎菊的在花蕾充分膨大，花瓣刚冲破包衣但未伸展为标准；一般饮用菊在花芯散开 10%~30% 为标准；药用以花芯散开 30%~70% 为标准，做到分批、分级采收。

（四）应用效果

1. 减肥减药效果

本模式与周边常规生产模式相比，减少化肥用量 20%，化肥利用率提高 15%；减少化学农药防治次数 3 次，减少化学农药用量 25%，农药利用率提高 15%。夜蛾为害率减少 50%，病毒病为害率控制在 8% 以下。

2. 成本效益分析

亩生产成本 720 元，亩产量（折干花）150kg，亩收入 7 500 元，亩纯收入 7 000 元，适度经营规模 10 亩。

3. 促进品质提升

杭白菊优等品率提高 20%。

（五）适应区域

桐乡市等浙江省杭白菊产区。

（马常念）

湖北省麻城市菊花化肥农药减施增效技术模式

一、菊花种植化肥农药施用现状

麻城市是菊花的传统产区，全国三大白菊花产地之一，2019 年，种植面积为 5 万亩，为麻城重要的特色经济产业，在促进地方农民增收脱贫方面发挥着重要作用。由于为老种植区，长期大面积种植，产区病虫害问题日趋严重，造成菊花品质和产量下降，给生产者带来严重损失。目前，在菊花病虫害防治过程中，对常见病害和虫害防治主要是喷洒农药。由于病虫害的日益严重和害虫抗药性的不断增强，用药剂量逐年提高，农药残留风险也愈来愈严重。加之，当地菊花种植户习惯大量施用碳酸氢铵等化肥，不重视平衡施肥和有机肥施用，造成病害越来越重，还会引发面源污染等问题，导致菊花产量和品质的"双降"。

（一）化肥施用情况

目前，生产上普遍采取施用化肥以获得高产和高效益。种植大户一般在菊花定植前亩施用复合肥（15-15-15）40kg 做基肥，7 月和 9 月中旬分别追施尿素两次，每次施用量 10kg/亩，总计用肥 50kg 以上。普通种植户一般在菊花定植前亩施用碳铵 50kg+过磷酸钙 50kg，在 8 月下旬亩追施（打坑埋施）碳铵 30kg。在菊花生产中，大量施用化肥尤其是氮肥，不仅造成菊田土壤质量和菊花品质的逐渐下降，而且麻城当地为花岗片麻岩发育沙质土壤，肥料流失现象严重，并引起面源污染，对生态环境构成威胁。而且大量施用化肥还导致菊花根腐病严重，农药施用量增加。

（二）农药施用情况

目前，麻城菊花产区根腐病、褐斑病和地老虎、银纹夜蛾为害较重，另外还有病毒病、潜叶蝇、菊天牛等病虫为害。特别是根腐病，从 6 月气温上升开始发病，7 月为发病盛期，9 月天气转凉后发病率逐步下降；产区基本每块菊田都发病，发病率一般在 20%～60%，有的地块甚至颗粒无收。菊花根腐病病因复杂，为了防控菊花根腐病，菊农试用多种化学农药，但防控效果均不理想。菊花银纹夜蛾主要在 7—8 月暴发，产区多用菊酯、辛硫磷等杀虫剂。菊花地老虎一般在老地居多，其成虫金龟子在 4—5 月啃食菊花叶片，并在菊田产卵，虫卵孵化后继续啃死菊花根部，并在老地过冬，第 2 年 4—5 月羽化成成虫；菊花进行轮作，可大幅降低地老虎为害。

二、菊花化肥农药减施增效技术模式

（一）核心技术

本模式的核心内容主要包括"优良品种+培育优良母株+穴盘嫩枝扦插育苗+晚植和合理密植+有机肥替代化肥+绿色防控"。

1. 优良品种

品种选择麻城地方白菊品种福白菊，其特点是晚熟，叶片浓绿，花朵大而肥厚，糖分含量高，有效成分绿原酸、木犀草苷、奎宁酸含量高，抗叶斑病。

2. 培育优良母株

2 月，田间选育种性优良、生长健壮母兜，从上选取健壮侧芽，稀植于母种园，施足有机肥，精细化管理，培育优良母穗。

3. 穴盘嫩枝扦插育苗

改变传统分株育苗的方式，采用128孔穴盘，使用育苗基质，采集4~6叶嫩枝，穴盘扦插，精细管控扦插期间光、温和湿度，7d开始生根，30d可穴盘拔苗移栽，没有缓苗期，成活率达100%。一般在5月中旬开始穴盘育苗。

4. 晚植和合理密植

菊花为短日照植物。将菊花传统定植期4—5月推迟到6月中上旬定植，采用小苗过夏，合理避开4—5月金龟子田间产卵和6—7月高温高湿导致大苗根腐病暴发；晚植还能减少菊花营养生长期，有效降低菊花肥料用量。同时，将菊花定植密度由传统1畦2行增加为3行，2 000~3 000株/亩增加到5 000株/亩，打顶由3次降为1次，减少侧枝，促进提早开花和田间菊花开花整齐，利于一次性机械化采收。

5. 有机肥替代化肥

6月初，结合菊花整地理畦，每亩施用500kg优质商品有机肥+优质复合肥（10-10-15）30kg做底肥，8月中下旬根据田间菊花长势在雨后追施5~10kg尿素，9月初开始间隔10d左右喷施2~3遍水溶性硼肥和磷酸二氢钾。

6. 绿色防控

采用深沟高畦种植，降低田间湿度，有效降低菊花田间根腐病。采用穴盘嫩枝扦插育苗，培育壮苗，增强菊花抗性。适当推迟定植时间和合理密植，采用小苗过夏，有效错开菊花6—7月根腐病高发期。菊花定植后，在每畦中间间隔1m点播2株秋玉米，7月中旬在玉米秆上分挂黄色、蓝色防虫板，引诱防治蚜虫、蓟马；田间地头安装防虫灯，进行金龟子、银纹夜蛾等诱扑。另外，菊花采收后及时清除田间老蔸，种植小春作物，合理轮作。

7. 其他措施

合理灌溉和及时排水。

（二）生产管理

2月进行菊花母株分株，培育优良母穗圃；5月中上旬开始菊花穴盘嫩枝扦插；6月初整地施用基肥，6月中上旬定植，7—9月追肥和田间管理，10—11月组织收获。

（三）应用效果

1. 减肥减药效果

本模式与周边常规生产模式相比，减少化肥用量30%；减少化学农药用量60%。根腐病发病率控制在10%以下（传统20%~60%），地老虎和银纹夜蛾为害大幅度降低。

2. 成本效益分析

亩生产成本1 500元，亩产量200kg，亩收入6 000元，亩纯收入4 500元，适度经营规模10亩。

3. 促进品质提升

有效成分含量比常规模式高15%~30%，且农残重金属均不超标。

4. 生态效益

通过实施该生产模式，土壤的pH值得到了有效调节，土壤得到有效改良，并大幅降低化肥面源污染和田间农药残留。

（四）适宜区域

麻城市及湖北省其他菊花产区。

（刘大会、刘林、王明辉、马毅平）

人 参

化肥农药施用现状及减施增效技术模式

吉林省人参（西洋参）化肥农药
减施增效技术模式

一、人参、西洋参化肥使用现状

1. 化肥盲目使用

一是化肥品种单一，不能根据人参生长的需要来供给养分。二是片面追求大量元素的供给，忽视中量、微量元素的供给，造成化肥营养元素比例失衡，肥料利用率低下，使用成本增加，也影响人参的抗逆抗病性。三是化肥施用时期不合适。不能根据不同时期、不同年生的生长需要，供给养分的种类，同一时期供给以氮磷钾大量元素为主的化肥。

2. 化肥利用率低

在人参生产中，由于土壤碳氮比例失调，土壤水分不适，土壤微生态失衡，以及施入的化肥营养元素比例不适合人参生长的需要，造成化肥利用率低，虽然使用量逐年增加，但肥效增加甚微。

3. 化肥施用成本高

由于以上两点的影响，以及部分不规范农资经营者的误导，生产者盲目追求新颖、高效的肥料，造成肥料使用成本逐高。

二、人参、西洋参农药使用现状

在人参、西洋参生产过程中，由于其生长周期长（人参 4~6 年，西洋参 3~5 年），很容易遭受各种生物的为害，造成人参、西洋参产量降低，产品质量下降，给人参生产带来很大的威胁。据不完全统计，我国人参上发生的病虫害种类在 20 种以上，其中，发生普遍、为害严重的主要有人参苗期病害、黑斑病、灰霉病、炭疽病、疫病、菌核病、锈腐病、镰孢菌根腐病、细菌性软腐病等，炭疽病以前生产上一直零星发生，为害较轻，2020 年，在吉林省通化地区部分地块发生严重，是人参生产的新威胁。白粉病在西洋参上重于人参，但由于生产上使用的药剂均为广谱的药剂，白粉病一直很少发生。人参西洋参的害虫主要为地下害虫，其中又以地老虎、金针虫和蛴螬发生较重，近两年介壳虫在个别地块发生较重；人参、西洋参地上茎叶害虫很少，偶尔能见到的有沫蝉。

人参、西洋参草害发生十分严重，但由于人参、西洋参为药用作物，其除草主要靠人工除草，苗期有的借助土壤熏蒸剂除草，在人参、西洋参上使用的除草剂很少，而且也没有登记。

目前，在人参、西洋参生产中防治病虫害的主要措施有农业防治、生物防治、化学防治、物理防治等，其中，化学防治仍然是人参、西洋参病虫害防治的主要手段，但由于长期大量使用不仅导致病虫抗药性产生、人参产品农药残留、环境污染，对人畜也有一定的毒副作用。

1. 化学防治仍然是人参病虫害防治的主要手段

目前，在人参上登记的农药大约是 40 个品种，其中绝大多数都是化学药剂，只有 6 种是生物农药，占登记农药的 15% 左右，其防控对象主要是苗期病害和叶部黑斑病和灰霉病，对多数病害来说还没有登记的生物农药可用，加上生物农药给参农和技术人员的印象是见效慢，防治效果也没有化学农药好，另外，其防效受环境条件影响也较大。而化学农药防效好、见效快、使用简便，所以一旦病害发生，往往选择使用化学农药。农业防治对人参病害来说是很重要的，但参农多数认识不足，实际生产中更是做得不到位，农业防治没有充分发挥其应有作用。

2. 少数地区仍存在盲目用药、过度用药现象

人参、西洋参用药在中药材中已组织登记了 40 余种农药在人参上施用，是中药材中农药登记种类最多的中药材，也是最早结束无登记药可用历史的药材，用药情况总体说来相对规范。但在一些新种植人参的农户或接受新知识能力不强或者是自有一套，不接受规范用药的农户还存在不能对症用药，不根据病虫害的发生规律用药，不按登记要求超次数、超量用药及不按照农药的防控对象和作用机制，多种农药超量混合使用的情况。

3. 一些违禁农药在个别参户中仍在使用

五氯硝基苯是有机氯类长残效的杀菌剂，在人参中使用后多年也不能降解达到药典的标准，其农药本身和代谢产物具有多种副作用，多个国家已撤销其登记或禁止使用。我国只在棉花等作物登记使用，在人参上并没有登记，吉林省明确规定其不能在人参、西洋参上使用。因为其价格低廉、持效期长、效果较好，少数人仍违规使用，造成人参、西洋参中五氯硝基苯及其代谢产物的残留风险。

4. 施药器械相对落后，不能做到精准施药

人参、西洋参在我国主要栽培模式为拱棚下遮阴栽培，且多在交通不便利的林间或乡间种植，不能实现机械化施药或电动机械施药，施药器械相对落后，多数还是人工背负式喷雾器，喷雾质量相对不高，使农药的利用率也相对较低。

三、人参、西洋参减肥减药增效技术模式

1. 减肥的技术模式

基本原则：控氮、减磷、稳钾，补锌、硼、铁、钼等微量元素肥料。

主要措施：结合深松整地和保护性耕作，增施有机肥；推广精准配方施肥，适时适量追肥等。

（1）矿物源肥料替换复合肥　通过对矿石进行煅烧、水解，获得的新型结构肥料，来替换传统化学方法制备的复合肥。该种矿源肥料成分天然，养分均衡且配比合理，可以起到土壤改良，促人参生长及增产的作用。

（2）调整化肥施用结构　要有机肥+生物菌肥+中微量元素肥配合使用。通过有机物料发酵而成的有机肥，配合多种有益菌群组合而成的生根菌肥，加之生防、护根、养根三合一的菌剂，增加土壤有机质。通过合理施用富含多种中微量元素肥料，活化土壤矿质元素，提高土壤阳离子代换量，来减少化学肥料的用量。

（3）改进施肥方式　改传统基施方法为冲施肥+茎叶喷施。通过滴灌、喷灌、渗灌、沟灌等方式施用具有防病、促生根等功效的有益菌群水溶肥、小分子碳肥等冲施肥，在减少肥料用量，提高肥料利用率的基础上，达到增产的目的；根据人参不同生育期和养分临界点进行茎叶喷施氨基酸肥料补充营养，结合中微量元素肥料的施用提高光合作用，施用含有海藻成分、氨基寡糖素肥料提高人参的抗逆抗病性等。

（4）精准施肥　配方平衡施肥。在施肥前对土壤进行营养元素、有机质、盐度和酸碱度等的检测。根据检测结果和人参需肥规律来进行肥料的配方设计，以生物有机肥、矿物源肥料、生物菌肥和中微量营养元素肥料为主，少量化肥为辅，合理搭配。用量以测土结果为基础计算配比。

2. 减药的技术模式

本模式的核心技术包括"种子处理技术+土壤消毒技术+池面消毒技术+规范使用人参登记农药+免疫诱抗技术"。在保证生产安全、人参产量和品质的基础

上，推进绿色防控和科学用药。在减少农药使用量的同时，推广新药剂、新药械、新技术，做到保产增效、提质增效。

（1）种子处理技术　在播种前先用噻咯霜灵拌种包衣，未阴干前用枯草芽孢杆菌再包衣。对于已发芽的参籽加大兑水量降低拌种剂量。通过种子包衣实现一药多防（防多种病及虫害）和后病前防（后期发生的蚧壳虫、锈腐病及根腐病等）。

（2）土壤处理技术　在整地做床后根据生产要求及土壤条件选用合适的药剂品种及其施用配方和剂量，均匀施入并混匀。使用的药剂主要有：嘧菌酯加枯草芽孢杆菌加噻呋酰胺或者嘧菌酯加枯草芽孢杆菌加精甲噁霉灵。

（3）池面消毒技术　早春残骸清理干净后，根据生产要求及上1年田间病害发生情况，选用适宜的药剂及使用剂量，对池面、池帮子、作业道全面喷施，药液借助雨水等渗入床面2~5cm，充分发挥药效。通过池面消毒可以减少田间病害的初侵染来源，减少后期用药次数，也减少病害的发生。不同年生池面消毒用药技术不完全相同。1~2年生主要防控对象为立枯病、猝倒病、锈腐病和灰霉病，使用的药剂主要有：精甲噁霉灵及枯草芽孢杆菌；新栽的人参主要防治立枯病、疫病和灰霉病，使用的药剂主要是：嘧菌酯或丙环唑加甲霜威；3~6年生主要防控对象为立枯病、灰霉病、疫病和黑斑病，用的药剂主要是：嘧菌酯或丙环唑加菌核净加甲霜威。

（4）规范使用人参登记农药　根据人参、西洋参病害的发生规律结合当地的气候特点对症、适时、适量、适次及按安全间隔期施用已经登记的农药，同时规定单品种农药在1个生长季节施用不多于2次，一般都是1次。另外通过在登记的农药中添加助剂，减少化学农药的施用，提高防治效果。

（5）生物农药替代化学农药或与化学农药协同应用技术　在种子处理、土壤消毒时及病害发生初期用生物农药与化学农药协同使用，可以减少化学农药的用药量，提高防治效果，也可在病害发生前单独使用生物农药替代化学农药。

（6）免疫诱抗技术　通过微生物制剂+免疫诱抗剂+生物刺激素+营养抗逆剂的组合方式，来诱导人参激发潜能，提高人参抗逆抗病性，抵抗病菌侵染和扩展，多方法协同来达到防病、控病目的。

3. 生产管理

（1）播种前准备　整地、做床；土壤消毒及种子消毒。

（2）播种和移栽　分秋播、秋栽和春播、春栽。一般春季时间较短，多数选择秋播秋栽。秋种、秋栽一般在9月下旬到10月末，春种、春栽一般在4月下旬到5月底。

（3）清除残体　在春季芽苞萌动前，将田间植株茎叶残体及时彻底清除，集中销毁。

（4）培土和施肥　一般在搂池子后，松土除草，除草后要及时清理作业道，培沟帮子；在整地做床时施入底肥，多年生的人参出苗前追肥，在夏季及秋季要进行冲施追肥。

（5）组织收获　一般在9月人参生长进入枯萎期即可进行收获。

4. 应用效果

（1）减肥减药效果　本模式和常规传统模式相比，减少化肥用量30%，化肥利用率提高30%；减少化学农药防治次数5~10次，减少化学农药用药量20%~50%，农药利用率提高10%，病虫害为害造成的损失控制在8%以内。

（2）促进品质提升　减肥减药模式生产的人参、西洋参等参率提高20%以上，农药残留明显降低，人参产品出口合格率100%。减肥减药模式采收的人参（5年生参）比常规种植的人参皂苷提高0.38%。

5. 成本效益分析

减肥减药模式亩化肥农药生产成本2 400~3 000元，亩产量750kg（按2.5kg/m² 算），亩收入3.75万元，亩纯收入2.37万元（46~48元/m²，50元/kg）。

6. 适宜区域

吉林省、黑龙江省、辽宁省人参种植区域。

（高洁、张兰恒、宋明海）

辽宁省人参农药减施增效技术模式

一、核心技术

本模式的核心内容主要包括"优良品种+配方平衡施肥+绿色防控+合理轮作"。

1. 优良品种

品种选择在适推地区表现良好的大马牙、二马牙等品种，特点是高产、抗寒，高抗根腐病等病害。

2. 配方平衡施肥

（1）基肥 结合深耕，每亩施腐熟的有机肥 3 000~5 000kg 作为基肥，并与土壤充分混合。

（2）追肥 5 月上旬苗齐后，结合松土开沟施入充分腐熟的饼肥及有机无机复合肥，每平方米 0.2~0.3kg，覆土盖平；或施用"5406"菌肥。

（3）叶面肥 或用 2%磷酸钙 1kg，加水 5kg，浸泡 24h，再加水 45~50kg 进行叶面喷雾，每年 2~3 次。

3. 病虫害绿色防控

（1）病害绿色防控 每平方米床土中施入 15kg 绿肥，与床土充分混拌均匀，可防治人参锈腐病、根腐病；在 100kg 床土中加入 1kg 哈茨木霉菌混配成菌土后栽参，对锈腐病、立枯病以及猝倒病防治效果很好；在人参发病初期应用 2%农抗 120 水剂稀释 100 倍液每隔 7~10d 灌根或喷施 1 次，连续使用 2 次，可减少烂根，提高存苗率。

（2）虫害绿色防控 种植前要深耕多耙，收获后及时深翻，以利于天敌取食及机械杀死幼虫和蛹；利用害虫趋向马粪、灯光、糖、醋、蜜等进行诱杀，每天清晨捕杀害虫，一般在 5—9 月害虫成虫发生期进行。

（3）遮阴遮雨栽培技术 出苗前搭好荫棚，1~3 年生苗，前檐立柱地上部分为 80~100cm，后檐立柱为 70~80cm；4~6 年生苗，前檐立柱为 100~110cm，后檐立柱为 80~90cm，另 50cm 埋入土中。前后檐相差 30cm 左右，使棚顶形成一定的坡度，为人参提供良好的生长环境，也为人参健康生长提供有力保障。同时采用蓝色透光膜遮雨，降低病虫害发生率。

4. 合理轮作

轮作能充分利用土壤营养元素，提高肥效；减少病虫为害，克服自身排泄物的不利影响。人参可与紫穗槐（*Amorpha fruticosa*）、苜蓿（*Medicago sativa*）、细辛（*Asarum sieboldii*）等轮作，缩短老参地再植人参年限至 6~10 年；有条件的地区可采用水旱轮作，缩短老参地再植人参的年限至 3~7 年。

二、生产管理

1. 播前准备

（1）选地 选择气候冷凉、空气湿润、降水充足的山区、半山区，土地以腐殖层厚、质地疏松、排水良好、渗水力强的新垦山林地为宜，土壤以暗棕壤、沙壤土、山地黄沙土、山地黑沙土为佳。土壤酸碱度微酸性和中性均可。

（2）整地 在种参前1年春季翻地20~25cm，翌年立夏前后进行打土合垄做床，育苗床床宽120~150cm，作业道宽120cm，移栽床床宽150~170cm，作业道宽150cm。畦床长度视地形而定，但不宜过长，若为长形地块可在畦床局部较低处，挖一定宽度的腰沟，以利排水。

2. 播种与移栽

（1）播种 春播于4月至5月初，土壤耕层解冻后即可播种；秋播于9月下旬至土壤结冻前。目前，人参生产上主要采用点播、撒播和条播方法，其中，点播方法效果更佳。点播方法：在已整好的畦面上，采用点播机或压印器进行播种，每点播1粒种子，培育2年生苗，采用3cm×5cm点距；培育3年生苗，采用4cm×5cm点距；4年生直播，采用6cm×6cm点距；其播种量，育苗每平方米播干籽15g左右，4年生直播每平方米播干籽15~20g。

（2）移栽 春栽于5月上中旬，栽参土层解冻后，气温稳定时即可。秋栽于9月下旬至10月上旬，一般人参地上茎枯萎后即可开始移栽。按已选好的参苗行距要求开沟，沟帮稍倾斜，然后按株距将参苗摆放在沟内，参苗芦头顺畦向按同一方向摆正，参根与畦面成30°，靠畦帮两边的参苗根须稍向畦中间倾斜。摆好参苗后，先把参须用土顺须压上，防止倒须，再按覆土深度要求进行覆土。

3. 病虫害防治

（1）病害防治 注重栽培管理，发现病株及时拔除，并在病穴撒生石灰粉消毒；调节光照，防止雨水侵袭，雨季及时排水；保持参棚通风。

（2）虫害防治 采用综合防治，提前整地，施高温堆制的充分腐熟的肥料，灯光诱杀成虫，搞好田间卫生，人工捕杀等。

4. 组织收获

人参一般6年收获，为了培育大支头边条参，需多移栽1次，7~9年收获。

研究表明，9 月中旬收获最佳，产量及折干率高，且质量好。

三、应用效果

1. 减药效果

本模式与周边常规生产模式相比，减少化学农药防治次数 2 次，减少化学农药用量 25.8%，农药利用率提高 5.5%。病虫害为害率控制在 8% 以下。

2. 成本效益分析

以生产 5 年生人参计算，人参 5 年总成本投入约 4 万元，亩产量 650～750kg，按单价 120 元/kg、亩产 700kg 计算，5 年亩收入 8.4 万元，5 年亩纯收入 4.4 万元，每年净利润为 8 800 元以上。

3. 促进品质提升

本模式生产的人参，人参总皂苷（Rg1+Re）含量为 4.17%，比常规模式高 2 个百分点；人参皂苷 Rb1 含量为 2.52%，比常规模式高 1.6 个百分点。

4. 生态与社会效益分析

生态效益方面，通过实施该生产模式，减少了农药的用量，土壤的 pH 值得到有效调节，解决了农药滥用等引起的诸多生态问题，保护了森林资源和生态环境，是可持续发展方式。

社会效益方面，对全行业人参发展品质化、绿色化、环保化的种植新模式起到了正面导向作用。通过开展职业农民技术培训，把培养的新型经营主体作为技术的示范推广点，建立一套技术培训推广新模式，推广应用新技术、新方法。

四、适宜区域

辽宁、吉林、黑龙江人参适种区。

（宋国柱、刘亭亭）

黑龙江省庆安县人参农药减施增效技术模式

一、人参种植农药施用现状

庆安县是人参的传统产区，2019 年，全县种植面积为 5 万亩。由于种植面积增大，病虫害也日趋严重，造成人参品质和产量下降，给生产者带来严重损失。目前，在人参病虫草害防治过程中，对常见病虫害防治主要是应用农药，仍缺少其他有效的方法。由于病害的日益严重和杂草抗药性的不断增强，用药剂量逐年提高，农药残留也愈来愈严重，造成人参品质和等级下降，严重影响了全县人参产业的绿色高质量发展。为此，积极探索出一种现行状况下最少用药，最少施用化肥的栽培模式。

常见病虫害及防治办法

1. 立枯病

防治方法　加强田间管理，勤松土，提高参床土温。发病初期，应及时拔除病株，集中烧毁。播种移栽前用 10 亿/g 枯草芽孢杆菌可湿粉 2～3g/m²，或 3 亿 CFU/g 哈茨木霉菌可湿粉 5～6g/m² 土壤浇灌。25g/L 咯菌腈悬浮剂 20～40ml/100kg 种子播种前包衣处理。

2. 黑斑病

防治方法　及时摘掉病叶，拔除病株，集中销毁。入夏后适时挂帘，调节阳光，减轻病害。选留无病种子。用 1 000 亿个/g 枯草芽孢杆菌可湿粉 60～80g/亩，3% 多抗霉素可湿粉 150～300 倍液，77% 氢氧化铜可湿粉 150～200g/亩，每隔 7d 喷 1 次。上述药物要交替使用，以防止病菌产生抗药性。阴雨天缩短喷药时间间隔。喷药后如遇雨，则雨停后再喷。高温干旱不宜喷波尔多液。

3. 疫病

防治方法　用 72% 霜脲·锰锌可湿粉 100～170g/亩防治，80% 烯酰吗啉水分散粒剂 15～20g/亩，500g/L 氟啶胺悬浮剂 25～35g/亩，25% 氟吗·唑菌酯悬浮剂 40～60g/亩，25% 甲霜·霜霉威可湿粉 80～120g/亩，23.4% 双炔酰菌胺悬浮剂 40～60g/亩，发病初期施药，间隔 7d 左右施药 1 次，提倡轮换用药。阴雨天适当增加喷药次数。

4. 红皮病

又称水锈病，主要为害人参根皮。感病后，根皮变成黄褐色，表皮变厚变硬，轻者可逐渐恢复，重者表皮有裂纹，须根枯死，茎叶萎蔫，根随之腐烂。

防治方法　将黑土层下的活黄土翻上混匀，或在黑腐殖土中掺入 1/4 或 1/3 活黄土。低洼地做高床，注意排水。勤松土，采用药剂防治，25% 噻虫·咯·霜灵悬浮种衣剂种子播前种子包衣，移栽前用 50% 多菌灵可湿粉 5~10g/m² 浇灌。

二、人参减施增效技术模式

(一) 核心技术

本模式的核心技术为"选好地+施用生物有机肥做底肥+人工拿大草"。

1. 选好地

首先要选择土壤较疏松，排水良好的地块。然后多施农家肥，提高土壤有机质含量。多施猪、牛、鸡、羊等粪肥。其次，多施各种绿肥作物及农作物秸秆。施用以上农家肥时最好应在播种人参前一年施用或要充分腐熟后施用，以此补充有机质含量。

2. 施用生物有机肥

采用生物有机肥做底肥，播种时施用。整个生长期不再施用化肥。农民俗称"一炮轰"，亩投入 670 元。

3. 人工拿大草

常规封闭灭草后。6 月中旬，采取人工拿大草。根据参地状况，可 10~15d 拿 1 遍。每年拿 3 遍大草即可。亩每年用工大约需 10 个，成本约 1 000 元。

(二) 田间管理

1. 撤出防寒土

解冻后，越冬芽萌动时，搂去防寒草和上面的盖土，再用耙或二齿搂松表土，平推平拖，不要碰伤根部和芽苞。

2. 架设荫棚

出苗前要搭好荫棚。荫棚高度，应根据植株大小，灵活掌握。1~3 年生小苗，前檐立柱地上部分为 80~100cm，后檐立柱为 70~80cm。4~6 年生，前檐立柱为 100~110cm，后檐立柱为 80~90cm，另 50cm 埋入土中。前后檐相差 30cm 左右，使棚顶形成一定的坡度。参棚要牢固，风刮不倒。出苗达 2/3 时，要盖好荫棚，即在顶棚盖草帘、芦苇帘，使荫棚达到适宜的透光度。

3. 摘蕾

为减少养分消耗，促使参根积累更多的有效成分，要及时摘去全部花蕾，将花蕾运回加工。

4. 松土除草

每年松土除草 3~4 次，首次与撤除防寒草同时进行。

5. 培土

人参向阳性强，畦边植株向外生长，伸出荫棚，被日晒雨淋，易引起病害，甚至死亡。故应将其推回荫棚里，培土压实。

6. 防旱排涝

人参怕旱又怕涝。因此，应根据雨量和土壤湿度，适时排涝。天旱时，早晚用喷壶向畦面洒水，或开沟灌水，浇至土壤攥成团，撒开即散。春季缺水影响全年生长发育，而秋旱又影响参根积累养分。所以，要及时进行春灌秋灌，并进行保墒。雨季要及时排水，防止雨水冲积参畦，造成土壤过湿，通气不良。

（三）应用效果

1. 减药效果

本模式与周边常规生产模式相比，减少化学农药防治次数 3 次，减少化学除草农药用量 100%。

2. 成本效益分析

亩增加人工生产成本 3 000元，亩产量 1 000kg，亩收入 27 000元，亩纯收入 13 000元。

3. 促进品质提升

本模式生产的人参，品质好，在收购商检测农残及化肥用量时符合国家标准，不滞销。

（四）适宜区域

庆安县及周边产区。

（冯义）

丹 参

化肥农药施用现状及减施增效技术模式

山东省丹参农药减施增效技术模式

一、丹参农药施用现状

山东省是国内丹参的主要产区之一，据统计，至2019年省内人工栽培面积达33万亩，年产丹参12万t，约占全国总产量的60%以上，山东丹参以产量大、质量佳迅速获得市场认可，年产值18.9亿元。在种植区域方面，目前省丹参的主产区分布于沂蒙山山区、泰山山区等地，由于多年的连续种植，导致连作障碍较为突出，病害、虫害的发病率近年来显著提高，丹参产量低、质量差、效益低，药材平均亩产不足300kg。在丹参病虫害防治过程中仍以传统的地上部喷洒农药，地下部农药拌种、灌根为主，缺乏其他有效途径。农药施用量的逐年提高，使得农药残留问题成为药农生产过程中影响药材品质的主要因素，导致药材质量下降，地头收购价格较低，严重影响了药农的种植利益和当地丹参产业的绿色高质高效发展。

（一）常见病害及防治方法

1. 根腐病

（1）症状　主要为害丹参的根部，初期先由须根、支根开始腐烂，逐渐向主根蔓延，最后导致全根腐烂，外皮变为黑色，随着根部腐烂程度的加剧致使地上茎叶自下而上枯萎，甚至整株枯死。大田症状表现为拔出病株可见主根上部和茎地下部位变黑，发病处稍凹陷；纵切病根发现维管束呈褐色状。

（2）发生规律　丹参的根腐病为病原菌土传疾病，其病原菌主要在田间的病残体或者土壤中越冬，染菌地块中病原菌的存活时间可长达10年以上，其最适温度为27~29℃，地温在15~20℃时最易发病。在传播途径方面，病菌通过雨水、灌溉水等传播蔓延，从伤口和自然孔侵入为害。该病是典型的高温高湿病害。高温多雨，土壤湿度大，土壤黏重，低洼积水，中耕伤根，地下害虫发生严重田块易发病。整个生长期均可发生，山东地区4月底完成种苗移栽后，一般5月中下旬即可发现该病，6—7月为发病盛期，可一直延续到10—11月的收获期。如遇高温多雨季节在低洼积水处多发生，或者久旱突雨时常突发；当田间植株过密、湿度大时病害蔓延极为迅速,且为害严重。

(3) 化学防治　丹参根腐病的防治在山东地区采用"未病先防"的模式。在土壤杀菌方面,播前每亩用25%多菌灵可湿性粉剂2kg与100kg细土均匀混合;在种苗杀菌方面,栽前将丹参苗用25%多菌灵300～500倍液蘸根,或用70%甲基硫菌灵可湿性粉剂800倍液浸泡种苗10min,晾干后栽植;在大田防治方面,对于零星发生的田块,及时拔除病株,并用生石灰处理病区;对于普遍发病田块,发病初期用50%的多菌灵或70%甲基硫菌灵可湿性粉剂1 000倍液250ml浇灌病株及周围,每周灌1次,连续2～3次,也可用70%甲基硫菌灵可湿性粉剂500倍液喷施茎基部,间隔10d喷1次,连喷2～3次。

2. 根结线虫病

(1) 症状　丹参根结线虫主要为害发生在丹参的植株根部,在丹参的主根及侧根上有大小不等的瘤状突起,主根和侧根会变细,须根逐渐增多。有根结线虫寄生后,丹参的根系受到破坏,丹参的产量下降,品质也会逐渐下降。若地下部分发病严重,地上部分就会有明显的叶片黄化萎蔫,植株发育不良甚至会出现植株的死亡等。

(2) 发生规律　山东丹参根结线虫共有3种,即南方根结线虫、花生根结线虫和爪哇根结线虫,其中以南方根结线虫分布最广,为害最大。根据调查目前全省16地(市)的丹参种植区域均发现了根结线虫感染,感染情况并不均匀。丹参病原根结线虫主要以卵和2龄幼虫随病残体在土壤中越冬。越冬线虫借助雨水、灌溉水、耕作等方式传播,从丹参新长出的幼嫩根系侵入寄主组织,定居后吸收养分。根结线虫一般1年可发生多代,为害严重。丹参病原根结线虫的发生受土壤环境因子影响较大,疏松、干燥的土壤环境均有利于线虫的发生和传播。由于线虫属于土传病害,因此连作也是根结线虫发生的重要影响因素。

(3) 化学防治　在丹参播种或移植前15d,每公顷施用0.2%高渗阿维菌素可湿性粉剂或10%福气多颗粒剂30kg,加土750kg混匀撒到地表,深翻25cm进行土壤处理;在发病初期可用1.8%阿维菌素乳油1 000～1 200倍液灌根,每株灌药液250～500ml,7～10d灌1次,连灌2～3次。做好土壤消毒处理。

3. 枯萎病

(1) 症状　丹参枯萎病在山东产区的发病情况较为严重,其致病菌为尖孢镰刀菌。患病植株表现为地上部分矮小,个别枝茎枯萎,出现缺水症状。萎蔫症状通常在中午出现,早晚恢复,茎部及主根维管束横切面变褐色。为害后期整个植株萎蔫死亡。

（2）发生规律　丹参枯萎病为土传病害，病原菌主要以菌丝体、厚垣孢子或者菌核在土壤及丹参种根上越冬，成为翌年的初侵染源。5月初缓苗期结束后，山东地区即可发现枯萎病的存在，7—8月为发病盛期，当气温转低后，发病逐渐减少，9月底发病结束。此病喜高温高湿环境，雨水多、排水不良、湿度大的黏土地块及重茬地发病严重。连作是丹参枯萎病发病的重要因素之一，随着连作年限的增加，枯萎病的发病率显著提高，根据调查，当连作年限达到3年时，枯萎病发病率可到40%左右。

（3）化学防治　化学防治是目前防治丹参枯萎病的重要手段之一。研究表明，在发病初期使用灌根方式施用3%多抗霉素可湿性粉剂1 000倍液2次，施药后15d防治效果最佳，且不易发生农药残留。在使用化学药剂防治丹参枯萎病时，要施药至少2次，每次施药间隔10~15d，最后一次施药距离采收应间隔30d以上的安全期。由于田间丹参种植密度大，药剂灌根用水量大，工作强度高，需要结合土壤处理、种苗消毒、轮作等其他防治方式进行全程防治。

（二）常见虫害及防治方法

银纹夜蛾

（1）发生规律　银纹夜蛾对丹参的为害主要表现在4月下旬种苗移栽完成后的缓苗期及快速生长期。主要表现是幼虫取食寄主的叶片、嫩尖、花蕾和嫩荚等幼嫩组织。发病严重时造成丹参地上部植株生长停滞，甚至死亡。

（2）化学防治　在3龄以前喷药，这时幼虫食量小，抗药性弱，是化学防治的有利时机。可根据灯下诱集成虫的高峰期确定1~2龄幼虫期，或根据初龄幼虫为害状确定防治时间。通常选用2.5%溴氰菊酯、4.5%高效氯氰菊酯、5%阿维菌素、5%氟啶脲乳油或10%吡虫啉可湿性粉剂配成1 000~1 500倍液喷施。

二、丹参农药减施增效技术模式

（一）核心技术

根据现有丹参病虫害的研究可以发现，连作障碍的发生是丹参各种病虫害发生的主要诱发因素之一，如能通过合理的种植模式改良，减少丹参的连作障碍，对于病虫害的防治及农药的减施增效具有重要意义。本模式的核心内容为"优良品种+多元肥料配方施用+间作种植模式"的应用，缓解丹参种植中的连作障碍，降低病虫害的发生，减少化肥和农药的使用，降低土壤面源污染，促进丹参生产提质增效，建立丹参可持续生产生态系统。

1. 优良品种

推荐选用"鲁丹参1号"等优良品种，在选择种苗时进行筛选，选用根长约15cm、根上部直径约0.5cm以上，条形均匀，颜色赤红的无病虫害、无损伤、均匀一致的健壮种苗。

2. 多元肥料配方施用

重施基肥，每亩结合整地施农家肥（中药材专用菌肥）2 500kg，磷酸二铵15kg。第1次追肥，5月上旬，每亩沟施三元复合肥（$N : P_2O_5 : K_2O = 18 : 12 : 15$）15kg。第2次8月上中旬开始，选择晴天上午或下午（16时以后），叶面喷施磷酸二氢钾每亩400g（800~1 000倍液），1周1次，连续3次。

3. 间作种植模式

田间采用"丹参—谷子"间作模式进行生产。丹参带幅1.6m，种植2垄，垄间距80cm，垄高25cm，垄面宽35cm，每垄种植2行，行距25cm。谷子带幅1.6m，播种5行。翌年，就地轮作，丹参、谷子种植带幅互换。

（二）生产管理

1. 选地整地

选择土层深厚、疏松肥沃、排水良好的壤土地块，忌黏土、涝洼地。每亩结合整地施农家肥2 500kg和磷酸二铵15kg或中药材有机基质1 000kg。实行统一机耕，深松30cm以上，土壤上松下实；整平、耙细。大田四周修建宽1.5m，深1m的排水沟，连接基地外排水设施。

2. 起垄覆膜

于霜降后至封冻前或解冻后，结合土壤墒情及时起垄覆膜，采用丹参黑色氧化—生物可降解专用地膜，膜宽90cm，厚度为0.005mm。铺膜时紧贴地面、拉紧，薄膜边缘埋土约10cm，压实。于膜上种植行覆土，厚度约2cm。

3. 栽（播）种方式

丹参移栽期为11月底至封冻前和初春解冻后至4月上旬。顺行交叉穴栽2行，穴深15~20cm，将种苗斜放于穴内（或用种苗插植器移栽），覆土压实，厚度以苗不露土为宜，及时埋土封口，防漏气、跑墒和大风揭膜。根据土壤墒情浇定植水。

谷子于4月底用新型精量谷子播种机播种（曲阜田工机械有限公司生产，型号TG-GZ100），行距35cm，播种5行，播幅两侧留10cm机械轮道，亩播种量约0.4kg。

4. 田间管理

（1）杂草防治　谷子田可用谷友除草剂除草。喷施时，禁止喷施到丹参种植区域。

（2）排灌水　谷子在苗期和孕穗期，缺水时及时灌水；雨季及时排水，以防涝害。

5. 采收与加工

谷子于8月中旬天气晴朗时及时人工或收获机收获。丹参于秋季地上茎叶枯萎后采挖。选晴天，土壤半干时，采用丹参收获机进行采收。

丹参除去泥沙，及时晒干或烘干，置干燥处保存。谷子及时脱粒、晾晒，置干燥处保存。

（三）应用效果

1. 减药效果

通过观察分析，本模式与常规丹参大垄双行覆膜生产模式相比，通风透光率显著提高，土传类病害的发生率明显下降，根腐病、枯萎病的为害率控制在20%以下。

2. 成本效益分析

亩生产成本约为1 100元，亩产丹参干品350kg，亩产谷子150kg，综合亩收入6 000元，综合亩纯收益4 900元，适宜在山东省推广5万亩以上。

3. 促进品质提升

通过丹参与谷子间作，不仅保证了谷子生长过程中通风透光，谷粒饱满，质量上乘，且产出的丹参高质高产，平均亩产与常规生产模式相比基本持平，产出的丹参条形竖直，主根直径平均超过1.5cm，可达到饮片标准，且丹参酮及丹酚酸的含量均超《中华人民共和国药典》（2015版）标准。

4. 生态与社会效益分析

（1）生态效益　通过"丹参—谷子"间作模式，可有效减少连作障碍，通过减少农药的施用量，使得土壤的酸碱平衡得到有效调节；通过重施农家肥、中药材专用菌渣肥等绿色肥料，有效减轻土壤面上污染，增强土壤的缓冲能力和稳定性；通过间、轮作，提高土地利用率50%以上。

（2）社会效益　间作模式的推广使得山东省丹参的连作障碍有效缓解，对于产区的稳定和产业的健康发展起到了重要作用。由于间作模式经济效益的显著提高，切实保障了药农的利益。

（四）适宜区域

山东省丹参主产区。

（窦家聪）

丹参轮作减药增效技术模式
——以山东省丹参—红薯轮作生态种植模式为例

一、丹参种植农药施用现状

丹参源于唇形科植物丹参 *Salvia miltiorrhiza* Bge. 的干燥根及根茎，具有活血化瘀、通经止痛之功效，为常用大宗药材。《图经本草》记载："丹参，生桐柏山谷及泰山"，山东是丹参的道地产区，具有悠久的栽培历史，也是目前我国丹参的主产区。随着国内外市场对丹参需求量的日益增加，丹参栽培面积不断扩大，单一品种的大面积种植存在严重的连作障碍。目前，85%以上的栽培中药材具有连作障碍，常表现为土壤板结、酸化、根际线虫增加、土传病害严重，中药材产量和质量下降，病虫害高发、农残重金属超标等，这也是目前中药栽培领域面临的共性问题。丹参连作障碍发生的原因错综复杂，其中，根结线虫病害是导致连作障碍的主要原因之一，根部受害后药材产量急剧下降，药效物质含量降低。目前，根结线虫防治的主要方法是使用化学药剂，大量农药喷施不仅污染环境，而且导致农残、重金属含量超标，严重威胁临床用药安全。

二、丹参—红薯轮作生态种植模式

丹参—红薯轮作生态种植模式，即在相同地块上轮作丹参与红薯。丹参根结线虫是一种高度专化型的植物病原线虫，在种植红薯的过程中，该线虫不易侵染红薯根部，由此可以减少根际线虫的发病率。丹参采用"马耳"形的根段繁殖法栽培，成活率高，待丹参收获之后种植红薯，甘薯收获后再轮作种植丹参，逐年交替进行。其核心技术包括"红薯品种选择、丹参适时扦插繁殖"，该种植模式可改善土壤团粒结构，比丹参单作疏松、板结率低，减少根际线虫的发病率，降低农药和劳动力投入，最终获得生态效益、经济效益及社会效益协调发展。

（一）技术内容

1. 茬口选择

轮作中红薯宜选用适宜当地生态环境的优质抗病品种。

2. 选地

丹参适宜生长在光照充足、排水良好、浇水方便、地下水位不高的地块，土壤要求疏松肥沃、排水良好、熟化土层厚度25cm以上 pH 值为 6.5~7.5 的沙质壤土地。土质黏重、低洼积水、有物遮光的地块不宜种植；前茬种植花生、丹参的地块不宜种植。

3. 整地

整地前每亩施加优质腐熟农家肥 2 000~2 500kg，作为基肥。施肥后按照垄宽60cm、垄高15cm、垄距90cm的标准起垄、整平。

4. 根段繁殖

根据不同的地区，于2月下旬至4月下旬，选择两年生丹参根段，切制后进行扦插繁殖，根段的切制标准为：根段长度为6~7cm，首先将近根端用锋利刀片切成"马耳"形，然后在"马耳"形的两侧各划一道2mm深的纵痕，以利于生根。栽插时株距为20cm，行距20cm，根据上述株行距，将丹参根段的"马耳"端栽插入土层中，然后覆土3cm。

5. 采收

12月下旬至翌年1月下旬使用农用工具或小型机械采收，将丹参根刨出，去掉茎叶，抖净泥土，晒至半干时撞去外皮，然后晒干或烘干即可。

6. 轮作红薯

将丹参收获后的土地翻耕、耙地至土壤松软、平整，耙平后，按 280~350kg/亩施用农家肥，待土壤相对含水量为75%及以上时起垄，垄宽25~

40cm、垄高 20~30cm、垄间距为 10cm。翌年 4 月中下旬到 5 月上旬，选取适合当地气候的红薯幼苗，选取长度为 10~15cm 的红薯苗，顶部保留 2~3 片红薯叶，栽插到垄上，栽插时红薯苗株距为 10~12cm，深度为 8~10cm，栽插后浇透定苗水。

7. 田间管理

适时早栽是红薯增产的关键，在适宜的条件下，栽秧越早，生长期越长，结薯多，块根膨大时间长，产量高，品质好。为提高栽秧质量确保苗旺，栽秧时要剔除"老硬苗"和弱病苗，选用壮苗栽插。斜插最好。栽插后 15d 进行中耕、除草，深度为 6~10cm，并进行培土护苗。栽插 40d 左右，根据苗情长势，适量追肥，可抓住雨天撒施，也可条施、穴施。

8. 采收

红薯一般应在栽后当年 10 月进行采挖。在采挖、装袋、运输过程中应避免人为和机械损伤。

（二）技术关键点

1. 优选红薯种

轮作红薯应选适合当地的优质品种，丹参收获后，栽种红薯。

2. 适时扦插丹参

根据不同的地区，分别于翌年 2 月下旬至翌年 4 月下旬进行扦插繁殖。选择 2 年生的丹参根段，切制后进行栽插，根段的切制标准为：根段长度为 6~7cm，首先将近根端用锋利刀片切成"马耳"形，然后在"马耳"形的两侧各划一道 2mm 深的纵痕，以利于生根。栽插时株距为 20cm，行距 20cm；根据上述株行距，将丹参根段的"马耳"端栽插入土层中，然后覆土 3cm。以往的丹参扦插育苗往往先发芽后生根，一旦遇到春旱成活率不高，而"马耳"形的根段繁殖，则是先生根再发芽，丹参成活率高。

3. 种间根际效应

丹参—红薯轮作模式可改善土壤团粒结构，土壤团粒结构比长期单作丹参疏松、非毛管空隙增加、板结率低，降低肥料、农药和劳动力投入，红薯根系可有效活化土壤，极大丰富了土壤有机质，改善土壤理化性质。

4. 生物多样性应用

丹参—红薯轮作种植模式改善了土壤根系微生物多样性，由于丹参根结线虫是一种高度专化型的植物病原线虫，在种植红薯的过程中，该线虫不易侵染红薯根部，可以减轻丹参根部病虫害的发生率。这一种植模式从总体上降低了丹参的病虫害水平，增加了丹参存苗率，提高了丹参的品质和质量，缓解了连作障碍。

（三）形成的核心机理

1. 生态学原理

通过不同作物之间轮作，避免了作物长期单一种植造成的土壤养分失衡，有效改变了农田土壤生态环境，调整土壤微生物群落组成，利用不同作物对化感物质的反应不同，减轻自毒作用，恢复土壤生态系统机能。同时，减少化学农药的使用、减少土传病害发病率。轮作模式克服或消减连作种植带来的生长障碍现象，从而为中药材的高产、优质生态、安全提供理论参考。

由于丹参根结线虫是一种高度专化型的植物病原线虫，在种植红薯的过程中，该线虫不易侵染红薯根部。因此，将丹参与红薯进行轮作，并采用马耳形的根段繁殖法栽培丹参。待丹参收获之后再种植红薯，改善土壤微环境，提高丹参药材的产量与品质。

2. 经济学原理

丹参—红薯轮作对丹参田的病虫害及杂草等具有一定的防治作用，降低了劳动成本。轮作种植改善了丹参生长环境，提高了丹参的品质及产量，效果显著，进而增加了农民的经济收入。

3. 工程学原理

生态农业工程的自然调控原理。利用红薯地下部分的根际微生物效应，将丹参根际高度专化型的植物病原线虫杀灭，改善丹参根际微环境，提高丹参药材的产量与品质。

（四）应用效果

1. 经济效益

采用该模式种植丹参，每亩产丹参 1 500kg 左右，较传统种植模式每亩增产约 10%~15%，以当时的丹参市场价格计算每亩增加收入 800~1 000元。

2. 生态效益

丹参—红薯轮作种植模式既保证了丹参产量及品质，又有效控制了根结线虫侵染率，显著改善丹参品质，促进丹参酮类物质的积累，降低连作障碍，减少病虫侵染为害，提高丹参的产量。

3. 社会效益

通过推广丹参—红薯轮作种植模式，建立抚育示范基地，不仅可以为全国提供优质的中药材，还可以促进精准扶贫、脱贫攻坚政策的实施，最终解决当地农民的贫困问题，增加农民收入。

（五）适宜区域

丹参主产区。

（张燕、郭兰萍）

四川省中江县丹参化肥减施增效技术模式

一、丹参种植化肥施用现状

中江是全国丹参主要产区之一。中江丹参已获得原产地证明商标、国家地理标志保护产品。中江丹参（干品）根条粗壮，长圆柱形，略弯曲，有的分枝并具须状细根，表皮色泽红棕色，具纵皱纹；皮肉结合紧密，肉质呈紫褐色，木心细小，质脆，易折断，断面平滑；味微苦，药味浓。中江丹参的"高颜值"是中药材饮片企业的首选原材料。较高的有效成分含量，特别是丹酚酸 B 的含量也是药业企业的良好选择。中江丹参业界认可度高，市场价格常年较其他产区丹参高，且供不应求。优质优价使其成为中江药农增收的重要产业之一，但由于传统产区常年种植，依赖化肥且不科学的施用方法，对中江丹参的品质有一定的影响。

（一）化肥施用量大

随着规模化、集约化的发展，新型经营主体施用有机肥的意识越来越强，但由于农村缺乏劳动力，丘陵地形为施用有机肥增加了难度，药农高度依赖化肥的现象普遍存在，且施用量大。在施用有机肥的前提下，中江县建议施用量为 N 6~9kg，P_2O_5 3~4.5kg，K_2O 4~6kg，但一般农户认为化肥用量和产量成正比，生产上按照推荐用量的 2~4 倍进行施用，远远大于推荐用量。这样不但提高了种植成本，还造成了化肥极大的浪费，富余的肥料流失引起了水体污染，对生态环境构成巨大威胁。

（二）化肥利用率低

一是由于不科学的施用方法造成。施肥浅或表施，肥料易挥发、流失或难以达到作物根部，不利于作物吸收，造成利用率低。如追肥施用尿素，部分药农为了省工，下雨前施肥且不翻入土中。这样一方面下雨后遇水容易产生气体为害作物，造成土壤酸化；另一方面尿素未被保存在土壤中供作物利用，造成肥料的浪费，利用率大大降低。二是药农传统的施肥观念难以改变。生产中应该以既节约肥料又获得高产为原则，施肥量过大，虽然有时产量、收入提高，但因成本过高，实际收益相对降低，因此合理化肥使用便是减低成本；药农对氮肥"情有独钟"，过度施用氮肥，造成茎叶徒长，抗病能力降低，多余的氮肥也未被好好利用。

（三）药农知识水平和素养普遍偏低

除新型经营主体外，药农年龄 60 岁以上占比较大，化肥的用量凭经验估计，想用多少用多少，对于选用什么样的化肥种类也没有科学根据，完全凭主观臆断。识别真假肥料的能力有限，容易被价格所左右。在众多厂家、众多品牌、众多规格的复混肥产品面前，往往受到虚假宣传影响。对开展培训的科学施肥知识接受率非常低，导致培训效果差。

二、中江丹参化肥减施增效技术模式

（一）核心技术

本模式的核心内容主要包括"优良品种+特定的生态气候条件+配方平衡施肥+科学管理"。

1. 优良品种

"川丹参 1 号"，特点是发芽早、生育期长、区域适应性强、上级率高。"中丹 1 号"抗性好。

2. 特定的生态气候条件

适宜中亚热带湿润气候区。年平均气温 16.7℃，年平均日照时数 1 200h，年降水量 900~1 100mm，年无霜期≥300d。以丘陵和低山区的紫色土类为宜，以土壤耕作厚度≥50cm、灌溉方便、疏松湿润、肥力中等、pH 值为 7~8 的二夹泥为佳。忌选丹参重茬地、菜园地、豆茬地。丹参大田应选择远离农舍和生活区。

3. 配方平衡施肥

施肥原则：重施基肥，适时追肥；普施有机肥，适量使用化肥；推荐使用微生物肥料。施用量：通常情况下每亩施腐熟有机肥 1 000~1 500kg；化肥纯 N6~9kg，$P_2O_5$3~4.5kg，K_2O 4~6kg。施用方法：作垄前，每亩 1 000~1 500kg 有机肥深翻入土；作垄时，在垄的中心线条施化肥总量的 70%，覆土平整垄面。剩余30% 作追肥，追肥通常在苗齐后、7 月中下旬、8 月等时间段视情况喷施叶面肥。

（二）生产管理

1. 播前准备

按照垄间距 80cm、垄面宽 50cm、垄高 30cm、垄间沟宽 30cm 的标准作垄，灌足粪水后覆膜，注意膜边缘四周用细土压实封严；选择根条较直、色泽紫红、大小均匀、无畸形、无破裂、无病虫、直径 5~10mm 的 1 年生根条，每亩种根用量 80~100kg；用 70% 甲基硫菌灵 2 000 倍液浸种 5min，捞出，铺开放置自然阴凉处晾干水分。

2. 组织播种

12 月至翌年 2 月为最佳。用钝撬呈"丁"字形开窝，每垄错窝双行，行间距 25cm，窝深 3~6cm，每窝 2 株，株间距 15~20cm。每亩定植 5 500~6 000 窝。种根按 2.5cm 左右折断成根节，顺向（种根上端向上）斜插于窝内，现断现插，每窝 2 节，覆土 1~2cm 压实。

3. 田间管理

种根直播后 90~120d，应及时查苗补缺；移栽成活后，如遇干旱，应及时抗旱保苗；进入雨季，应理好丹参地四方边沟、中沟；对垄沟也应进行清理，及时排水防涝，避免造成渍水烂根死苗；禁止使用除草剂，一般在 6—7 月各人工除草 1 次，在丹参封垄前尽量将杂草除净；初花期及时摘除花薹。时间宜选晴天午前 11 时进行，勿伤叶片。

4. 病虫防治

贯彻"预防为主，综合防治"的植保方针。以农业防治为基础，提倡生物防治，按照病虫害的发生规律科学使用化学防治技术。化学防治应做到对症下药，适时用药；注重药剂的轮换使用和合理混用；按照规定浓度、使用次数和安全间隔期要求使用。丹参的主要病虫害有根结线虫病、根腐病、蛴螬、地老虎等。

5. 组织收获

11 月下旬至翌年 1 月下旬的无雨、无雪天采收；以距地面 5cm 用刀割去丹参地上部分茎叶；沿垄向将丹参全窝带土挖起，用竹刀挑净泥土，忌伤根、折根。

（三）应用效果

1. 减肥效果

本模式与周边常规生产模式相比，减少化肥用量 50% 以上，化肥利用率提高 30% 以上。

2. 成本效益分析

亩生产成本 3 645 元（含人工），亩产量 1 200kg 左右，亩收入 6 000 元，亩纯收入 2 355 元，适合发展的适度经营规模 5 万亩。

3. 促进品质提升

丹参色泽好，根条上级率高，效益好，有效成分丹参酮类和丹酚酸 B 的含量稳定。

（四）适宜区域

四川省中江县。

（袁涛、邹章满）

当 归

化肥农药施用现状及减施增效技术模式

甘肃省当归化肥农药减施增效技术模式

一、当归化肥施用现状

当归是甘肃省传统的重要经济作物，作为重要农业支柱产业，在促进当地生产区农民增加收入、扩大就业、脱贫致富方面发挥重要作用。当归从留种、育苗、生长、采收需要 3 年多时间，当地农民为了获得更高的产量，常常过量施用化肥，不仅增加种植成本，还引发环境污染，甚至造成当归产量和品质下降。

（一）化肥施用量大

目前，生产上普遍采取增施化肥以获得高产和高收益。甘肃省当归生产区，从 N 的来源看，有 76.5% 的农户施用尿素。施肥种类上，除尿素作为基肥和追肥外，其他肥料均以基肥的形式施入。在尿素的施用上，有单作基肥、单作追肥、基肥+追肥 3 种施用种类，其中，基肥+追肥所占比例最大。施用方法上，基肥均为撒施，追肥为穴施。92.3% 的农户选用尿素作为追肥，其余为当归生长过程中不追肥的农户。

从 P_2O_5 的来源看，100% 农户施用磷酸二铵，还有部分农户通过施用复混肥来提供部分 P_2O_5 的供应，所占比例为 31.2%，说明磷酸二铵为当归种植中的必备肥料，在磷酸二铵提供部分 P_2O_5 的基础上，通过复混肥为当归补充其余的 P_2O_5。施肥种类上，含磷素肥料均以基肥的形式施入，无施用差别。施肥方法上，含磷素肥料均以撒施的形式施入，在当归生长过程中不追施磷肥。

从 K_2O 来源看，91.8% 的农户施用农家肥，还有部分农户通过施用复混肥来提供部分 K_2O 的供应，所占比例为 31.2%，说明绝大多数农户通过施用农家肥为当归提供 K_2O，少数农户通过复混肥为当归补充一定的 K_2O。施肥种类上，含钾素肥料均以基肥的形式施入，无施用差别。施肥方法上，含钾素肥料均以撒施的形式施入，在当归生长过程中不追施钾肥。

（二）化肥利用率低

当归 N 的用量在 7.2~16.5kg/亩，氮素来源以尿素和磷酸二铵为主，部分农户辅以复混肥补充氮素，其中，氮素施用率 76.5%，磷酸二铵施用率 100%，其他含氮肥料为31.2%；当归P_2O_5的用量在14.8~34.5kg/亩，P_2O_5来源以磷酸二铵为主，部分农户辅以复混肥料补充磷素，磷酸二铵施用率100%，其他含P_2O_5肥料为31.2%；当归K_2O的用量在10~26.2kg/亩，钾素来源以农家肥为主，部分辅以复混肥补充钾素，农家肥施用率91.8%，其他含K_2O肥料为31.2%。施肥种类上，除尿素作为基肥和追肥外，其他肥料均以基肥的形式施入，无施用差别。在尿素的施用上，有单作基肥、单作追肥、基肥+追肥3种施用方法，其中基肥+追肥所占比例最大，达到71.5%。基肥均为撒施，追肥为穴施。

（三）化肥施用成本高

当归生产中，尿素2.5元/kg，磷酸二铵3.8元/kg，当归苗16元/kg，当归苗用量为600kg/hm²，当归专用肥劳力投入195个工/hm²，常规施肥210个工/hm²，劳力费用60元/个工，农药费450元/hm²。干当归按市场价60元/kg计。调查显示，常规施肥产量为1 989.20kg/hm²，产值为119 352元/hm²，肥料的投入量3 150元/hm²，其他投入量22 650元/hm²，纯收益94 295元/hm²。常规施肥每亩干当归的产量为132.6kg，产值为7 956.8元，肥料的投入量210元，其他投入量1 510元，纯收益6 280元，其中，肥料成本210元，占总投入成本的12.21%。

二、当归农药施用现状

在当归生产中，当归抽薹和病虫草害是导致减产的重要原因。目前，防止当归抽薹的措施是生地育苗，防治当归病虫草害的措施有农业防治、物理防治、生物防治和化学防治等，其中，化学防治因高效便捷、省时省力，仍是甘肃省当前的主要防治手段。在当归生产过程中农药滥用、乱用现象十分普遍且长期存在，不仅带来了严峻的环境问题，还制约了当归产业的发展。

（一）农药施用量大

当地农户对化学农药的长期单一、大剂量和大面积施用，极易造成害虫产生抗药性，导致防治效果下降甚至失效，继而导致用药剂量逐渐增加，形成"虫害重—用药多"的恶性循环。同时，过量农药在土壤中残留能造成土壤污染，进入水体后扩散造成水体污染，或通过漂移和挥发造成大气污染，严重威胁生态环境安全。

（二）农药依赖度高

在甘肃省，目前防治当归麻口病、水烂病、根腐病、地下害虫、根蚜等主要依赖阿维·毒死蜱、辛硫磷、毒死蜱，个别在使用国家已禁止的剧毒和高毒农药，即当归害虫防治措施单一化现象严重，由于选择性差，部分农药在杀灭害虫的同时杀灭大量当归田的有益生物，导致当归田生物多样性遭到破坏，自我调节能力降低，病虫害继而再度暴发。

（三）施用技术及药械落后

因当归对气候和生态类型的特殊要求，甘肃省作为全国当归种植区，农民在长期当归种植过程中自己总结出一些施药经验和方法，但施药方式和方法不够科学合理。同时，当地农户主要采用一家一户的分散式防治方法进行病虫草害防治，且多选用洗脸盆、小型手动喷雾器等进行药剂浸苗和喷雾，药械设备简陋、使用可靠性差，导致在浸苗过程中不能准确掌握药液的使用浓度，药液喷施过程中常出现滴漏跑冒等情况，农药的利用率降低。

三、当归化肥农药减施增效技术模式

（一）核心技术

本模式的核心内容主要包括"轮作倒茬+当归专用肥+生防菌剂土壤消毒处理+绿色农药浸苗/开沟喷雾施药"。

1. 轮作倒茬

种植猫尾草和当归倒茬，特点是猫尾草每亩的效益和当归接近，且倒茬后土壤肥沃，当归的主要病虫害几乎不发生。

2. 当归专用肥

基施长效缓释当归专用肥，$N:P_2O_5:K_2O$ 为 $18:13:9$，微量元素铁、锰、铜、锌的适宜用量分别为 200g/亩、250g/亩、250g/亩和 100g/亩。每亩施用70kg，实现了一次性基施长效缓释性专用肥，解决了当归生长期追肥问题。

3. 生防菌剂土壤消毒

淡紫拟青霉 2.5kg/亩，或 2 亿/g 微生物重茬防腐壮根剂 3kg/亩与细土拌匀后撒施。

4. 绿色农药浸苗/开沟喷雾施药

当归移栽期是当归整个生育期病虫害管理最为关键的时期，浸苗处理起到有效防控的作用。移栽前用 10kg 清水，先将 30% 琥胶肥酸铜悬浮剂 30ml 加入其中，充分搅匀，再加入 6% 寡糖·链蛋白可湿性粉剂 15g，再次搅匀，然后加入 40% 辛硫磷乳油 50ml 和 11% 精甲·咯·嘧菌悬浮剂 16ml，将准备移栽的当归苗去土后抖干净，完全浸泡在药液中浸苗 15min，捞出后放置在阴凉处，边浸苗边晾，边晾边移栽。至药液下降至 2/3 处时，加水至原位，各种药剂各再加入一半的量。

技术优势：解决了当归麻口病、水烂病、根腐病防治效果差，防治技术匮乏的问题；取代了高毒、剧毒农药，解决了当归农药残留问题；解决了大量使用壮根灵等生长调节剂造成的当归品质下降问题；解决了因当归根蚜为害而引起的根腐病复合侵染问题；减少生长时期防病虫技术环节，降低了劳动力成本和生产成本，生产过程简约化，生产环节绿色化；解决了高毒、剧毒农药带来的环境污染和生态破坏问题；实现一次性基施长效缓释性专用肥，解决了当归生长期追肥问题。

（二）生产管理

移栽前应准备翻地、施肥、土壤处理。组织移栽时，采用膜上穴栽，或膜侧移栽。病虫害防治应对当归苗进行药剂浸苗，或开沟喷雾施药。10 月中下旬人工采挖组织收获。

（三）应用效果

1. 减肥减药效果

本模式与周边常规生产模式相比，减少化肥用量 23.8%，化肥利用率提高 12%；减少化学农药防治次数 3 次，减少化学农药用量 32%，农药利用率提高 15%。病虫害为害率控制在 10% 以下。

2. 成本效益分析

亩生产成本 1 660 元，亩干物质产量 156.2kg，亩收入 9 373.8 元，亩纯收入 7713.8 元，适合发展的适度经营规模 20 万亩。

3. 促进品质提升

本模式下生产的当归阿魏酸含量、挥发油含量分别为 0.121%、0.49%，常规处理的当归阿魏酸含量、挥发油含量分别为 0.108%、0.40%，本模式处理的当归阿魏酸含量、挥发油含量分别较常规处理提高 0.013 个百分点、0.09 个百分点。

（四）适宜区域

甘肃省的岷县、宕昌县、漳县、渭源等当归主产区。

（漆永红）

甘肃省岷县当归化肥农药减施增效技术模式

岷县是"千年药乡""中国当归之乡"，是岷县当归地道产区，有 1 700 多年的药用历史和 1 500 多年的种植历史，有"中华当归甲天下，岷县当归甲中华"之美誉。2019 年，全县中药材种植面积达到 61 万亩，其中，当归 31 万亩，中药材收入占贫困户人均纯收入的 60%以上，主产区中药材收入占人均纯收入的 90%以上。"岷归"为主的道地中药材产业已经成为岷县增加农民收入的战略性主导产业，成为促进县域经济发展的首位产业和富民强县的支柱产业。

一、岷县当归肥药施用现状

长期以来，由于在当归生产中忽视使用有机肥，偏施、滥施化肥，加之种植面积逐步增加，重茬种植现象日益突出，加上农药不当使用等问题，造成当归麻口病等病虫害逐年增加，影响当归品质和产量，严重制约了当归产业的绿色标准化发展。

（一）常见病害及防治方法

1. 当归麻口病

（1）症状　主要为害茎基和根部。感染病菌后，表皮粗糙，病株伤斑累累，内部组织呈海绵状木质化，失去油性，药材质量下降，失去药用作用。

（2）发生规律　麻口病是由多种病菌和害虫侵入后引起，属真菌性病害，主要病原为真菌类燕麦镰刀菌和茄病镰刀菌等，为害害虫为地老虎、金针虫、蛴螬、马铃薯线虫等。病菌通过根部伤口处侵入，造成当归根部发病，一般发病较高的地块为重茬地和前茬马铃薯或其他根茎中药材茬口地块，时间一般全生育期都发病，高峰为多雨季的6—9月。

（3）化学防治　当归传统防治方法为药剂浸苗或毒土防治。当归种苗移栽前用40%辛硫磷乳油15ml和50%多菌灵粉剂15g兑水10kg浸苗10~15min，或亩用40%辛硫磷乳油300ml和50%多菌灵粉剂100g与细干土拌匀，在种苗移栽时用汤匙投放到归苗头部，然后覆土。

2. 当归根腐病（水烂病）

（1）症状　主要为害根部。感染病菌后，药株根部腐烂或出现水渍状褐色烂斑，病株伤斑累累，内部组织呈水样化，腐烂，无药用价值。

（2）发生规律　根腐病亦是由多种病菌和害虫侵入后引起，属土传病害，有传染性，主要病原真菌类燕麦镰刀菌等，为害害虫为地老虎、金针虫、蛴螬、马铃薯线虫等。病原菌通过根部伤口处侵入，造成当归根部发病，一般发病较高的地块为重茬地，多为6—9月多雨高温时节及田间排水不畅地块。

（3）化学防治　当归传统防治方法为药剂浸苗或毒土防治。当归种苗移栽前用40%辛硫磷乳油15ml和50%多菌灵粉剂15g兑水10kg浸苗10~15min，或亩用40%辛硫磷乳油300ml和50%多菌灵粉剂100g与细干土拌匀，在种苗移栽时用汤匙投放到归苗头部，然后覆土，或发病初期用40%根腐宁或70%药材病菌灵药剂配成500~800倍液，灌根防治。

3. 当归褐斑病

（1）症状　主要为害叶部。发病初期叶面出现褐色斑点，逐步病斑扩大，外围形成退绿晕圈，病情严重时，叶片大部分呈红褐色，最后逐渐枯萎死亡。

（2）发生规律　常于6—8月间高温多雨时节，突然降水和突然放晴最易发生。

（3）化学防治　一般亩用多菌灵15~20g或苯醚甲环唑或甲基托布津等15~20g交替叶面喷雾防治。

（二）常见虫害及防治方法

1. 蛴螬

（1）症状　主要为害根部。啃噬当归根，从根茎基部咬断，造成当归不能吸收水分和养分而逐步枯萎死亡。

（2）发生规律　为害主要为幼虫，在土壤表面约3~5cm处，幼虫肥大，幼虫期历经4年后成为金龟子而不再为害。

（3）化学防治　一般药剂无法毒杀，多采用人工捡除。

2. 金针虫

（1）症状　主要为害根部。啃噬当归根，使幼苗和根部枯萎死亡，造成断苗，缺苗。

（2）发生规律　为害主要为幼虫，在土壤表面约 3～5cm 处，多围绕当归根苗活动。

（3）化学防治　一般用 80% 敌敌畏乳油 150ml 拌成毒饵进行毒杀，或用 40% 辛硫磷拌成毒饵毒杀。

二、当归化肥农药减施增效技术模式

（一）核心技术

本模式的核心内容主要包括"优良品种+生物药剂浸苗等绿色防控技术+全程标准化绿色种植"。

1. 优良品种

品种选择在适推地区表现良好的岷归 1 号、岷归 2 号等品种，特点是产量高，质量好，抗病性强。

2. 绿色防控

（1）农业防治　当归生产田必须轮作 3 年以上，深松耕、伏耕晒垡 30d 以上，以消灭部分病原菌和虫卵；在耕作作业中尽可能人工清除地下害虫和杂草。

（2）药剂浸苗　采用 30% 琥胶肥酸铜悬浮剂 25ml 加入 10kg 清水中，搅匀后，加入 0.14% 赤·吲乙·芸薹可湿性粉剂 2g，3% 甲霜·噁霉灵水剂 15ml 和 40% 辛硫磷乳油 20ml 浸苗 15～20min，晾干归苗表皮水分后移栽，以防治麻口病、根腐病、水烂病等病害。

（3）叶部病害绿色防控　根据叶部病害发生时段，采用高效、低毒的杀虫剂、杀菌剂、生物菌剂等短时间分解的药剂喷施防治。

3. 配方平衡施肥

根据 2019 年制定印发的《岷县中药材标准化绿色种植实施方案》《岷县禁限用农药专项整治行动实施方案》《岷县中药材种植科学施肥指导意见》《岷县中药材病虫害绿色防控技术方案》《岷县开展耕地质量保护与提升行动实施方

案》精神，采用有机肥和配方肥替代化肥，按照不同区域施肥标准进行施肥，一般采用氮∶磷∶钾比例为 1∶（1~1.3）∶（0.5~0.6）的施肥标准，一般亩施生物有机肥 80kg 加配方肥 50kg 或当归专用肥。

（二）生产管理

按照《无公害中药材 当归生产技术规程》《岷归道地药材质量标准》，进行全程标准化绿色种植。

1. 选地整地

3 月下旬至 4 月上旬，选择土层深厚，腐殖质含量高，轮作倒茬 2~3 年以上，地势平缓、排水良好的黑土或黑垆土等类型的地块。移栽前 1~2d 翻耕，耙糖整平。

2. 科学施肥

结合播前翻耕整地施足基肥。施腐熟农家肥 3 000kg 以上，配合施用磷酸二铵 30~40kg；农家肥不足的施用生物有机肥 60~80kg/亩，或炒熟的油菜籽 15~20kg/亩。

3. 选苗浸苗

选用优质无机械损伤、无病害感染、条形规整的岷归 1 号、2 号种苗；按照浸苗技术进行浸苗。

4. 适时移栽

4 月上中旬，按照垄面宽 80~110cm 覆盖农用黑色除草地膜，垄间距 30cm，平垄。每垄栽 4~5 行，行距 25cm，株距 27~30cm；一般亩保苗 8 000 穴以上。每窝穴栽 2 株，大小苗搭配，两苗距离 1~2cm，苗分开直放穴内，填土、压实，覆土 5cm 左右。

5. 田间管理查窝补苗

出苗达 80% 后，及时检查有无损伤苗、缺窝、枯萎和死苗等情况。若缺窝率达到 10% 时，应及时补苗。

（1）中耕除草 苗期每月除草 1 次，整个生育期内至少 3 次，杂草多的地块，生育期内除草 4 次。当归叶片封垄以后一般不再进行除草，以防碰坏叶片。结合第 2 次、第 3 次中耕除草，及时拔除或用剪刀剪除抽薹株。

（2）合理追肥 结合中耕除草，对基肥施用不足的地块进行追肥，一般在根增大前每亩用磷酸二氢钾 0.5kg 兑水 45kg 叶面喷施。

6. 及时采收

当年 10 月下旬至 11 月上旬采收。采挖前 5~7d，割去当归地上茎叶，除去地面地膜、田间杂草及其他异物，用三齿爪在当归后侧深挖 30cm，使带土的当归植株全部露出土面，轻轻抖去泥土，晾晒 2~3h 后，用木条在当归头部轻轻敲打数次，抖去泥土，理顺根条，5~10 株 1 堆，就地晾晒，并做好生产记录。

（三）应用效果

1. 减肥减药效果

本模式与周边常规生产模式相比，减少化肥用量48%，化肥利用率提高4%；减少化学农药防治次数 4 次，减少化学农药用量34%，农药利用率提高22%。当归根部病害控制在20%以下，叶部病害控制在10%以下。

2. 成本效益分析

亩生产成本 1 860元（生产性投入，不计算人工投入），亩产量214kg（现下采样折干），亩收入 6 430元（按现行市场价），亩纯收入4 570元，适合在全县推广应用。

3. 促进品质提升

本模式下种植当归，可有效降低根部病害发生，提高产量达 15%以上，农残量下降 70%以上，质量提升 8%以上。

4. 改善土壤环境

本模式与常规模式相比，有效改善土壤生态结构、调节土壤营养和团粒结构，平衡有害有益菌，土壤有效供给提升，达到"用养结合"，生态修复显著。

（四）适宜区域

岷县及周边产区。

（郎建军、刘学周）

枸　杞

化肥农药施用现状及减施增效技术模式

甘肃省枸杞化肥农药减施增效技术模式

一、枸杞生产化肥施用现状

枸杞是甘肃省的重要经济作物，2019 年，全省枸杞种植面积 50 万亩，总产量 10 万 t，总产值 40 亿元。在各枸杞主产区，枸杞种植发展成为富民强县的支柱产业，在促进农业增效、农民增收、脱贫致富中发挥着重要作用。为了获得更高的经济效益，化肥、农药等农业投入品的用量常常被农户扩大施用，既增加了生产成本，还会引发环境污染，甚至造成枸杞产量和品质下降。

（一）化肥施用量大、有机肥投入不足

目前，生产上普遍采取增施化肥以获得高产和高收益。甘肃省不同枸杞生产区的施肥不同，在甘肃靖远县：春季施尿素 40kg/亩、复合肥（18－18－18）120kg/亩，夏季追施高钾水溶肥（15－7－38）20kg/亩、复合肥（15－10－20）40kg/亩，总化肥量 220kg/亩，高出推荐量 47%。在甘肃景泰县：春季施磷酸二铵（18－46－0）50kg/亩、尿素 30kg/亩；夏季追施复合肥（18－18－18）60kg/亩，尿素 30kg/亩，总化肥量 170kg/亩，高出推荐量 13%。大量连年施用化肥，易造成土壤板结、有益菌数量减少、微量元素匮乏，树势弱、果粒小、品质差。

（二）施肥方法不当

各枸杞主产区多沿用传统的在主干基部附近挖坑穴施粪肥的方法，这样集中施肥，虽然施肥效率高、损失量少，但存在粪肥烧根、次生引发根腐病的风险。2020 年，枸杞主栽品种宁杞 7 号重度发生的茎基腐病与不当施肥有密切关系，连年化肥用量越大，病害发生程度越重。提倡控制化肥总量、配方施肥，增施有机肥，依枸杞需肥规律施肥。

（三）化肥施用成本高

全省枸杞平均产量 200kg/亩，平均价格 40 元/kg，总产值 8 000元/亩，其中，纯收益 4 190元/亩、采摘人工 2 600元/亩、粪肥 560 元/亩，分别占总产值的 52.4%、32.5%和 7%。粪肥投入远高于农药和灌溉投入。

二、枸杞生产农药施用现状

在枸杞生产中,病虫害防控是一项重要工作。提倡采用农业、物理、生物和化学等综合措施有效控制枸杞瘿螨、红瘿蚊、炭疽病等主要病虫害。化学防治因高效便捷、省时省力,仍是甘肃省当前的主要防治手段。农药滥用、乱用现象时有发生,既增加了用药成本,又提高了药害风险,还易造成农药残留超标、环境污染等问题,影响消费需求,制约枸杞产业健康可持续发展。

(一)农药施用量大

根据对白银市靖远县景泰县20个调查点2019年枸杞用药情况调查得出,平均亩枸杞农药商品用量1 272g/ml,有效成分用量348g/ml,相当于当地玉米生产亩农药用量的6倍。其中,阿维菌素及其复配制剂占农药总用量的18.2%,啶虫脒及其复配制剂占农药总用量的9.2%,毒死蜱及其复配制剂占农药总用量的8.4%。毒死蜱等限定性农药的使用,将长期影响"甘味"枸杞的提质增效和食品安全,进而抑制枸杞产业良性循环和产业发展后劲。

(二)农药依赖度高

在甘肃省,针对强降雨后易暴发的枸杞炭疽病,隐蔽性强、个体小、世代多的瘿螨和红瘿蚊等病虫害的防控,仍离不开阿维菌素、吡虫啉等高效低毒低残留农药的普及应用,生物制剂推广应用难度较大。由于枸杞病虫害种类多、控制难度大,一般农户难以掌握防控要领,多以农资经销商推荐的农药组方为准,无形之中增加了用药次数和农药用量,对农药依赖度高,导致枸杞田生物多样性遭到破坏,自我调节能力降低,病虫害继而再度暴发。

(三)施用技术及药械落后

因枸杞对气候和生态类型的特殊要求,甘肃省作为全国枸杞主要种植区,农民在长期枸杞种植过程中自己总结出一些施药经验和方法,但施药方式和方法不够科学合理。同时,当地农户主要采用一家一户的分散式防治方法进行病虫害防治,且多选用喷雾效率高的机载喷雾机,大量药液漂移到空中,农药的利用率降低。

三、枸杞化肥农药减施增效技术模式

（一）核心技术

本模式的核心内容主要包括"优良品种+枸杞专用肥+农业物理防治+绿色农药喷施"。

1. 优良品种

优先示范推广枸杞新株系 GQ-1，发挥丰产、优质、抗病综合优势，提高种植效益，降低用药成本，逐步优化品种布局结构。严格控制用药品种和剂量，减轻主栽品种宁杞 7 号的药害程度，稳定种植产量和种植效益。

2. 枸杞专用肥

根据枸杞产量确定总施肥量，增施有机肥，部分替代化肥。依枸杞高产田施肥方法推算得出：每生产枸杞干果 100kg /亩，需投入 N：18.8kg/亩，P_2O_5：14kg/亩，K_2O：4.75kg/亩，约合复合肥（16-8-16）30kg/亩，磷酸二铵25kg/亩，尿素20kg/亩，总施肥量占枸杞干果产量的75%。提倡增施有机粪肥和配方肥，推荐基施硫基长效枸杞专用肥（22-14-15），商品有机肥120kg/亩，追施硫酸铵（N21.2%）和水溶肥（10-15-30）。施肥需沿树冠线条施或环施，避免挖坑穴施。

3. 农业物理防治

萌芽前做好整形修剪，培养"两层一顶"树形，改善行间通风透光状况，减轻后期病害发生。对于上年度炭疽病和红瘿蚊重度发生的枸杞园，可在春季施肥后对地表进行全覆盖，控制病残枝上病菌扩散和红瘿蚊出土为害，并发挥保墒、除草作用。提倡采用微耕机除草，取代化学药剂除草，并减轻除草剂的次生为害。

4. 绿色农药喷施

按防控重点前移的原则科学用药，减轻采果期用药压力。萌芽前，喷施石硫合剂，杀灭树皮表面及皮层缝隙间潜存的病源虫源；萌芽期至 6 月上旬，选用高效低毒低残留农药，1.8%阿维菌素 2 000倍液对瘿螨和木虱的"一药两防"作用，10%吡虫啉 2 000倍液，或5%啶虫脒 2 000倍液，或30%噻虫嗪 4 000倍液对枸杞红瘿蚊和蚜虫的"一药两防"作用；6 月中旬以后，在遇有 40mm 强降雨

前，喷施 43% 戊唑醇 4 000 倍液，或 40% 咪鲜胺 4 000 倍液预防炭疽病；在 7 月中旬，采果盛期，喷施 60% 乙基多杀菌素 1 000 倍液控制蓟马为害。用药安全间隔期保持在 6d 以上，实现枸杞绿色 A 级生产。

（二）生产管理

1. 选地建园

选择土壤肥沃、灌溉便利，运输方便，远离环境污染源，盐碱含量低于 0.5% 的壤土地块建园。

2. 品种及种苗选择

选择丰产、抗病、种植效益高的枸杞品种，如 GQ-1 株系、宁杞 7 号等。种苗选用株高 ≥100cm、茎基粗 ≥5mm、根系发达的 1 年生种苗。

3. 时期定植，合理密植

以春季定植为主，3 月下旬至 4 月上旬土壤解冻至枸杞萌芽前为适宜定植期。定植前结合整地施入腐熟农家肥 3~4m^3/亩、磷酸二铵 25kg/亩、尿素 10kg/亩用作基肥。定植前旋耕耙平田块，按行距 2m、株距 0.75m 定植，亩定植 444 株。

4. 施肥

依产量确定用肥总量，增加有机肥或生物菌肥。

5. 灌水

春季灌水于 4 月中旬至 5 月中旬进行，秋季灌水于 8 月下旬至 9 月下旬，间隔期以 30d 为宜，夏季灌水于 6 月中旬至 8 月上旬进行，间隔期以 20d 为宜。每次灌水量为 100~120m^3/亩。

6. 整形修剪

按"两层一顶"树形构建结果枝。

7. 病虫害防控

坚持"预防为主，综合防治"原则。

（三）应用效果

1. 减肥减药效果

本模式与周边常规生产模式相比，减少化肥用量 23.8%，化肥利用率提高 12%；减少化学农药防治次数 1 次，减少化学农药用量 10%，防效提高 15%。项目区百叶瘿斑数 ≤5 个，红瘿蚊虫果率 ≤0.5%，炭疽病病果率 ≤0.5%，挽回产量损失 10%，亩挽回产量 20kg；优化配方施肥增产 5%，亩增产 10kg。

2. 成本效益分析

关键技术累计应用规模 50 000 亩，增产和挽回产量损失率达到 15%，亩增产 30kg，总增产 150 万 kg，总增产值 6 000 万元；降低农药用量 10%，减少农药商品用量 127g/亩，减少农药开支 15.4 元/亩，总减少农药商品用量 6.35t，总减少农药开支 77 万元。通过项目实施可实现新增经济效益 6 077 万元。

3. 促进品质提升

本模式下生产的枸杞，枸杞多糖含量为 4g/100g，较对照区枸杞多糖含量 3.7% 提高 8%；每 50g 干果粒数均值为 300 粒，比对照区粒数略有降低；铁、锌等微量元素含量更为丰富；农药残留达到欧盟标准要求。

（四）适宜区域

适宜在甘肃省白银市的靖远县、景泰县和河西地区酒泉市的玉门市和瓜州县等枸杞主产区推广应用。

（申培增、曹素芳）

甘肃省靖远县枸杞农药减施增效技术模式

一、枸杞种植农药施用现状

靖远县是甘肃省枸杞的主产区，2019 年，种植面积为 26 万亩。由于种植面积增大，病虫害也日趋严重，造成枸杞品质和产量下降，给生产者带来严重损失。目前，在枸杞病虫害防治过程中，对蚜虫、瘿螨、炭疽病主要是喷洒农药来防治。由于病害的日益严重和害虫抗药性的不断增强，用药剂量逐年提高，农药残留也愈来愈严重，造成枸杞品质和等级下降，严重影响了当地枸杞产业的绿色高质量发展。

（一）常见病害及防治方法

1. 炭疽病

（1）症状　果实、苞叶、果柄均受害。发病初期，常在变红的果实上形成失去光泽的小型不规则形病斑，稍下陷，发灰；在病斑上产生墨绿色霉层。其后，病斑扩大，覆盖整个果面，呈黑霉状。苞叶、叶柄受害也产生黑色霉状物，发病严重时整个枝条上的果实受害变黑，但仍悬挂在枝条上。

（2）发生规律　病菌以菌丝体和分生孢子随病果在体表越冬。翌年气候条件适宜时，病组织上产生分生孢子，借风雨传播侵染寄主，有再侵染，但蔓延速度较慢。病害多在8月多雨季发生，在一般灌溉条件下发生很轻。栽植过密，田间湿度大，有利于发病。

（3）化学防治　发病初期喷施430g/L戊唑醇SC 3 000倍液、60%唑醚·代森联WG 2 000倍液、450g/L咪鲜胺EW 1 200倍液、40%氟硅唑EC 6 000倍液。

2. 瘿螨病

（1）症状　主要为害叶片、嫩梢和幼果。叶片受害后，同时向叶两面隆起，叶背初生淡黄绿色小点，后增大呈厚饼状，或中部下陷呈环状，病斑直径3~5mm，高1~1.5mm，淡黄绿色至淡紫灰色。叶正面多呈半球状隆起，淡紫色至紫黑色，发亮，病斑直径2~4mm，高1~2mm，较叶背瘿瘤稍高、稍小。叶片变畸形、扭曲，尤其是新梢受害后，严重影响植株的生长势，产量和品质明显下降。

（2）发生规律　以成螨在1~2年生枝条的鳞芽内及树皮缝隙内越冬。翌年枸杞冬芽开绽露绿时，越冬成螨开始出蛰活动。5月下旬至6月上旬枸杞展叶时，转移到新叶上产卵，孵出的幼螨钻入叶组织内为害，6月中旬，甘肃省景泰县出现虫瘿，7月下旬至9月中旬为高峰期。11月中旬成螨开始越冬。

据调查，品种间抗病性有差异，中国枸杞受害较轻，日本枸杞发病严重，一片叶上可产生100~180个瘿螨，1个瘿瘤内有多个瘿螨，整个枝条上的叶片均严重受害。环境适宜时，瘿瘤外爬满成螨（30头以上），并近距离传播，非常活跃。蚜虫、木虱的体躯和附肢上可黏附螨瘿进行传播。

（3）化学防治　重点在成螨越冬前及越冬后出瘿成螨大量出现防治。用0.9%齐螨素乳油2 000倍液+50%辛硫磷乳油1 000倍液+农药增效剂喷施。或用1.8%阿维菌素3 000倍液、50%杀螨丹胶悬剂600倍液喷施。

（二）常见虫害及防治方法

枸杞棉根蚜

（1）发生规律　大量成蚜、若蚜群集于枸杞嫩梢、叶背及叶基部，刺吸汁液，严重影响枸杞开花结果及生长发育。进入盛夏虫口有所下降，入秋后又开始上升，至9月出现第2次高峰。

（2）化学防治　可使用25%吡虫啉2 000倍液，或40%毒死蜱667倍液，或3%高渗啶虫脒3 000倍液防治枸杞蚜虫。

二、枸杞农药减施增效技术模式

（一）核心技术

本模式的核心内容主要包括"优良品种+枸杞专用肥+物理生物防治+绿色农药喷施"。

1. 优良品种

优先示范推广种植丰产抗病枸杞新株系GQ-1，降低枸杞炭疽病暴发流行风险。

2. 枸杞专用肥

基施硫基长效枸杞专用肥（22-14-15）160kg/亩，商品有机肥120kg/亩；追施硫酸铵（N21.2%）40kg/亩，硫基长效枸杞专用肥（22-14-15）40kg/亩，水溶肥（10-15-30）10kg/亩。

3. 物理生物防治

5月中旬，投放捕食螨对枸杞瘿螨实施防治；银灰膜避蚜，在枸杞园的行间挂银灰色塑料条驱避蚜虫，高度与枸杞树等高或高于树干，或用银灰色地膜进行树冠下的行间覆盖，通过银灰色地膜的反光作用干扰蚜虫活动。

4. 绿色农药喷施

萌芽前，喷施石硫合剂，杀灭树皮表面及皮层缝隙间潜存的病源虫源；萌芽期至6月上旬，选用高效低毒低残留农药，1.8%阿维菌素2 000倍液对瘿螨和木虱的"一药两防"作用，10%吡虫啉2 000倍液，或5%啶虫脒2 000倍液，或30%噻虫嗪4 000倍液对枸杞红瘿蚊和蚜虫的"一药两防"作用；6月中旬以后，在遇有40mm强降雨前，喷施43%戊唑醇2 000倍液，或40%咪鲜胺2 000倍液预防炭疽病；在7月中旬，采果盛期，喷施60%乙基多杀菌素1 000倍液控制蓟马为害，用药安全间隔期在6d以上。

（二）生产管理

病虫害防治在萌芽期至6月上旬，选用高效低毒低残留农药；组织收获在7

月中旬，采果盛期。

（三）应用效果

1. 减药减肥效果

本模式与周边常规生产模式相比，减少化学农药防治次数 3 次，减少化学农药用量 32%，农药利用率提高 15%；减少化肥用量 23.8%，化肥利用率提高 12%。项目区百叶瘿斑数≤5 个，红瘿蚊虫果率≤0.5%，炭疽病病果率≤0.5%，挽回产量损失 9.8%，挽回产量 20kg/亩，挽回总产量损失 12 万 kg，挽回经济损失 480 万元。

2. 成本效益分析

亩生产成本 14 040 元，亩干物质产量 645.3kg，亩收入 8 721 元，亩纯收入 5 319元，适合发展的适度经营规模 5 万亩。

3. 促进品质提升

本模式生产的枸杞，枸杞花青素含量为 3.61g/100g，常规处理的枸杞花青素含量为 2.94g/100g，本模式处理的枸杞花青素含量较常规处理提高 122.8%。

4. 生态与社会效益分析

（1）生态效益　通过实施该生产模式，土壤的 pH 值得到了有效调节，同时土壤的缓冲力和稳定性得到增强。枸杞专用肥施入土壤后，有利于枸杞根系吸收，增加抗病虫能力，产量和品质得到提升。

（2）社会效益　在进行示范集成的同时，通过开展职业农民技术培训，把培养的新型经营主体作为技术的示范推广点，建立一套技术培训推广新模式，将减药技术用在实际当中，解决生产上存在的实际问题。

（四）适宜区域

靖远县及其周边产区。

（申培增、曹素芳）

柴　胡

化肥农药施用现状及减施增效技术模式

河北省承德市柴胡农药减施增效技术模式

一、柴胡农药施用现状

柴胡作为承德市道地大宗品种，2019年种植面积为2.6万亩。由于种植面积增大，病虫害也日趋严重，造成柴胡品质和产量的下降，给生产者带来严重损失，但随着药剂量的提高也影响了柴胡产业绿色高质量的发展。

（一）常见病害及防治方法

1. 根腐病

（1）症状 主要为害根部。发病初期只是个别支根和须根变成褐色、腐烂，而后逐渐向主根扩展，根全部或大部分腐烂，地上部分枯死。

（2）发生规律 病菌以菌丝体在土壤中越冬，带菌的肥料和病土成为翌年主要初侵染源，病部产生孢子再侵染，借雨水溅射传播蔓延。

（3）化学防治 发病初期用15%噁霉灵水剂750倍液或3%甲霜·噁霉灵水剂1 000倍液喷淋根茎部，每7~10d喷药1次，连用2~3次；或用50%托布津1 000倍液浇灌病株。

2. 锈病

（1）症状 主要为害茎叶。发病初期，叶片及茎上发生零星锈色斑点，后逐渐扩大侵染，严重的遍及全株，严重影响植株的生长发育及根的质量。

（2）发生规律 病菌以冬孢子在种子和田间病叶上越冬，为翌年的初侵染源。

（3）化学防治 发病初期及时喷药防治，可用30%戊唑·咪鲜胺可湿性粉剂500倍液或20%烯肟·戊唑醇悬浮剂1 500倍液喷雾，每5~7d喷洒1次，连用2~3次。

3. 斑枯病

（1）症状 主要为害叶片。患病植株在叶片上产生直径为3~5mm的圆形或不规则形暗褐色病斑，中央稍浅，有时呈灰色。严重时病斑常融合，导致叶片枯死。

（2）发生规律　病菌以菌丝体和分生孢子器在病株残体上越冬，春季分生孢子借气流传播引起初侵染。

（3）化学防治　发病前或发病初期用68.75%噁酮·锰锌水分散粒剂1 000倍液或70%丙森锌可湿性粉剂600倍液喷雾，每5~7d喷洒1次，连续2~3次。

（二）常见虫害及防治方法

1. 蚜虫

化学防治　用33%氯氟·吡虫啉乳油3 000倍液，或用10%吡虫啉粉剂1 500倍液喷雾。

2. 黄凤蝶

化学防治　用5%氯虫苯甲酰胺1 000倍液喷雾或4.5%高效氯氰菊酯乳油1 500倍液喷雾。

3. 赤条蝽

化学防治　用33%氯氟·吡虫啉乳油1 500倍液喷雾防治。

4. 红蜘蛛

化学防治　用20%丁氟螨酯悬浮剂1 500倍液喷雾。

二、柴胡农药减施增效技术模式

（一）核心技术

本模式的核心内容主要包括"优良品种+配方平衡施肥+绿色防控+机械化采收"。

1. 优良品种

道地柴胡种子。

2. 配方平衡施肥

（1）底肥　深翻30cm以上，每亩施腐熟有机肥3 000~4 000kg，深翻入土混合均匀后施入耕层做基肥。

（2）追肥　第1次中耕后亩施入1 000kg，施后浇水，促幼苗生长；第2~3次中耕时，可根据长势追施有机肥2 000~3 000kg，随后浇水，保持土壤湿润。

3. 蚜虫绿色防控

有翅成蚜对黄色、橙黄色有较强的趋性，生产中可制作15cm×20cm大小的黄色纸板，并在纸板上涂一层 10 号机油或治蚜常用的农药，将黄纸板插或挂在柴胡行间与柴胡顶端持平。

4. 机械化采收

播种第 2 年寒露后即 10 月上旬采收。选择晴天，采挖前割去地表茎秆，柴胡根较浅，可用拖拉机顺利翻出地面。

（二）生产管理

1. 播前准备

使用翻转型深耕灭茬 45cm 以上，翻耕后用旋耕机或圆盘耙对表层土壤进行细碎和平整处理，达到地表平整，土壤细碎疏松、上实下虚，便于机械播种的要求。深耕后使用旋耕起垄施肥机，均匀施入肥料，做到全层施肥，然后立即混土 5~10cm，达到畦面平整，耕层松软。

2. 组织播种

4 月中下旬，当土壤 5cm 土层稳定达到 10℃ 以上时开始播种。无水浇条件地块，大多选择雨季播种，6 月中下旬至 7 月下旬。在整好的畦面上，按行距 20cm 开深 1~1.5cm 的浅沟，每亩播种量 1~1.5kg，将种子均匀撒入沟内，覆土 1~1.5cm，稍加镇压，有条件的地方可以用草苫覆盖，播后保持土壤湿润，可以提高出苗率。

3. 追肥

6 月中下旬追施 1 次肥料，亩施有机肥 1 500~2 000kg 或磷酸二铵 10~15kg，追肥后浇水或中耕深埋。

4. 组织收获

播种第 2 年寒露后即 10 月上旬采收。选择晴天，采挖前割去地表茎秆，柴胡根较浅，可用拖拉机顺利翻出地面，或者用人工采挖，但不得碰破根皮，以免影响商品品质。

（三）应用效果

1. 减药效果

本模式与周边常规生产模式相比，减少化学农药防治次数 1~3 次，减少化学农药用量 10%~20%，农药利用率提高 5%~10%，虫害为害率控制在 15% 以下。

2. 成本效益分析

柴胡生长年限为 2 年，亩生产成本 3 875 元，亩产量 40kg，亩收入 4 600 元，亩纯收入 725 元，适合发展的适度经营规模 3 万亩。

3. 促进品质提升

模拟自然环境进行柴胡仿野生栽培，选择适宜柴胡生长的野外环境，避免人工制造的气候条件下进行生产，稳定柴胡皂苷等关键技术指标，促进柴胡品质提升。

4. 生态与社会效益分析

（1）生态效益　通过实施该生产模式，土壤的 pH 值得到有效调节，同时，土壤的缓冲能力和稳定性得到增强。有机肥施入土壤后，保护环境的同时有利于疏松土壤，改良土壤，促进柴胡的生长。

（2）社会效益　在进行示范集成的同时，通过开展中药材种植技术培训，建立推广一套柴胡生产种植技术新模式，实现农业生产与保障生态两不误、两促进的目标。

（四）适宜区域

承德市及周边区域。

（马宝玲）

河北省涉县柴胡农药减施增效技术模式

一、柴胡产业现状及农药应用情况

柴胡是河北省道地药材之一，邯郸市涉县地处太行山东麓，属深山区，是道地北药的主产区。2019 年，涉县中药材种植面积 23 万亩，其中，柴胡面积达到 10 万亩。2018 年，涉县获得"河北省十大道地中药材产业县"（柴胡、连翘），被评选为河北省第 1 批特色农产品优势区之一。

涉县山区气候条件好，生物群落丰富多样，在柴胡发展初期病虫害发生较轻，基本上不使用化学防治。2013 年，涉县农业技术工作者对柴胡虫害进行了调查统计，根据调查，为害柴胡的害虫有 15 科 21 种，天敌昆虫有 8 科 9 种，害虫与天敌之间形成自然生态群落，因此，虫害发生程度达不到防治指标，但是随着规模化、规范化栽培的推广，病虫害发生日趋严重，也对柴胡生产的产量和品种造成巨大损失。常见的病虫害防治就是化学防治，通过喷药降低病虫害发生，尤其柴胡的根腐病，需要进行灌根，需药量大，在药材和土壤中形成残留，造成产品品质下降，产地环境污染，山区特有的生物群落打破，直接影响柴胡产业绿色高质量发展。

（一）常见的病害发生及防治

根腐病

（1）症状　柴胡生产中最为严重的病害，主要为害根部，发病初期，只是个别植株的根茎之间变成褐色，腐烂，而后逐渐向根的下部扩展，造成根全部或大部分腐烂，地上部分随之枯死，进而成片扩散，造成大片死苗。

（2）发生规律　主要发生在 2 年生以上植株，发生在高温多雨季节，一般在 7—9 月发病。

（3）化学防治　发病时用 50%的甲基托布津可湿性粉剂 700 倍液或用 58%的甲霜锰锌 600 倍液灌根。每隔 7d 灌 1 次，连灌 2~3 次。

（二）常见虫害及防治方法

1. 蚜虫

（1）发生规律　为害柴胡的蚜虫有两种：一种主要为害苗期的柴胡，在早春柴胡返青后为害柴胡的基部叶片，4 月上中旬至 5 月中旬是其为害盛期，植株受到为害后，叶片卷曲，生长减缓，萎蔫变黄，根部变黑枯死，有的植株出现病毒病的症状，严重时造成柴胡丛矮、叶黄缩、早衰、局部成片干枯死亡。发生严重的区域，地面出现灰白色的粉末。另一种主要为害抽薹后柴胡的嫩茎，开花后为害花梗，至植株干枯、死亡。

（2）防治方法　发生期可采用 10%吡虫啉可湿性粉剂 或 5%吡虫啉乳油 2 000~3 000倍液喷雾防治，每周喷 1 次，连续喷 2~3 次。

2. 赤条蝽

（1）发生规律　主要为害期在 6 月至 10 月上旬，以若虫、成虫聚集在柴胡的花蕾上，为害花蕾及嫩叶，造成植株生长衰弱、枯萎，花蕾败育，种子减产；据调查一般虫株率可达 15%~50%，虫株率达到 30%时，即会对北柴胡生长造成影响。

（2）防治方法　高效氯氰菊酯 1 500倍液或阿维菌素 2 000倍液喷雾防治，

7~10d 防治 1 次。

3. 伞双突野螟

（1）发生规律　柴胡现蕾以后，幼虫吐丝做茧，将花絮纵卷成筒状，潜藏其内取食花絮连续为害，严重影响植株开花结实，或咬断细小花柄，或取食花柄的表皮，造成咬食部位上方植株死亡，为害严重的地块可造成上部全部死亡，留种田种子基本绝收；该虫以老熟幼虫越冬，9 月以后老熟幼虫入土越冬，翌年 5 月底 6 月初田间可见 1 代成虫，6 月中下旬 1 代幼虫为害期，8 月中下旬田间 2 代幼虫为害期。

（2）防治方法　高效氯氰菊酯 1 500 倍或阿维菌素 2 000 倍液喷雾防治，7~10d 防治 1 次。

二、柴胡农药减施增效技术模式

（一）核心技术

涉县柴胡农药减施增效技术模式的核心是"优良品种+配方平衡施肥+蕾期割薹+一喷多防绿色防控+年半采收"，通过选择优良品种，提高品种抗性；实施测土配方施肥，尤其是有机肥替代，降低肥料残留，恢复土壤微生物群落；蕾期割薹，破坏害虫的生活环境，降低为害；利用无人机实施一喷多防技术，减少农药用量，降低农药残留，提高防控效果；采用年半采收，避开根腐病的发生期，减少为害。

1. 优良品种

涉县农技工作者，通过多年努力，从太行山道地柴胡品种中选育出 1 个性状典型、品质优良、产量稳定、综合抗性强，适合山区种植的柴胡新品种——冀柴 1 号，已推广面积 17.9 万亩。

通过优良品种的推广，提高产区综合抗性，降低病害发生，减少农药的用量，提高综合效益。

2. 有机肥替代

施肥原则：以有机肥为主，化学肥料为辅，增加有机肥用量；以底肥为主，追肥为辅，达到减量增效。

采用 2 底肥+2 追肥方法，第 1 次底肥是在玉米播种前，结合整地施足底肥，施腐熟的农家肥，既可保证玉米和柴胡的养分需求，又可疏松土壤，促进后期柴胡根部生长；第 2 次底肥在柴胡播种前，结合玉米追肥，每亩施有机肥 300kg+磷酸二铵 20kg，既作为柴胡底肥，又作为玉米追肥，一肥两用；第 1 次追肥翌年 3—4 月，亩施含氮肥为主的复合肥 20kg；第 2 次追肥于 7 月上旬，亩施含磷、钾肥为主的复合肥 20kg。

3. 蕾期割薹

割薹本是一项柴胡的增产技术，在柴胡现蕾期，将地上部分割掉，促使柴胡快速生出分蘖苗，当年不再开花、结子，这部分叶片光合作用制造的养分全部供应根部，提高根部的产量。但是，在柴胡生产中，有 2 种害虫的聚集环境就在柴胡花絮上，因此，割薹后，当年田间没有花序，不适合害虫生存，对柴胡为害降低。同时，割薹季节正好在炎热的夏季，高温和郁闭环境是柴胡病害高发期，割薹后，通透性增强，病害减轻，减少用药防治。

4. 一喷多防绿色防控

是在柴胡蚜虫发生期，喷施由杀虫剂、杀菌剂、叶面肥、微肥等组成的混配剂，达到降低农药总量、防病虫害、补肥、防早衰，提高产量的效果。

5. 年半采收

年半采收，柴胡既能达到药典规定的性状及含量要求，又避开了根腐病的发生期，起到不用化学方法即可防止根腐病的效果。

（二）生产管理

1. 播前准备

该技术为"柴胡—玉米雨季套种技术"，即在雨季将柴胡种子播种在玉米行间，保证柴胡出苗。因此播前准备就是：播种玉米，采用宽垄密植，行距 80cm 左右，确保柴胡套播；在柴胡播种前，给玉米追肥完毕；中耕除草，等待柴胡播种。

2. 组织播种

6 月下旬至 7 月上旬，玉米株高达到 50cm 以上起到遮阴效果时，同时，当地进入雨季，即可播种。在玉米行间划 1cm 深的浅沟，将柴胡种子均匀撒入，镇压即可；柴胡行距 25cm 左右，每亩用种 2~3kg。

3. 肥料施用

在玉米播种前，结合整地施足底肥，一般亩施腐熟的农家肥 1 000~1 500kg；在柴胡播种前，结合玉米行间中耕除草，每亩施有机肥 300kg+磷酸二铵 20kg；

翌年 3—4 月，亩施含氮肥为主的复合肥 20kg；7 月上旬，亩施含磷、钾肥为主的复合肥 20kg。

4. 病虫害绿色防控

5 月上旬至 6 月上旬，植保无人机喷施，每亩用磷酸二氢钾 50~80g，尿素 50g，5% 吡虫啉乳油 30ml，50% 多菌灵 50g，兑水混合成母液，稀释至 900~1 000ml 喷施。明显减少用药量，防治效果好。

5. 组织收获

柴胡播种翌年 11 月，进行采收，通过机械化采收，减低人工成本。

(三) 应用效果

1. 用药效果

本模式减少防治根腐病灌根 2~3 次，减少防治赤条蝽、伞双突野螟 2~3 次，共减少用药 2~6 次，减少化学用药量 70%，农药利用率 60%，防治效果达到 95% 以上。

2. 成本效益分析

亩生产成本降低 150 元，其中，节约农药成本 30 元，节约用工成本 120 元，总生产成本为 1 100 元；亩产柴胡根（干品）80kg，每千克按市场价 55 元，产值 4 400 元，亩纯收入 3 300 元。这种模式在北方旱作区，都可应用。

3. 促进品质提升

产品品质提升，主要表现在农残与重金属残留的下降，该生产模式下，农残和重金属都下降达到 70% 以上。

4. 生态及社会效益分析

该模式的实施，社会效益及生态效益十分显著。主要表现在：一是保障人民生命安全。柴胡是药用产品，用来治病，高品质产品对人民健康，保障生命尤为重要。二是土壤活性恢复，改变了土壤长期使用化肥，活性降低，微生物群落减少的局面。三是保护生态环境。尤其保护山区生物多样性，成为大自然生物群落的宝库。

(四) 适宜区域

该模式适合在北方旱作区推广应用。

（甄云）

山西省柴胡化肥减施增效技术模式

一、柴胡化肥施用现状

柴胡是山西道地药材品种，年产量占全国25%以上。全省各地均有种植，主要集中在山西晋南和晋东南等地，其中，万荣、闻喜、绛县、稷山、新绛、襄汾等县种植规模较大。

（一）传统柴胡施肥情况

柴胡施肥主要分为底肥和追肥，底肥一般每公顷施复合肥（15-15-15）750kg，追肥根据柴胡苗的长势每公顷施尿素225kg或高浓度复合肥225kg，一般追施叶面肥（有效成分磷酸二氢钾）2遍，每公顷用叶面肥3.75kg。

（二）传统施肥习惯对土壤的为害

施用高浓度的复合肥在一定程度上会提升柴胡的产量，但是长期过量的施用会引起一系列的土壤问题，例如土壤酸化、板结、结构破坏、有机质下降等，土壤营养失衡进一步影响了土壤微生物的生存，不仅破坏了土壤肥力结构，而且还降低了肥效。

二、柴胡化肥减施增效模式

（一）核心技术

本模式核心技术包括"良种选育+增施有机肥+套种""良种选育+增施有机肥+覆膜"。

1. 良种选育

通过建立良种选育基地，筛选颗粒饱满、发芽率高、无杂质的道地柴胡种子。每年选择新种子播种，提高出苗率和壮苗率。

2. 增施有机肥

通过施用发酵农家肥或生物有机肥作为底肥，代替部分化肥。每公顷施农家肥45m³（禁用鸡粪和未发酵的猪粪）或生物有机肥 2 000~3 000kg作为底肥，在旋地前将肥料一并施入。

3. 覆膜

春播覆盖地膜，夏播或秋播覆盖麦草。通过覆盖可以起到保墒、压草，增加肥料利用率等效果，减少化肥和除草剂的使用。根据实际情况选择先覆膜再播种或先播种后覆膜。先播种后覆膜的要注意观察幼苗长势，及时揭膜。

4. 套种

多采用玉米与柴胡、小麦与柴胡间作套种。一是有利于土壤保持湿润、起到遮阴作用，为柴胡种子萌发和幼苗生长创造有利环境。二是种植禾本科作物所施的底肥可以被柴胡充分利用，减少化肥总量的投入，增加单位面积产出。

（二）生产管理

1. 选择良种

选择净度≥90%、发芽率≥75%的道地北柴胡种子。

2. 玉米与柴胡间作套种

玉米春播或早夏播，可采取宽行密植的方式，使玉米的行间距增大至 1.1m，穴间距 30cm，每穴留苗 2 株，玉米留苗密度 3 500~4 000 株/亩，两行玉米间种植 4 行柴胡，柴胡行距 25cm 左右，便于除草与管理。玉米的田间管理按照正常管理进行，一般在小喇叭口期进行中耕除草，结合中耕每亩施入磷酸二铵 30kg。待玉米长到 40~50cm 时，先在田间顺行浅锄 1 遍，然后划 1cm 深的浅沟，将柴胡种子与炉灰拌匀，均匀撒在沟内，镇压即可，也可采用篓种，但种植要浅，不能过深。

3. 小麦与柴胡间作套种

4 月下旬至 5 月上旬在小麦行间套种柴胡，有灌溉条件的最好先浇水，待田间持水量降至 80% 左右时足墒下种，亩播量 1.5~2kg。开宽 3cm、深 1.5cm 的小沟，撒播种子播后盖土 0.5~0.8cm。

4. 小麦与柴胡复种

小麦或其他夏收作物收获后播种柴胡。播种方法有 2 种，裸地播种法，是在小麦收获后进行整地，然后按直接播种法播种，再用麦秸秆覆盖地面；高留茬播种法，是在小麦收割时留茬高 15cm 以上，不整地直接播种，利用麦茬作覆盖物，操作简便，节约投资。麦收后直接在麦茬行间播种，将行间土疏松，用滚筒播种。

5. 田间管理

出苗后及时中耕除草，严防草荒。在现蕾期，及时追肥浇水，当部分花蕾开始出现时，植株生长在 30cm 以上时，开始打顶，分 2~3 次进行打顶。干旱时要及时进行节水喷灌，雨涝及时进行排水。

6. 采收

柴胡播种后 2~3 年采挖。一般于秋季植株枯萎后，或早春萌芽前挖取地下根条。挖出后抖去泥土，除去茎叶，晒干即成。

（三）应用效果

1. 减肥效果

本模式与传统模式相比，减少化肥用量 40% 左右，有机肥使用量增加 1 倍以上。

2. 成本效益分析

（1）亩投入　柴胡种子、肥料、机械播种采收等约 1 200 元。

（2）亩收入　平均亩产柴胡（干货）60kg，3600 元；玉米 500kg，1 000 元。合计 4600 元。单独种植柴胡亩纯收入约 2 400 元，玉米套种柴胡，多增加了玉米收入，亩纯收入约 3 350 元。

适合发展的适度经营规模 30 万亩。

3. 品质提升

本模式生产的柴胡产量提高 20%，柴胡品质有显著提升。

4. 社会效益和生态效益

本模式广泛适用于平原、丘陵地区，技术成熟、收益稳定、容易推广，可促进农民增收，是一项可助力脱贫地区人民脱贫致富的技术。增施有机肥既保持土壤肥力能够满足柴胡生长所需，又增加了土壤有机质，起到改良土壤的作用。

（四）适宜区域

山西省柴胡适宜种植区。

（王俊斌）

陕西省柴胡化肥农药减施增效技术模式

随着人民生活水平的提高，人们的保健意识在不断加强，尤其是化学药物对人和环境的伤害日益显现，所以人们越来越青睐于天然药物的使用。柴胡（Radix Bupleuri）为伞形科多年生草本植物，以干燥根入药。味苦、性微寒，具有解表、和理、升阳、疏肝、解郁的功能。现代药理实验证明，柴胡还有镇静、镇痛、降温、镇咳、降血压等作用。柴胡属于大宗药材，用量较大。随着对柴胡药理作用研究的不断深入及其药用范围的不断拓宽，对其需求量也越来越大。历史上商品柴胡以野生为主，但是由于长期大量无序采挖，没有对自然资源加以保护。目前大面积成规模的野生柴胡资源已十分少见，不能满足人类健康的需要。为满足柴胡市场逐年增加的需求量，各地已有不同规模的人工栽培基地，随着大批量柴胡种植基地的建立，单品种连年种植和固定产地生产，出现了连作障碍，导致产量和质量下降、病虫害频发。近几年发现，柴胡田间病害非常严重，这也给农户造成很大的经济损失。盲目加大农药和肥料的使用也致使生产成本大幅增加、药材品质下降、农药残留超标，也制约了药用资源的可持续利用和区域经济的发展。中药材是中药生产的"第一车间"，药材好才能药好，中药材的核心是药材质量，重金属、农残超标是我国中药材在国际流通市场上的"拦路虎"，"绿色、安全"是中药材栽培发展的方向。同时，农药、化肥的过度使用加剧了农田生态系统的恶化，连作导致中药农业生境破坏、生物多样性下降、生态位变窄，严重的威胁中药资源可持续发展。

柴胡是陕西道地中药材种类之一，种植面积不断扩大。陕西省宝鸡市是柴胡优生区，土壤呈壤质且微碱性，温差大，种植的柴胡皂苷含量高。"宝鸡柴胡"是陕西省的十大秦药之一。据测定宝鸡种植柴胡皂苷含量为1.37%，是2015版国家药典柴胡皂苷含量标准0.3%的4.7倍。陕西柴胡种植11.5万亩。柴胡产量约占全国1/8。每年出口日本、韩国等国优质柴胡1 000余吨。成为当地产业扶贫、乡村振兴的特色产业之一。

但是，在柴胡种植过程中，由于不了解柴胡的营养吸收特性和科学施肥技术，追求高产，另外，种植柴胡的效益普遍高于常规农业种植，种植基地单品种连年种植和固定产地生产，很多中药材出现了连作障碍，导致产量和质量下降、病虫害频发。生产中未能按照地域、土壤类型、土壤肥力及柴胡的营养特性进行合理选地、施肥及用药。而是参照大田作物的栽培技术盲目施肥、过量施用肥料、农药，出现施肥用量不确定或养分不平衡。造成人工栽培药材质量不稳定、重金属农残超标，严重影响临床用药的安全性、有效性、稳定性以及中药现代化发展。为了建立柴胡的化肥农药减施技术模式，于2020年4—5月在陕西省宝鸡市区的麟游县、眉县、陇县、千阳县、陈仓区、金台区6县（区）13个柴胡种植村的45户的柴胡种植户和渭南市3户柴胡种植户进行了化肥农药减施增效技术模式调查，访问柴胡种植农户，调查的内容有施肥情况、农药施用情况、经济收益等内容，期望通过对柴胡种植区用肥用药的调查数据资料整理分析，针对柴胡施肥、用药现状，结合中药材产业发展方向，提出了柴胡化肥农药减施增效技术模式，为柴胡"安全、有效"生产提出科学施肥和合理用药的依据。

一、陕西省柴胡生产化肥施用现状

对柴胡种植施用肥肥料种类以及用量、施肥方法、氮肥（尿素、铵态氮、硝态氮）、磷肥（过磷酸钙、磷酸一铵、磷酸二铵）、钾肥（硝酸钾、硫酸钾、氯化钾）、复合肥（15-15-15、18-18-18、20-20-20、其他配比）、微量元素肥料（铁、锌、硼、螯合铁、螯合锌、钙、镁）、有机肥（商品有机肥、腐熟有机肥）、水溶（高氮肥、高钾肥、高磷肥、平衡肥、有机水溶肥）等现状进行了调查，实际调查发现，由于缺乏科学施肥知识，施肥不合理，造成柴胡缺素、生长矮小，影响了柴胡的产量与质量，采用科学施肥和用药，柴胡产量可以达到400kg/亩，实际调查中产量只有100~200kg/亩。

1. 大量元素肥料施用现状

在 45 户柴胡种植户中，施用氮肥的有 36 户，施用磷肥的有 30 户，施用钾肥的只有 3 户，施用氮磷钾肥的比例分别占 80.9%、66.7% 和 7.1%。不同种类肥料的施用情况有明显差异，其中主要重视氮磷，忽视钾肥、微量元素和新型肥料的施用。

（1）氮肥施用量　不同县（区）柴胡种植施用氮施用量调查结果见图1。从图中显示，种植柴胡氮肥施用量变化较大，目前对柴胡种植来说氮肥施用量确定比较盲目。从部分种植户不施用氮肥到施用量普遍在 30~70kg N/hm^2，柴胡种植氮肥用量偏少，有研究结果提出，柴胡种植的合理用量在 150~180kg N/hm^2，符合柴胡的氮素营养需求。因此，种植柴胡要提高氮素肥料的施用量，调查中，柴胡的产量较低，氮素供应不足是其中原因之一。

（2）磷肥施用量　不同县（区）柴胡种植施用磷调查结果见图2。从图中显示，磷肥用量普遍在 0~80kg P$_2$O$_5$/hm^2，磷肥施用量偏少，施肥试验结果表明柴胡磷肥合理用量在 100~120kg P$_2$O$_5$/hm^2，陕西种植柴胡的区域是半干旱偏旱区，柴胡种植大多数在土壤肥力相对低的缓坡地和旱原地，干旱缺水，施用磷肥能够提高柴胡的抗旱能力，45 户调查户的磷肥施用相对分散，没有明确的合理用量。

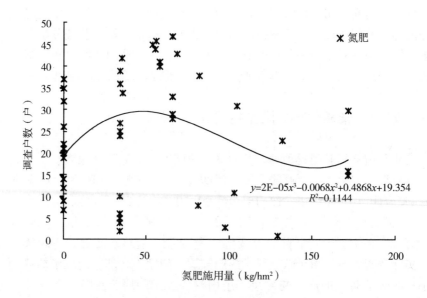

图1 不同区域柴胡氮肥施用量

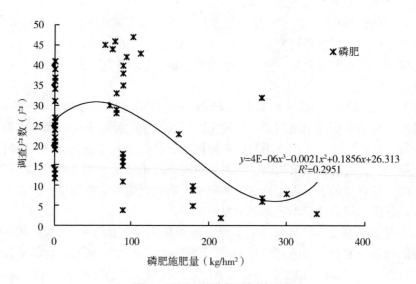

图2 不同区域柴胡磷肥施用量

（3）钾肥施用量　柴胡生长区域氮磷钾的平衡施用，不同县（区）柴胡种植施用钾施用量调查结果见图3。从图中显示，不重视钾肥施用是陕西柴胡种植施肥的普遍现象，有92.9%的种植户不施用钾肥。只有少数户施用钾肥。钾素促进地上光合产物向根系运输，缺少钾素营养，向根系有机物运输减少，影响了柴胡产量和品质。

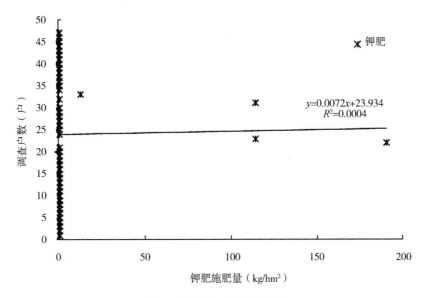

图3　不同地区钾肥施用量

表明施肥只重视氮磷肥，忽视钾肥，柴胡的生长需要氮磷钾平衡施用，施肥单一是影响柴胡产量和品质的重要原因。

根据柴胡生长对氮磷钾不同养分需求分析，柴胡的施肥缺少氮肥用量偏少，忽视施用钾肥，不重视微量元素和新型肥料施用。从整体分析，柴胡种植施肥存在用量不足为主也有过量施用的问题。

（4）复合肥施用量　除了施用氮磷钾化肥之外，施用复合肥也是柴胡化肥只用来的主要来源，复合肥营养成分全，利用效率高。不同县（区）柴胡种植施用复合肥施用量调查结果见图4。在调查的种植户中，施用复合肥的占55.5%。

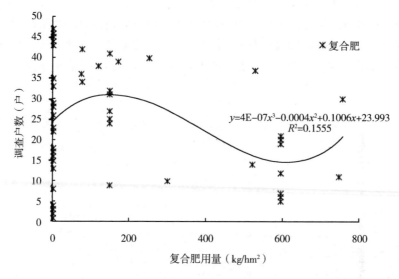

图4　复合肥施用量

2. 微量元素与新型肥料施用量

调研发现,种植户对传统肥料较认可,通常只施用氮、磷、钾,忽视钙、镁、铁、锌等中微量元素。不同县（区）柴胡种植施用微量元素与新型肥料施用量调查结果见图5。调查户几乎没有施用微量元素与新型肥料。

如果柴胡不能从生长的土壤中摄取足够的微量元素,柴胡会产生病变,如缺铁时会出现叶片叶脉缺绿,影响植物的光合作用、呼吸作用等功能,导致植物不能正常生长。种植户对柴胡生长所需元素知识匮乏。

种植户对肥料的认识单一,只懂得施用普通肥料（如氮肥、磷肥、复合肥）,缺乏对新型高效肥料的认知,没有用过螯合肥和水溶肥。

3. 氮磷钾以及复合肥配合施用经济效益分析

通过对种植户氮磷钾配合以及复合肥施用的经济效益比较,结果见图6。图中显示,采用氮磷钾配合以及复合肥施用经济效益高于任何两种配合的经济收益。

N+P+有配合使用的经济效益比 N+复经济效益增长 30.06%；N+P+复配合使用的经济效益比 N+复经济效益增长 28.81%。（N+P+K）配合使用的经济效益比 N+复经济效益增长 14.77%。

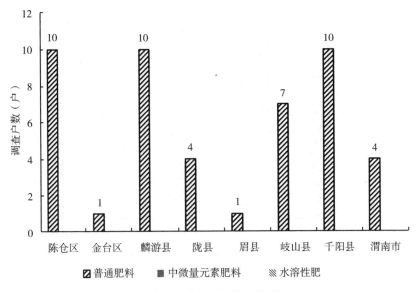

图5　微量元素与新型肥料施用状况

N+P+有配合使用的经济效益比 P+复经济效益增长 36%；N+P+复配合使用的经济效益比 P+复经济效益增长 34.68%。（N+P+K）配合使用的经济效益比 P+复经济效益增长 20%。

N+P+K 配合使用的经济效益比 N+复增长 20%。N+P+K 配合使用的的经济效益比多 P+复 14.77%。搭配钾肥施肥可增长经济收益 14.77%~20%。

在施用氮肥的基础上施用磷肥和钾肥的经济收益比较见图7。施用钾肥的收益高于施用磷肥。

4. 施肥方法现状

调查的施肥方法有基肥、追肥和叶面施肥，不同地域的基肥施用不同，产生的施肥效果和经济收益也有明显差异。不同地区对基肥、追肥及叶面肥的施肥方法也有不同，同一地区大多采用类似的方法，其中有的种植户详细记录了施肥的具体方式以及所用的肥料，也有无记录的情况。如施基肥时，陈仓区普遍施用过磷酸钙，但其他地区则无用肥记录。种植户在追肥时，多用尿素，也有用复合肥、磷酸二铵、硫铵氮肥等情况。追肥没有科学的依据，什么时候追肥，追什么肥都是种植户凭感觉、经验决定。而且，绝大多数种植户没有进行叶面施肥（图8）。

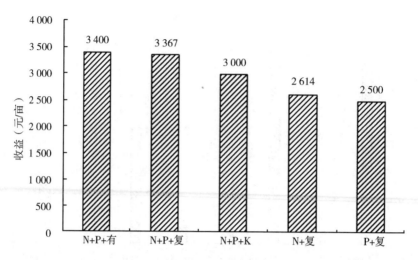

图6 三种肥料配合施用经济效益

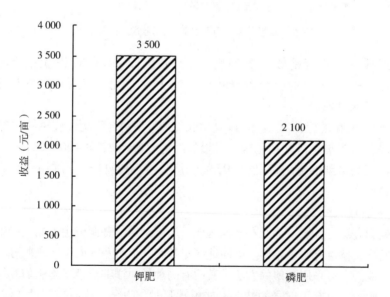

图7 钾肥与磷肥施用的收益比较

　　调查资料显示，柴胡种植中存在的现状、问题，都可能是影响柴胡品质产量的因素，从而影响种植柴胡的经济效益。

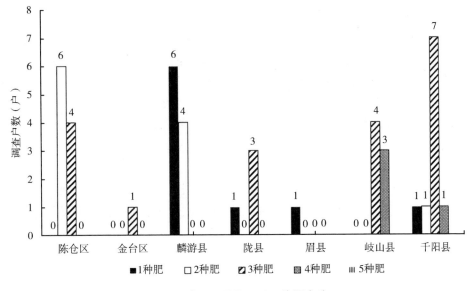

图8　陕西不同县（区）施肥方法

二、柴胡生产农药施用现状

目前，柴胡的种植效益普遍高于常规种植业，生产中出现单品种连年种植和固定产地生产，导致了连作障碍，病虫草害频发，影响了柴胡的质量和产量。柴胡常见的病害有根腐病、斑枯病，虫害主要有蚜虫、伞锥额野螟、黄凤蝶、地鼠等，柴胡种植地草害也较严重。目前，在柴胡生产中，病虫草害的防治措施有化学防治、物理防治、生物防治和农业防治等，其中，化学防治因高效便捷、省时省力，仍然是陕西省宝鸡柴胡产区的主要防治手段。但农药及除草剂的长期单一、大剂量滥用，极易造成病虫的抗药性，产生防治效果降低甚至失效。同时，过量农药在土壤中残留会造成土壤污染，带来了严峻的环境问题，制约了中药材产业的健康持续发展。

1. 农药施用量大

（1）病害　①根腐病：占总户数的43.7%，主要使用的农药前期有代森锰锌，后期有多菌灵、甲基托布津、五唑酮，其中，有50%的农户没有使用农药。

②斑枯病：占总户数的 12.5%，使用的农药有代森锰锌、多菌灵，其中有 87.5% 的农户没有使用农药。

（2）虫害　柴胡种植过程中出现的虫害种类较多，依据不同的土壤出现种类不同。①蚜虫：占总户数的 21.8%，主要使用的农药有吡虫啉、40% 乐果乳油、敌敌畏，其中，29.5% 的农户没有使用农药。②伞锥额野螟：占总户数的 12.5%，使用农药喷杀虫、杀菌液，其中，50% 的农户没有使用农药。③黄凤蝶：采用割茎处理有虫植株。④地鼠：采用人工夹子捕捉，出现频率较低，只占柴胡种植户的 3%。

2. 农药依赖度高

柴胡连年种植，土壤出现连作障碍，种植过程管理不善，出现各种病害，采用生物防治效果差，只有使用农药才能够防治，缺少相关的病虫害预防意识，只能够依赖农药。目前，种植基地劳动力费用高，人工除草费用较大，所以种植柴胡的草害防治对除草剂的依赖度也较高。

3. 用药技术及器械落后

宝鸡市区的麟游县、眉县、陇县、千阳县、陈仓区、金台区等县（区）种植柴胡历史长，柴胡是当地的传统中药材种植种类，在长期的生产实践中，种植户虽然已总结出了一些农药和除草剂的用药经验和施用方法，但还是依赖其他作物的防治经验，对柴胡上的病虫害防治不科学、不合理。同时，一家一户的分散种植导致分散不规范不标准的防治现象，加之喷药器械多用小型手动喷雾器等传统器械，导致药液在喷施过程中常常出现滴漏、漂移、蒸发等损失，药剂利用率低，防治效果差，又导致用药次数和用药量增加。

三、柴胡化肥农药减施增效技术模式

（一）核心技术

本模式的核心内容包括"优质种子种苗+平衡施肥+病虫草害绿色防治+全程机械化"。

1. 优质种子种苗选择

陕西省种植的柴胡为北柴胡，是《中华人民共和国药典》（2015 版）规定的正品柴胡。为了防品种混杂，影响产品质量和声誉，严禁从外地引进产量较高红柴胡、北岛柴胡和藏柴胡等其他柴胡种类。宝鸡柴胡多为农户自己留种，但要提高留种技术水平。应该选 2 年生田块为留种田，留种田应长势健壮，并在苗期、拔节期、花期和种子成熟期淘汰杂株、劣株、病株、弱株，以保证种子纯度和质量。9 月成熟变成棕褐色时，收获脱粒、晒干，保存在低温干燥的地方。柴胡种子储藏后发芽率显著降低。在常温下，种子寿命不超过 1 年，因此生产中不能用隔年的陈柴胡种子。

2. 平衡施肥

柴胡播种后 2 年才收获，生长时间较长，要依据"氮磷钾平衡、有机与无机结合、重施底肥、少量多次、补充钾肥"的原则合理施肥。播种前，随整地施入腐熟土粪 2 000kg/亩或商品有机肥 200~300kg/亩，磷酸二铵 40kg/亩作底肥。第 2 年 3 月追施提苗肥，柴胡返青时雨前撒施尿素 3~5kg/亩，促进幼苗生长；5 月，抽薹前施促秧肥，雨前撒施磷酸二铵或三元复合肥 10~15kg/亩或硫酸钾 5~6kg/亩。7 月，割薹后亩施氮磷钾（15-15-15）复合肥 15kg/亩，促进根系进一步生长。第 3 年，柴胡返青时再追施尿素 3~5kg/亩，5 月抽薹前，施三元复合肥 10~15kg/亩。

3. 病虫害绿色防治

在陕西省宝鸡地区调查，柴胡主要病害有根腐病和锈病，虫害主要为蚜虫。

（1）根腐病　根腐病常见于柴胡生产老区，多于 2 年生柴胡和高温多雨、田间积（渍）水而发。发病初期，在根茎交界处出现褐色斑点，后扩大成圆形、近圆形或不规则病斑。发病后期，根部自上向下产生纵向干裂，裂口变褐或变黑，逐渐加宽。发病初期，地上部分与健壮植株无区别，发病后期裂口遍及根部表面，病部稍微膨大，病部组织变硬变脆，裂口深至木质部，导致水肥和营养运送阻断，整株萎蔫死亡。

防治措施：一是选择地块，前茬 3 年内没有种植柴胡，地势高燥不易积水。二是科学施肥，重施有机肥，增施磷钾肥，控制氮肥，促进植株健壮生长，增强植株抗病性。三是清洁田园，燃烧或集中掩埋残枝病叶。采用高畦栽培，防止淹水。四是发现病株，及时拔除，用石灰穴位消毒。五是药剂防治，发病初期可用 50%多菌灵 0.1%浓度的溶液或 70%甲基托布津 0.1%浓度的溶液灌株。

（2）锈病　柴胡锈病由真菌引起，5 月始见，为害叶片，病叶背略呈隆起，叶子上出现象铁锈一样病斑，后期破裂散出橙黄色的孢子。阴雨天多，相对湿度大，大雾重露，植株生长衰弱，通风不良田易发病。

防治措施：一是增施磷钾肥，增强植株抗性，合理密植，改善通风透光，减少病害发生。二是发病初期用25%的粉锈宁800~1 000倍液或用65%代森锌可湿性粉剂500倍液、敌锈钠200倍液喷雾防治。

（3）蚜虫　蚜虫主要在春季和秋季发生，为害新生茎叶和花薹。柴胡植株受到蚜虫为害后，叶片卷曲，生长缓慢，萎蔫变黄。严重时，茎叶上出现油腻状分泌物，地上出现灰白色粉末。发生严重时，将对产量造成极大影响。

防治措施：一是黄板诱蚜。亩悬挂30~50块诱蚜黄板，诱杀有翅蚜。二是喷施生物杀虫剂。发现无翅蚜虫，喷施0.3%苦参碱乳剂8 000~1 000倍液，或除虫菊素2 000倍液，或15%茚虫威悬浮剂2 500倍液。三是化学药剂防治。发现有蚜虫时，在10%的吡虫啉可湿性粉剂1 000倍液、50%的吡蚜酮2 000倍液、25%的噻虫嗪5 000倍液等药剂中，选其中2种，每隔7d喷施1次，连喷2~3次。

4. 全程机械化

种植中药材的主要问题是劳动力不足，采用机械化播种与采用机械收获，可以提高经济收益。柴胡地膜覆盖机械化精量穴播，利用（黑）地膜覆盖柴胡精量穴播机进行柴胡机械化播种。柴胡收获机械采用4GJD根茎收获机；拖拉机牵引50型药材收获机挖药机。柴胡的机械化采挖，便捷、省时、省工的机械替代了传统人工作业，减少了劳动力的费用，提高了种植效益。

（二）应用效果

1. 减肥减药效果

采用本模式与传统生产模式相比，调整了氮磷钾用量配比，减少氮肥用量10%，补充了钾肥用量，氮素化肥利用率提高12%，减少化学农药防治2次，减少化学农药用量22%，农药利用率提高13%。根腐病为害率控制在10%以下。

2. 成本效益分析

增加了机械播种和采收，亩生产成本降低305元，柴胡产量增加21kg，亩增加收益1 672元，亩纯收益1 367元。推广"品种和种子选择+平衡施肥+病虫害绿色防治+全程机械化"模式5万~8万亩。

3. 促进品质提升

采用本模式生产的柴胡，柴胡皂苷含量高达1.33%。比传统柴胡提高0.13%。

（三）柴胡种植效益分析

陕西省种植柴胡的经济效益比较明显，受到了种植户的重视，近年来，柴胡种植面积不断增加。本次调研共计 43 户，因麟游县（10 户）和眉县（1 户）是第 1 年种植不计入统计，所以经济效益只统计 32 户。陕西省不同县（区）柴胡种植经济效益见图 9。从表中看出，陈仓区种植效益最高，千阳县的种植效益较低。柴胡种植每亩经济效益为 1 000 ~ 5 200 元，不同地区收益不同，大部分经济效益为 2 000 ~ 3 000 元，有 15 户。此外，柴胡在陇县、麟游县及陈仓区种植面积较大，其他地区均为小范围种植。大范围种植地区如陇县种植 2 460 亩，经济收益为 3 100 元/亩，小范围种植地区如岐山县 167 667m²，经济收益为 2 514 元/亩。

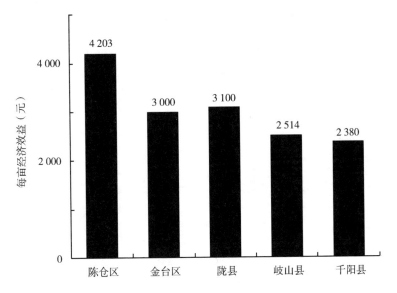

图 9 陕西省不同县（区）柴胡种植经济效益

（四）适宜区域

陕西省黄土区干旱半干旱区。

（孙越赟、王渭玲、宋金枝、陈洁）

黄 芩

化肥农药施用现状及减施增效技术模式

河北省承德市黄芩农药减施增效技术模式

一、黄芩农药施用现状

产自承德的黄芩，以条粗长、质坚实，加工后外皮金黄、杂质少等优点而闻名于世，被世人称为"热河黄芩"，又称"金丝黄芩"而畅销海内外。正因具有上述特点，"热河黄芩"也成为久负盛名的河北道地药材。通过多年的发展，虽然黄芩种植规模逐年扩大，但黄芩生产仍以农户分散种植为主，优势产品区域布局集中度不够，新技术应用普及率还不够高，特别是连年种植造成土壤地力下降、养分不足，虫害与农药使用量不断加大等问题日益突出，产品质量安全不能得到有效保证，严重影响黄芩产业绿色生态高质量发展。

（一）黄芩常见病虫害及防治方法

1. 叶枯病

高温多雨季节容易发病，开始从叶尖或叶缘发生不规则的黑褐色病斑，逐渐向内延伸，并使叶片干枯，严重时扩散成片。

（1）农业防治 秋后清理田园，除净带病的枯枝落叶，消灭越冬菌源。

（2）药剂防治 发病初期喷洒1：1：120波尔多液，配料比为硫酸铜：生石灰：清水＝1：1：120。配制方法是先用1/3清水溶化生石灰，2/3清水溶化硫酸铜，再将硫酸铜溶液慢慢倒入生石灰溶液中，边倒边搅拌，溶液呈现天蓝色时，即可使用，隔7~10d喷药1次，连喷2~3次，或用多菌灵、菌立灭800~1 000倍液喷雾防治，隔7~10d喷药1次，连喷2~3次。

2. 根腐病

栽植2年以上者易发病，根部呈现黑褐色病斑以致腐烂，全株枯死。

（1）农业防治 轮作倒茬。雨季及时排水。中耕除草，加强苗间通风透光。对病苗及时清理，集中烧毁或深埋。病土要及时清理转移。

（2）药剂防治 局部发病时，用菌立灭800倍液进行灌根处理，防止病情蔓延。

3. 黄芩舞蛾

黄芩的重要害虫之一。以幼虫在叶背作薄丝巢，虫体在丝巢内取食叶肉，仅留叶上透明表皮，每年发生4代以上，10月以蛹在残叶上越冬。

（1）农业防治　清园，及时清理田块残枝枯叶，集中烧毁或深埋。

（2）药剂防治　发生初期用90%敌百虫或40%乐果乳油喷雾防治。

4. 地下害虫

地下虫害主要有地老虎和蝼蛄咬食幼苗。

（1）农业防治　施用充分腐熟的有机肥；清除田间枯枝落叶，灭除越冬幼虫和蛹；3月下旬至4月上旬铲除地边杂草。

（2）药剂防治　用75%辛硫磷乳油按种子量的0.1%拌种；施用0.5%的辛硫磷毒饵诱杀；日出前检查受害植株人工捕杀；用75%辛硫磷乳油700倍液穴灌毒杀或喷施90%敌百虫600倍液。

（二）病虫害防治中农药的安全使用准则

禁止使用剧毒、高毒、高残毒或者具有三致（致癌、致畸、致突变）的农药。

生产全过程禁止使用除草剂。

采收前1个月内禁止使用任何农药。

二、黄芩农药减施增效技术模式

（一）核心技术

本模式的核心内容主要包括"优良品种+配方平衡施肥+绿色防控+机械化采收"。

1. 优良品种

道地热河黄芩种子。

2. 配方平衡施肥

（1）底肥　每亩撒施充分腐熟的有机肥2 000kg，撒入地面，深翻20cm以上，整细耙平，做成0.9～1.3m宽的平畦。坡地可只开排水沟，不做畦。

（2）追肥　黄芩1年生苗生长量较小，施入足量基肥后一般可满足生长需求。在第2年或第3年返青后和6月下旬各施1次有机肥，每亩施500～1 000kg。施肥方式是沟施或穴施，在黄芩根部15cm处，开沟（穴）深5～8cm，施肥后覆土。

3. 绿色防控

黄芩生产中，以农业防治为基础，物理防治、生物防治为主。通过轮作倒茬、培育壮苗、深翻精耕、科学施肥等农艺措施，利用灯光、颜色诱杀、人工捕捉害虫等物理措施，利用生物多样性、释放天敌等生态措施，将有害生物为害控制在合理经济阈值以内。农业防治主要措施为轮作倒茬、培育壮苗、深翻精耕、中耕除草、科学施肥。物理防治主要措施为每亩应用粘虫黄板40~50块，每5~10亩安装频振式杀虫灯1台。生物防治主要措施为保护和利用自然天敌七星瓢虫、白僵菌、草蛉、螳螂等，或使用生物农药每亩用1%苦皮藤素乳油50~70ml兑水60~70kg均匀喷雾防治蚜虫。

4. 机械化采收与加工

（1）采收时间　以种植2年收获为宜。一般在10—11月，待黄芩茎叶枯黄后，选择晴朗天气采收，避免雨天采收。

（2）采收与加工　①采挖：采挖常用工具镐、筐、剪、人力车、起药机等，要求保持采挖工具清洁，不得接触任何有害物质，避免污染。刨挖注意操作，切忌挖断，对收获的根部，去掉附着茎叶，抖落泥土。②晾晒：晾晒过程避免强光直射，以免使药材发红，同时防止被雨水淋湿，受雨淋后的药材变绿变黑，影响品质。③产地加工：黄芩产地加工简单，只需去掉杂质和芦头，晒至半干时，放到筐里或水泥地上，进行揉搓，去掉老皮，使根呈现棕黄色，继续晾晒直至全干。黄芩的折干率为25%~33%，即3~4kg鲜品可产1kg干品药材。

加工场地和环境应符合卫生要求，晒场预先清洗干净，远离公路，防止粉尘污染，防家畜进入。

（二）生产管理

1. 选地、整地

（1）选地　选择荒山、荒坡、林缘、林下或退耕还林地，土壤疏松肥沃、土层深厚、排水良好、日照充足的沙质壤土或腐殖质壤土为宜。

（2）整地　每亩撒施充分腐熟的有机肥2 000kg，撒入地面，深翻20cm以上，整细耙平，做成0.9~1.3m宽的平畦。坡地可只开排水沟，不做畦。

2. 播种

（1）种子处理　播前可用40~45℃的温水，加入50%多菌灵1 000倍液，浸泡5~6h，使种皮吸足水分，捞出晾干后，即可播种。

（2）播种方式 ①种子直播法：直播分春播和夏播，春播时间为 4 月下旬至 5 月中旬，夏播时间为 7 月中旬至 8 月中下旬。在整好的畦面上，按行距 30～40cm，开 0.5～1cm 浅沟，播种时可掺 5～10 倍细沙，混匀后播种，将种子拌沙均匀撒入沟内，每亩播种量 1.5～2kg，覆土 0.5cm，搂平，稍加镇压，使种子与土壤紧密结合，保持畦面湿润，播种后约 10d 左右出苗。待苗长到 5cm 时，按株距 10～12cm 时定苗。②育苗移栽：对于直播难以保苗的，可以采用育苗移栽的方法。热河黄芩育苗，选择温暖、阳光充足、土壤疏松肥沃的地块做苗床。根据种植量大小，确定育苗面积。育苗时间可分春季育苗和夏季育苗，春播育苗 3 月下旬至 4 月中下旬，夏播育苗 7 月中旬至 8 月中下旬。一般苗床宽 120～150cm，长因需而定，床土采用 20 目过筛，床面整平，用脚排踩一遍，浇足水待播。移栽育苗每亩播种量 4～6kg。播种前，将种子用 40～45℃的温水，加入 50%多菌灵 1 000 倍液，浸泡 5～6h，捞出，晾干水分后，把种子均匀撒到床面上，然后撒过筛后的松软土 0.5cm，覆盖薄膜，增温保湿，约 7～10d 出苗。齐苗后适当通风，当苗长到 3cm 左右时，去掉薄膜，苗高 5～6cm 时按行距 30～40cm、株距 10～12cm 移栽于大田。定植后及时浇水，无水浇条件的地块，要结合降雨情况适时定植。

3. 田间管理

（1）定苗 直播黄芩苗高 5cm 时定苗，定苗株距 10～12cm。如有缺苗，带土补植；缺苗过多时，以补播种子为宜。

（2）中耕除草 黄芩出苗后至封垄前，中耕 3～4 次，保持田间土壤疏松。在雨后或浇水后，要及时进行中耕。中耕宜浅，不能损伤根部，并做到严密细致。同时要注意清除杂草，做到随长随除。间苗、定苗、补苗：当幼苗出现 5 片小叶片（苗高 5～7cm）时，按株距 4～5cm 除去弱小和过密苗；苗高 10～12cm 时，按株距 8～10cm 定苗；穴播的每穴留苗 2～3 株。如果有缺苗，带土补植；缺苗过多时，以补播种子为宜。

（3）追肥 黄芩 1 年生苗生长量较小，施入足量基肥后一般可满足生长需求。在第 2 年或第 3 年返青后和 6 月下旬各施 1 次有机肥，每亩施 500～1 000kg。施肥方式是沟施或穴施，在黄芩根部 15cm 处，开沟（穴）深 5～8cm，施肥后覆土。

（4）及时排灌 天气干旱要及时浇水，遇涝要尽快排水，以防烂根。

（5）打顶 非留种田在花前应尽早剪去花穗，以提高产量。

（6）种子田管理　留种田在常规管理的同时，花期增施硼肥，提高授粉率。每亩用四硼酸钠（硼砂）0.5kg 或多元微肥 0.5kg，兑水 25kg，进行叶面喷施。

（7）种子采集　种子采集必须是两年生以上植株的种子，当年生种子俗称"娃娃种"，因发芽率低不得使用。热河黄芩花期 6—9 月，果熟期 7—10 月，待果实成淡棕色时采收；种子成熟期很不一致，极易脱落，需随熟随收，最后可连果枝剪下，晒干打下种子，去净杂质，保存阴凉干燥处备用。

（三）应用效果

1. 减药效果

本模式与周边常规生产模式相比，减少化学农药防治次数 1~3 次，减少化学农药用量 10%~20%，农药利用率提高 5%~10%。虫害为害率控制在 18% 以下。

2. 成本效益分析

黄芩生产年限为 3 年，亩生产成本 5 500 元，亩产量 800kg，总产种量 12kg，亩收入 9 400 元，亩纯收入 3 900 元。

3. 促进品质提升

模拟自然环境进行热河黄芩仿野栽培，选择适宜热河黄芩生长的野外环境，避免人工环境条件下进行的生产，稳定黄芩苷、黄芩素、汉黄芩素、总黄酮等 4 项关键技术指标，促进黄芩品质提升。

4. 生态与社会效益分析

采用"机械化整地+大垄高床"技术、机械化作业方式，实现了耕作层 40cm、畦宽 130cm、畦高 25cm、垄间距 40cm 1 次成形的目标，实现了省时、省工、省力、节本的目的；生产管理上，实现了高效节水灌溉、病虫害绿色综合防控、生物有机肥优化施用等技术的本地化技术突破，实现了农业生产与保障生态"两不误、两促进"的目标，打造了"天蓝、山青、水清、土净"的生态环境，实现绿色农业与生态建设同步发展。

（四）适宜区域

承德市及周边区域。

（孙秀华）

山西省黄芩化肥减施增效技术模式

一、黄芩化肥施用现状

黄芩是山西道地药材品种，年产量占全国40%以上。全省各地均有种植，主要集中在山西晋南和晋东南等地，其中，闻喜、绛县、稷山、新绛、襄汾等县种植规模较大。

（一）传统黄芩施肥情况

黄芩施肥主要分为底肥和追肥，底肥一般每公顷施复合肥（N∶P∶K＝15∶15∶15）750kg，追肥根据黄芩苗的长势每公顷施尿素225kg或高浓度复合肥225kg，一般追施叶面肥（有效成分磷酸二氢钾）两遍，每公顷用叶面肥3.75kg。

（二）传统施肥习惯对土壤的为害

施用高浓度的复合肥在一定程度上会提升黄芩的产量，但是长期过量施用会引起一系列的土壤问题，例如土壤酸化、板结、结构破坏、有机质下降等，土壤营养失衡进一步影响土壤微生物的生存，破坏了土壤肥力结构，降低了肥效。

二、黄芩化肥减施增效模式

（一）核心技术

本模式核心技术包括"良种选育＋增施有机肥＋套种""良种选育＋增施有机肥＋覆膜"。

1. 良种选育

通过建立良种选育基地，筛选颗粒饱满、发芽率高、无杂质的道地黄芩种子。每年选择新种子播种，提高出苗率和壮苗率。

2. 增施有机肥

通过施用发酵农家肥或生物有机肥作为底肥，代替部分化肥。每公顷施农家肥45m³（禁用鸡粪和未发酵的猪粪）或生物有机肥2 000~3 000kg作为底肥，在旋地前将肥料一并施入。

3. 覆膜

春播覆盖地膜，夏播或秋播覆盖麦草。通过覆盖可以起到保墒、压草、增加肥料利用率等效果，减少化肥和除草剂的使用。根据实际情况选择先覆膜再播种或先播种后覆膜。先播种后覆膜的要注意观察幼苗长势，及时揭膜。

4. 套种

与玉米等禾本科作物套种，一是有利于土壤保持湿润，起到遮阴作用，为黄芩种子萌发和幼苗生长创造有利环境。二是种植禾本科作物所施的底肥可以被黄芩充分利用，减少化肥总量的投入，增加单位面积产出。

（二）生产管理

1. 选择良种

选择净度≥95%、发芽率≥75%、千粒重≥1.7g、水分≤8.5%的优质黄芩种子。

2. 春播地膜覆盖法

3月底至4月中旬，有灌溉条件的地块，先灌溉后播种；无灌溉条件的地块要雨后抢墒播种。按行距25~30cm开浅沟，深3~5cm。将种子均匀撒入沟内，覆土0.5cm，镇压，地膜覆盖。

3. 麦茬复播法

5月下旬至6月中旬小麦收获后进行，采用隔行条播，行距约25cm，开浅沟，深1~1.5cm。将种子用播种滚筒均匀撒入沟内，然后用脚轻镇压。趁墒覆盖麦草，每亩用种量1~1.5kg。黄芩出苗后，将麦秸扒于两边，在伏天用锄头将麦茬除掉，使其与土壤结合自然腐烂。

4. 间作套种法

在前作作物生长后期将黄芩播种在前作作物的行间。多采用玉米套种黄芩，玉米播种前施足底肥，在玉米生长后期，田间作业完成以后，在玉米行间开2~3cm浅沟，行距15~20cm，用滚筒将黄芩种子播入沟内，其上覆土1~2cm，压实。

5. 田间管理

黄芩幼苗生长缓慢，前期基本不用进行管理。第2~3年，每年春季要清洁田间。返青至封垄前要进行2~3次中耕除草。根据苗势合理追肥。干旱时要及时进行节水喷灌，雨季注意及时排除田间积水。

6. 病虫防治

黄芩病虫害较少，一般不使用农药。秋冬季及时清除残枝，可有效消灭越冬病源，减少病害发生。有蚜虫发生时，可用适当比例辣椒水或洗衣粉水喷施。

7. 组织收获

黄芩生长 2~3 年便可采挖，但 3 年生的商品根产量高出 2~3 倍，有效成分含量也较高。秋季地上部分枯萎后，选择晴朗天气，机械采挖，人工拾取。挖出的黄芩，除去病、烂根和残茎，晒至半干，撞去老皮，使根呈棕黄色，晒至全干。

（三）应用效果

1. 减肥效果

本模式与传统模式相比，减少化肥用量 40%左右，有机肥施用量增加 1 倍以上。

2. 成本效益分析

（1）亩投入　黄芩种子、肥料、机械播种采收等约 1 600 元。

（2）亩收入　平均亩产黄芩 250kg（干货），5 000 元，玉米 500kg，1 000 元。合计 6 000 元。单独种植黄芩亩纯收入约 3 400 元，玉米套种黄芩，多增加了玉米收入，亩纯收入约 4 350 元。

适合发展的适度经营规模 50 万亩。

3. 品质提升

在本模式下，黄芩产量提高 20%，品质显著提升。

4. 社会效益和生态效益

本模式广泛适用于平原、丘陵地区，技术成熟、收益稳定、容易推广，可促进农民增收，是一项助力脱贫地区人民脱贫致富的技术。增施有机肥既保持土壤肥力能够满足黄芩生长所需，又增加了土壤有机质，起到改良土壤的作用。

（四）适宜区域

山西省黄芩适宜种植区。

（王俊斌）

三　七

化肥农药施用现状及减施增效技术模式

云南省林下三七化肥农药减施增效技术模式

一、三七种植肥药施用现状

（一）化肥施用情况

传统的三七种植中为追求高产，照搬大宗农作物"大肥大水"的生产措施，三七的化肥施用较多，1 年中每次每亩施用量 15~20kg，施用复合肥次数达 3~4 次，年累积每亩施用复合肥 45~80kg。

（二）农药施用情况

三七种植周期长，病虫害的发生较为严重突出，在传统的生产过程中，三七种植户全程投入的农药产品种类多，药量大。云南的雨季集中，在 5—8 月雨季来临病害发生的高峰期，为了预防和控制病害的发生和蔓延，每周至少施用 1 次农药。

二、三七化肥农药减施增效技术模式

（一）核心技术

本模式的核心内容主要包括"松树林+优质种苗+高垄理墒+有机肥替代化肥+绿色防控"。

1. 种植区域

选择分布于北纬 20°~27° 和东经 97°~107° 的森林，针叶树种云南松、思茅松、华山松、杉树等。海拔为 1 000~2 200m，年均温 15~20℃，最冷月均温 6~10℃，最热月均温 20~22℃，≥10℃年积温 4 200~5 500℃，无霜期 280d 以上。

林下三七种植地选择光照均匀，郁闭度 0.7~0.9 的林地。对郁闭度高于 0.9 的区域进行修枝处理以适当调整光照，林地的坡度一般<30°。选择土壤 5 年以内未种植过五加科人参属植物的林地种植三七，避免由于连作障碍导致根腐病为害的发生。

2. 林下高垄理墒

清除林下种植区域的杂草和小型灌木，清理枯枝落叶，修剪松树 3m 以下枝条，非栽植区杂草和灌木尽量保留。把土层表面的松针收拢保留，用人工或小型旋耕机对种植区域进行旋耕 2~3 次，深度 20~30cm。清除土壤里过大的树根、杂木、杂草根，并按自然地形或树木排列顺序规划确定种植区域，平地根据林地树木种植的方向理垄，坡地顺着林地等高线理垄。垄底宽一般保持 120~150cm，垄顶 80~100cm，垄面整理为圆弧形，垄与树根的距离每边留 20cm。根据坡度的大小适宜理垄的高度，坡度>20°，垄高约 30cm；坡度<20°，垄高约 40cm。林下理垄的时候根据不同坡度不同地形设置好排水沟，15~20m 留一个排水口，避免雨水过大冲蚀垄面。

3. 种子种苗的选择和处理

选择健康优质三七种苗，避开雨天或雨后在移栽前 1~2d 开始采挖种苗。对采挖和分级过程中造成伤口进行伤口愈合处理，将种苗表面的水分晾干后，用草木灰或者生物源杀菌剂的粉剂进行拌种，避免移栽后伤口感染造成的腐烂。种苗移栽应选择晴天在当年 12 月上旬至翌年 1 月中下旬进行。移栽覆土后的垄面用松针均匀、紧实地覆盖，厚度为 2~5cm。松针覆盖后浇透定根水。

4. 有机肥替代化肥

三七对养分，尤其是氮肥的需求较低，林下有机质丰富能够满足三七对肥料的需求，在整个三七生产过程中禁止施用任何化学合成肥料。如土壤有机质含量低于 2%，可在三七出苗展叶后适当补充有机肥。有机肥的种类和选用符合 GB/T 19630—2019《有机产品　生产、加工、标识与管理体系要求》的规定。

5. 绿色防控

林下三七病虫害防治通过物理、生物和生态的措施来控制，田间管理严禁使用化学农药。

（1）病害绿色防控　进入雨季后通过搭建避雨棚，调控土壤田间持水量使其保持在 25%~30% 的范围实现物理防治避雨避病；高垄理墒、深挖排水沟、及时排水、发现病株及时清除等农业措施预防病害发生；采用生防菌、生物源杀菌剂、植物诱抗剂等产品进行病害的生物防治。

（2）害虫绿色防控　松林物种多样，松针挥发物驱避害虫引诱天敌，保护和利用林间瓢虫、螳螂、寄生蜂、蜘蛛、青蛙和蟾蜍等天敌，减少害虫对林下三七的为害；保留林间害虫喜食杂草及小灌木，或者人工种植害虫喜食植物转移害虫取食，降低害虫对三七的为害；投放害虫喜食饵料诱杀害虫，如糖醋液诱杀小地老虎和斜纹夜蛾等夜蛾类成虫和金龟子；利用成堆放置莴苣叶、白菜叶潜伏诱杀小地老虎幼虫、蟋蟀等害虫；利用性诱剂诱集害虫雄虫，干扰产卵；喷施 Bt、白僵菌、绿僵菌等生物制剂防治斜纹夜蛾、小老虎等鳞翅目害虫为害。

（3）杂草鼠害生物物理防除　三七出苗后，在杂草萌发时人工清除。鼠害采用天敌和机械防治，根据种植地的环境特点，有针对性地选择灭鼠方法，以达到最佳的防治效果。

（二）应用效果

1. 减肥减药效果

本模式与常规生产模式相比，减少化肥用量 100%，减少化学农药用量 100%。三七根腐病发病率控制在 90% 以下，三七叶部病害控制效果达 94% 以上。

2. 成本效益分析

林下种植省去了设施大棚和农药化肥的投入，生产成本大大降低。

3. 促进品质提升

总皂苷含量比常规模式高 20%~40%，无农残、重金属。

4. 生态效益

林下三七主要利用山区退耕还林的森林资源，不占用农田，不与粮食水果蔬菜争地；生产过程中不施用化学肥料和化学农药，确保三七的品质和安全性。因此，林下三七生态好、效益好、品质优，适宜在山区推广，将山区的"青山"变为群众致富的"金山"。

（三）适宜区域

云南省适合三七生长的松树林区。

（何霞红、朱书生）

其他特色药材

化肥农药施用现状及减施增效技术模式

河北省邢台市酸枣农药减施增效技术模式

一、酸枣种植农药施用现状

邢台市酸枣历史悠久，野生酸枣资源丰富，是"邢枣仁"道地产区。近年来，邢台市委、市政府高度重视酸枣产业发展，酸枣产业逐渐成为浅山丘陵区的农业优势主导产业。目前，酸枣总面积 35 万亩，其中，野生抚育、人工种植 11.2 万亩。过去由于酸枣面积较大，管理技术粗放，导致病虫害经常发生，造成酸枣品质和产量下降，对酸枣产业产生了较大影响。当前随着酸枣产业绿色生态基地建设，高效低毒无公害生物农药得到了推广，不但消灭了病虫害，而且酸枣品质和等级得到提升，实现了酸枣产业的绿色高质量发展。

（一）常见病害及防治方法

1. 枣锈病

（1）症状　主要为害叶片。发病叶片初期叶背散生淡绿色小点，渐变为淡灰褐色，病斑处有黄褐色夏孢子堆。夏孢子堆初期生长在表皮下，成熟时突破表皮散出黄色粉状的夏孢子。后期在叶片正面对着夏孢子堆处出现不规则的绿色小点，形成褐色斑状，后期为黄褐色角斑，逐渐干枯脱落。发病严重时，枣树上的叶片全部脱落，只留下未成熟的青枣。冬孢子堆一般在病叶落地后产生。

（2）发生规律　该病是一种真菌性病害，属担子菌亚门锈菌目，仅发现夏孢子和冬孢子两个阶段。酸枣锈病是以夏孢子堆在落叶上越冬，少量以菌丝体在病芽中越冬，是翌年枣锈病的初侵染来源。7 月上旬至中旬，地面病叶上的夏孢子被风传播到叶片上，在高湿环境下吸水，然后经过接触期、萌发期、侵入期、潜伏期，到 8 月下旬至 9 月初叶片上出现大量夏孢子堆即发病期，完成初侵染循环。叶片上的夏孢子堆破裂后散出夏孢子（黄粉），夏孢子再被风吹散传播到其他叶片上进行再侵染，经过多次再侵染造成病害流行，同时酸枣开始落叶直至落光。夏孢子在叶片上萌发侵入需要水滴，湿度是发病的首要条件，所以 7—9 月降水量是决定此病发生轻重的主要因素。雨季早、降雨多、湿度大，酸枣就发病早、发病重，干旱无雨则发病轻或不发病。

（3）化学防治　萌芽时用硅唑·多菌灵 1 500 倍液+1%甲维盐 1 500 倍液+50%吡蚜酮 2 000 倍液进行喷施；发病初期用 43%戊唑醇 4 000 倍液+5%高氯甲维盐 1 500 倍液+螺螨酯 4 000 倍液喷施，间隔 10~15d 再用药 1 次。可兼治绿盲蝽、蚜虫等害虫。

2. 枣疯病

（1）症状　染病后花柄加长，萼片、花瓣、雄蕊和雌蕊变为黄绿色小叶。重病树小叶叶腋间会抽生短细小枝，形成丛枝。感染此病后，无药可治，不结果或少量结果，果实质量很差，一般发病 3~5 年后死亡。

（2）发生规律　枣疯病又称癃病、丛枝病、扫帚病，由支原体引起，它比细菌还小，通称为病毒病，对酸枣树是一种具有毁灭性的侵染性病害，其发病是病原物侵染后迅速在细胞内复制，并随原生质流动传布全株及根部，主要通过人为嫁接、修剪工具和昆虫（叶蝉类刺吸）传播，生长季均可发生。

（3）化学防治　酸枣萌芽后用 25%吡虫啉 1 500 倍液+1%甲维盐 1 500 倍液+5%氨基寡糖素 1 500 倍液喷施，喷施树下和周边杂草。开花前用 25%吡虫啉 2 000 倍液+5%高氯甲维盐 1 500 倍液+5%氨基寡糖素 1 500 倍液喷施。落花后用 50%吡蚜酮 2 000 倍液+5%高氯甲维盐 1 500 倍液+2%香菇多糖 1 000 倍液喷施。

（二）常见虫害及防治方法

1. 桃小食心虫

（1）发生规律　1 年发生 1 代，以幼虫在土中作茧越冬，5 月下旬开始出土，6 月上中旬为出土盛期，做夏茧化蛹，6 月上旬至 7 月上旬为羽化盛期，产卵前期 1~3d。

（2）化学防治　①地面防治：5 月下旬至 6 月上旬树下 1m 圈内撒毒辛颗粒 3kg/亩封地杀虫，撒后浅锄划与土混匀。②树上防治：6 月上旬至 7 月下旬树上防治，5%高氯甲维盐 1 500 倍液+20%灭幼脲 800 倍液喷施，隔 7~10d 再喷 1 次。

2. 绿盲蝽

（1）发生规律　绿盲蝽属半翅目盲蝽科，飞翔能力强，白天潜伏，主要在清晨和傍晚取食，1 年发生 4~5 代，以卵在枣树剪口、枯死枝和多年生老枣股处越冬。一般卵期 6~10d，若虫期 15~30d，成虫期 35~50d。4 月中下旬平均气温 10℃ 以上，相对湿度 60%左右越冬卵开始孵化，第 1 代发生盛期在 5 月上旬，为害枣芽。第 2 代发生盛期在 6 月中旬，为害枣花及幼果，是为害枣树最重的一代。3~5代发生时期分别为7月中旬、8月中旬、9月中旬。

（2）化学防治　萌芽前喷施1.8%辛菌胺醋酸盐300倍液+25%吡虫啉1 500倍液+1%甲维盐1 500倍液。萌芽时喷施30%噻虫嗪2 500倍液+5%高氯甲维盐1 500倍液。一般在清晨和傍晚时用药。

二、酸枣农药减施增效技术模式

（一）核心技术

本模式的核心内容主要包括"优良品种+配方平衡施肥+绿色防控+适时采收"。

1. 优良品种

选择在当地浅山丘陵区表现高产、优质、抗病性强的邢酸10号、邢酸8号、邢酸15号等品种。

2. 配方平衡施肥

底肥以秋施生物有机菌肥为主，于根冠外围挖沟施肥，施后培土，一般亩用500kg。野生枣林可撒施有机肥。

6月上旬至7月中旬果实膨大期可喷施0.3%尿素或磷酸二氢钾溶液，间隔7~10d再喷1次，可提高坐果率。野生枣林主要采取叶面喷肥方法。

3. 绿色防治

坚持"预防为主，科学防控"的原则，实行病虫害预测预报，以农业防治、物理防治和生物防治为主，科学使用化学防治技术。严禁使用国家禁用的农药。

通过黑光灯诱杀桃小食心虫；通过悬挂昆虫诱捕器、粘虫板诱杀绿盲蝽；通过人工清园、修剪病虫枝等农业措施减少病虫害。

4. 适时采收

最适宜的采收期应在秋分以后，切记"采青"。采收宜采用人工采摘的方法。随采随晒，以防霉烂。目前正在试验机械采摘。

（二）生产管理

1. 播前准备

选用充分成熟呈深褐色果实的种仁，要求种仁净度达95%以上，发芽率达

80%以上。

2. 播种

播种时期一般以 4 月中下旬为宜,每亩播种量 3kg。采用机播的方式,行距 33cm,沟深 2~3cm。

3. 整形修剪

人工种植栽培定植后第 1 年修剪时上部留 5~6 个分枝,离地面 30cm 以下的分枝不再保留。定植后第 2 年修剪时上部留 7~8 个分枝,离地面 60cm 以下不应留分枝。3 年后增加树冠体积。初始时下部可适当多留枝,多结果,以后上部树枝结果多后可逐渐去掉下部主枝。稀植可修剪成开心型树形,密植可修剪成中心干型树形。

野生枣林,小树采用"清棵定株、扩穴蓄水、嫁接改优"的方法培育,大树采用高接换优的方法改造。

4. 施肥

秋季采收后至土壤上冻前施用基肥。在生长季进行追肥或叶面喷肥 2~3 次,每次间隔 15~20d。

(三) 应用效果

1. 减药效果

本模式与周边常规生产模式相比,减少化学农药防治次数 1 次,减少化学农药用量 10.5%,农药利用率提高 8.7%。虫害为害率控制在 5%以下。

2. 成本效益分析

亩生产成本 230 元,亩产量 11kg,亩收入 2 310元,亩纯收入 2 080元,适合发展的适度经营规模 18 万亩。

3. 促进品质提升

本模式下生产的酸枣,平均好果率在 94.3%以上,比常规模式高 20.3 个百分点。

4. 生态与社会效益分析

在生态效益上,通过实施该生产模式,提高了浅山丘陵区的荒山绿化率,有效涵养了水源,改良了土壤结构。在社会效益上,实施"龙头企业/合作社+示范基地+品牌建设+产品加工"的推广模式,通过开展酸枣良种示范园项目的建设,以点带面,推动酸枣产业的绿色发展。

（四）适宜区域

邢台市太行山浅山丘陵酸枣种植区。

（华利静）

山西省党参化肥减施增效技术模式

一、党参生产现状

（一）概述

党参，桔梗科党参 *Codonopsis pilosula*（Franch.） Nannf 的干燥根，为我国常用的传统补益药，古代以山西上党地区（今山西长治和晋城地区）出产的为上品。清代医学家吴仪洛《本草从新》（1757 年）记载，"因原产于上党郡，而根形如参，故名党参"，上党唐代为潞州，故又有潞党参之名。潞党参凭借其独特的"狮头凤尾菊花芯"特征和优良品质而享誉全国，曾远销到马来西亚、菲律宾、新加坡、日本、老挝等 10 多个国家。

目前，山西省党参种植主要集中在长治市、晋城市和忻州市五台县等地，面积约 6 万亩，年产量约 6 000t。"上党党参""平顺潞党参""陵川潞党参"均获得国家地理标志农产品认证。

（二）肥料施用情况

党参施肥主要分为底肥和追肥，底肥一般每亩施复合肥 50kg，追肥每亩施尿素 15kg 或复合肥 15kg。此外，个别地方为提高产量，在党参花期叶面喷施壮根灵，虽然能增产 30%～50%，但是党参炔苷含量降低约 20%，严重影响了党参品质。

二、党参化肥减施增效技术模式

（一）核心技术

本技术模式的核心内容主要包括了"轮作倒茬+配方施肥+摘花打顶+绿色防

控"或"仿野生栽培"等减肥增效绿色综合防控技术。

1. 轮作倒茬

党参不耐连作，需实行轮作，前茬作物为禾本科和豆科作物为宜。

2. 配方施肥

育苗期，每亩施腐熟的农家肥或有机肥 2 000~3 000kg 作为底肥，增加土壤有机质；移栽后，每亩施入党参专用肥 40kg。党参专用肥是一种复合微生物菌肥，其中，富含硒元素和镁硼锌铁锰钼等微量元素，有机质 ≥45%，$N+P_2O_5+K_2O=8\%$，有效活菌数 ≥2 亿/g，是以高效优质有机物为原料添加胶冻样类芽孢杆菌、枯草芽孢杆菌、生根因子、土壤细胞激活素、赤霉素、土壤酸碱平衡剂、维生素等多种有益因子、菌群的高效速效菌肥，还特别添加硒元素，增强植物的抗癌性，刺激植物的生长发育，种子萌发和提高根系活力，促进营养的吸收和植物新陈代谢，增强植物生物抗氧化作用和对环境胁迫的抗性，提高植株抗病抗逆能力。同时，还具有修复土壤生态，增加土壤中有益微生物数量和有机质含量，促进土壤团粒化，保水、保肥的作用。

3. 摘花打顶

党参开花后，及时摘除过密的花蕾。党参高 70~80cm 时，及时打顶，促进根部生长。

4. 绿色防控

通过施用腐熟的有机肥，进行春耕、秋耕，并随犁拾虫，进行人工防治蛴螬；与禾本科、豆科作物实行轮作，预防根腐病；发病期用 50%多菌灵 500~1 000倍液或 50%甲基托布津 1 000倍液浇灌。

5. 仿野生栽培

在类似党参野生环境条件下，以疏林地、灌木林地为主，选择土壤肥沃处种植党参，不施肥料，自然生长。

（二）生产管理

1. 播前准备

育苗地选半阴坡，移栽地选向阳田。秋季前茬作物收割后，深翻土地 40cm 以上，同时施有机肥或复合肥作为底肥，耙细整平。移栽地于春季土壤解冻前，及时深翻土壤，同时施党参专用肥。

2. 组织播种

（1）育苗　选用优良党参品种原种，将种子与细土或草木灰拌匀撒播，覆土稍镇压，并覆盖遮阳网（遮阴度90%~95%），每亩播种量为4~5kg。参苗出土后，至苗高10cm时，可逐渐去除覆盖物，待苗高15cm时将覆盖物完全去除。秋季地上部分枯黄后，将地上部分割掉，及时清除出育苗田。

（2）移栽　春栽于土壤解冻后，种苗萌芽前；秋栽于土壤封冻前进行。按行距30cm，在地上横向开沟，深20~25cm，将参苗按株距3~5cm，斜放于沟内，尾部不得弯曲，根系要自然舒展，覆盖土超过根头2~3cm，压实。每亩用种苗45~60kg。

3. 田间管理

移栽后要进行中耕除草，雨季注意排水，苗高30cm时，用竹竿或树枝搭架，以利通风透光，增强光合作用。

4. 采收

直播的党参种子生长2~3年采收，育苗移栽的当年采收。秋季地上茎叶枯黄时，除去支架割掉参蔓，及时刨挖，采挖后进行加工、晾晒。

（三）应用效果

1. 减肥效果

本模式与常规生产模式相比，减少了化肥使用量，禁止使用壮根灵，增施有机肥，使用党参专用肥，提高了党参质量。

2. 成本效益

党参育苗，亩投入主要包括种子、肥料、遮阳网、人工费共约5 000元，可产出种苗500kg左右，卖种苗亩收入可达10 000~12 000元，亩纯收入5 000~6 000元。

党参移栽，亩投入主要包括种苗、肥料、搭架、人工费共约5 000元，亩产干货150~175kg，亩收入约9 000元，亩纯收入约4 000元。

3. 生态效益

采用仿野生种植党参，既保护党参种质资源，保护了生态环境，保持了水土，又提高了党参品质，促进党参可持续发展。

（四）适宜区域

山西省党参种植区域。

（李亚梅）

山西省远志化肥减施增效技术模式

一、远志生产中化肥施用现状

远志是山西道地药材品种，年产量占全国 70% 以上，主要集中在运城市、临汾市、晋中市和吕梁市等地。

（一）传统远志施肥情况

远志施肥主要分为底肥和追肥，底肥一般每公顷施复合肥（N：P：K＝15：15：15）750kg，追肥根据远志苗的长势每公顷施尿素 225kg 或高浓度复合肥 225kg，一般追施叶面肥（有效成分磷酸二氢钾）2 次，每公顷用叶面肥 3.75kg。

（二）传统施肥习惯对土壤的为害

长期施用化肥会引起土壤酸化、板结、结构破坏、有机质下降等一系列土壤问题，而且易造成远志死苗和茎尖干枯。

二、远志化肥减施增效技术模式

（一）核心技术

本模式核心技术包括"良种选育+增施有机肥+覆膜"。

1. 良种选育

通过建立良种选育基地，筛选颗粒饱满、发芽率高、无杂质的道地远志种子。每年选择新种子播种，提高出苗率和壮苗率。

2. 增施有机肥

通过施用发酵农家肥或生物有机肥作为底肥，代替部分化肥。每公顷施农家肥 45m³（禁用鸡粪和未发酵的猪粪）或生物有机肥 2 000~3 000kg 作为底肥，在旋地前将肥料一并施入。

3. 配方施肥

按照 N：P：K＝1：1.04：1.34 比例配施化肥，配施适量硫酸亚铁，每亩 2~3kg。

4. 覆膜

春播覆盖地膜，夏播或秋播覆盖麦草。通过覆盖可以起到保墒、压草、提高肥料利用率等效果，减少化肥和除草剂的使用。根据实际情况选择先覆膜再播种或先播种后覆膜。先播种后覆膜的要注意观察幼苗长势，及时揭膜。

（二）生产管理

1. 选择良种

选择籽粒饱满、发芽率≥75%的优质远志种子。

2. 播种方法

春播于4月中旬至下旬，夏播于6—9月，秋播于10月中旬至11月上旬。按行距15~20cm开沟，沟深1.5~2cm，用滚筒（远志播种器）将种子播于沟内或撒播于沟内，稍加镇压，覆薄土（一般用脚顺沟拖，或用布袋装土顺沟拖），覆土以看不见种子为宜，切不可过深。春播要地膜覆盖，夏播和秋播要用麦草覆盖。运城市和临汾市多在麦收后复播远志。

3. 田间管理

苗期要及时中耕除草，锄草要早、小、浅，用小锄头浅浅地、均匀地锄松地面。行间草要锄掉，行内草要拔掉，保持地表疏松，有利于保墒增温，促进根系生长。第2年进行追肥灌水。5月初追现蕾肥，每亩追腐熟优质饼肥25kg，过磷酸钙15kg，施肥后连浇水2次。除根部追肥外，还可进行叶面喷钾肥。每年6月中旬至7月中旬是远志生育旺盛期，每亩喷1%的硫酸钾溶液50~60kg，或0.3%磷酸二氢钾溶液80~100kg，每隔10d喷1次，连喷2~3次。

4. 采收与加工

远志种植后2年以上即可收获，以3年生的产量高，4年生的产量和质量最好，采挖时间以秋末春初为好。刨出鲜根，抖去泥土，晒至外皮稍皱缩时，再用塑料布包严使其"发汗"，然后趁鲜抽去木心的称"远志筒"；如不能抽去木心的，可将皮部割开，再去掉木心称"远志肉"；细小的根不能去掉木心，直接晒干的称"远志棍"。

（三）应用效果

1. 减肥效果

采用本模式比传统模式减少化肥用量40%左右，有机肥使用量增加1倍以上。

2. 成本效益分析

（1）亩投入　远志种子、肥料、机械播种采收等约1 700元。

（2）亩收入　平均亩产远志干货130kg，产值7 000元；亩纯收入约5 300元。

3. 品质提升

在本模式下，远志产量提高25%，远志品质显著提升。

4. 社会效益和生态效益

本模式广泛适用于平原、丘陵地区，技术成熟、收益稳定、容易推广，可促进农民增收，是一项可助力贫困地区人民脱贫致富的技术。增施有机肥既保持土壤肥力能够满足远志生长所需，又增加了土壤有机质，起到改良土壤的作用。

（四）适宜区域

山西省远志适宜种植区。

（王俊斌）

辽宁省辽五味子化肥农药减施增效技术模式

一、辽五味子化肥减施增效技术模式

（一）核心技术

本模式的核心内容主要包括"科学追肥+绿色防控"。

1. 科学追肥

施用肥料主要以腐熟农家肥为主，避免施到植株根部，每株施用5~10kg农家肥，施用方法为距根部30cm处沿株行开沟深15~20cm，施入追肥并覆土，追肥后应立即浇水。需特别注意五味子入冬前禁止施肥，避免植株因肥量大导致开春后提早发芽，同时防止受倒春寒影响产生冻害。

2. 绿色防控

采用水旱轮作的方式，施用充分腐熟的有机肥料。

（二）生产管理

1. 播前准备

种植地选择土壤疏松肥厚、富含腐殖质、透气性好、保水性及排水性良好的沙壤土，pH值中性至弱酸性，忌在盐碱地、土质黏重、地势低洼、易积水的地块种植。秋冬季深翻土壤，清除枯草、石砾等杂物，结合整地施入底肥，以充分腐熟发酵的农家肥为主，每亩施腐熟厩肥 2 000~3 000kg，深翻 20~25cm，整平耙细。春季播种时每亩再施入 25~35kg 复合肥，N∶P∶K 比例为 15∶15∶15。将育苗床作成宽 1.2m、高 20cm、长 10~20m 的高畦，床土要耙细清除杂质。

2. 组织播种

将当年采收的种子与湿细沙按 1∶3 比例混匀，置于 10~15℃ 条件下进行 2 个月沙藏处理，再置于 0~5℃ 处理 1~2 个月，以完成胚后熟。播种前 15d 将种子取出，用清水泡 3~4d，室内温度保持在 18~20℃，待种皮裂开 80% 以上、日温稳定超过 5℃ 即可播种。播种时间为 5—6 月，采用条播或散播方式，每亩种子用量 5kg，条播行距 10cm。如种子纯度及发芽率高，也可采用单粒点播方式，行距 10~15cm，株距为 3cm。播种后压实土壤浇透水，用松针覆盖保湿杀菌，松针应选用红松。覆盖松针长度 3.5~5cm，厚度 2cm，覆盖后用滚子稍压实，再用 1cm 厚土封边，最后在床面筛层细土防风。五味子幼苗怕高温和强光直射，当出苗率达到 70% 时，撤掉覆盖物并立即搭简易遮阴棚，透光率以 50% 为宜。待幼苗长出 5~6 片真叶时，应按株距 7~10cm 进行间苗，同时撤掉遮阴棚。苗床应保持湿润状态，且随时拔除杂草。

3. 移栽定植

移栽选用 1 年生五味子苗，移栽时间选择秋季或春季。秋季移栽在秋季叶发黄、脱落后进行；春季移栽在 4—5 月进行，此时期枝条养分充分回流到根部，易成活。移栽定植行向以南北走向最佳，株行距为株距 45~50cm，行距 140~150cm，种植密度为 1 000 株/亩。定植穴尺寸为直径 30cm、深 30cm，穴底填入 1kg 农家肥并将农家肥与土壤充分混合，防止烧根。为使根系舒展，防止窝根与倒根，将穴底堆出三角形土堆，再把五味子须根自然展开顺土堆坡面放置，覆土至原根系入土位置以上 2cm。定植后适当压实，灌足水，水渗完后再用土封穴。

4. 田间管理

（1）水分管理 五味子定植后第 1 年应经常灌水，保证土壤湿润，提高五味子的成活率和正常生长。进入结果期的五味子在萌芽期、开花期、坐果期和果实膨大期对水分最敏感，应在上述 4 个关键时期进行灌水，保证土壤含水量在 20%~30%。其中，萌芽前灌水 1 次，可促进植株萌芽整齐，有利于新梢早期迅速生长。开花前灌水 1~2 次，促进新梢、叶片生长及提高坐果率。坐果期和果实膨大期灌水应根据降水量和土壤状况灌水 2~4 次，有利于浆果膨大和提高花芽分化质量。但忌淹水，在雨季积水时应及时排水。在入冬结冻前灌水 1 次，以利于越冬。

（2）施肥管理　根据五味子的生长状况、土壤肥力等进行施肥，可考虑追肥 2 次，第 1 次在展叶期，第 2 次在开花后进行，肥料以腐熟农家肥为主，施肥要避免伤到植株根部，施肥量为每株 5~10kg 农家肥，施用方法为距根部 30cm 处沿株行开沟深 15~20cm，施入追肥并覆土，追肥后要立即浇水。特别注意五味子入冬前禁止施肥，避免植株因肥量大导致开春后提早发芽，防止受倒春寒影响产生冻害。

（3）中耕除草　五味子生长期保持土壤疏松无杂草，松土时要注意耕作深度勿伤根系，整个生长期除草 2~3 次。第 1 次在春季出苗后，当幼苗高于 5cm 时，进行浅耕除草。第 2 次在 7~8 月植株开花后，进行中耕除草，要求耕作深度比第 1 次深，且应尽量将杂草除尽。第 3 次在秋末冬初，视杂草情况再除草 1 次。严禁草荒情况发生。

（4）搭架　五味子定植后第 2 年进行搭架。搭架选用 10cm×10cm×250cm 水泥柱或角钢作立柱，间距 2~3m。再用 8 号铁线在立柱间横向平行拉四道铁线，平行铁线间距 40cm，最下端铁线距地面 50cm。在立柱间按株距 45~50cm 插入架条，并与横向铁线固定，用于引附上架。当植株长至 60~70cm 时，需将五味子藤蔓按顺时针方向引附到架条上，使植株向上生长。开始引附时可用绳或铁线固定，以后可自然缠绕上架。

（5）修剪定干　当年移栽的五味子应进行定干培养，修剪方法为将五味子原主茎剪掉，选取 3~4 个粗壮侧蔓引附上架，1 株 2 杆，每杆 2 个主蔓。当新主蔓枝长 50cm 时，打顶尖定主干，当主干上新幼枝 30cm 时优选健壮枝不打顶做延长蔓，其余幼枝在 20cm 处打尖。延长蔓枝应在立秋后打顶。

（6）更新　3 年生五味子大量结果时，在早春将各结果短枝全面剪至 45cm。开花结果期基部和主蔓枝交汇处新发的短果枝，选留健壮枝条为更新结果枝，其余枝条及时清除。每年秋冬季修剪时应将旧结果枝剪掉，用新结果枝循环更新。

保证每年有 7~8 个结果枝。

（7）去杂 在夏季生长旺盛期，应去除重叠枝、过密枝、徒长枝，控制基部匍匐枝的生长，防止杂枝与母枝竞争养分。

5. 病虫害防治

辽五味子常见病害有根腐病、黑斑病等，虫害主要有蛴螬、柳蝙蛾等。采用预防为主、综合防治的方法，水旱轮作，有机肥必须充分腐熟；选用无病害感染、无机械损伤、健壮的优质苗，禁用带病苗；及时排水防涝；发现病株及时拔除，集中销毁，每穴撒入草木灰 100g 或生石灰 200~300g，进行局部消毒。

6. 采收与加工

（1）采收 五味子生长 3 年后大量结果，即可采收。五味子采收时间为 9—10 月，选择晴天 9 时以后露水消退，用剪刀剪取果蒂，放入筐或箱子内，运至加工场地加工，要防止挤压。

（2）产地初加工 果实采收后要进行筛选，去除杂质、烂果、病果及非药用部位，再进行干燥处理。干燥处理可采用自然荫干或烘干方法。①荫干方法：将五味子果实平铺在晒垫上置于干燥、通风阴凉处，阴干过程中要经常翻动，防止霉变，温度为 20~25℃，阴干 20d。②烘干法：将五味子果实放入烘箱烘干，温度控制在 35℃左右，烘干 36h 至手攥成团有弹性，松手后能恢复原状为佳。

二、辽五味子农药减施增效技术模式

（一）核心技术

本模式的核心内容主要包括"优良品种+农药减施+绿色防控"。

1. 优良品种

品种选择在适宜地区表现好的"辽五味子 1 号""辽五味子 2 号"等品种，特点是高产、抗病性强的品种。

2. 农药减施

通过施用微生物菌剂、植物诱抗剂减少农药的施用量，每年减少化学农药防治次数 5 次，减少化学农药用量 80%，害虫为害率控制在 14% 以下。

3. 绿色防控

采用预防为主、综合防治的方法，选用无病害感染、无机械损伤、健壮的优质苗，禁用带病苗；及时排水防涝；发现病株及时拔除，并集中销毁，每穴撒入草木灰 100g 或生石灰 200~300g，进行局部消毒。

采用化学防治时，应当符合国家有关规定，优先选用高效、低毒的生物农药，尽量避免使用除草剂、杀虫剂和杀菌剂等化学农药，不使用禁限用农药。

（二）应用效果

1. 减药效果

本模式与常规生产模式相比，每年减少化学农药防治次数 3 次，减少化学农药用量 40%，农药利用率提高 25%，害虫为害率控制在 14% 以下。

2. 成本效益分析

五味子苗定植后 2~3 年（3~4 年生）进入结果期，5 年生（4 年园）进入丰产期。如果对五味子结果植株采取循环更新技术进行修剪，可使植株保持旺盛不衰，一定年限内不必重新栽植。

（1）成本核算　以栽培 1hm² （15 亩）辽五味子为例，对 1~4 年生产园投入产出情况进行比较。①建园初期投入：辽五味子园地选定以后，要根据建园规模的大小进行全园的规划，并做好定植前的准备工作。建园前期投入如苗木，株行距确定为 0.5m×1.5m，每公顷用苗 13 330 株，需投入苗木费用 0.47 万元；架材，以平均行长 80m 计，需长 2.6m，粗 10cm×10cm 水泥柱 1 130 根，投入 1.48 万元；需直径 1~1.5cm，长 2.2~2.4m 竹竿 9 260 根，投入 0.23 万元。两项合计投入资金 1.71 万元（以后每隔 5 年换 1 次竹竿，投入 0.23 万元）；架线，按捆绑 5 道铁线计算，需 10# 镀锌铁线 2.33t，用于架线的拉设和绑缚，投资 0.78 万元；整地，定植穴宽 80~100cm，深 50~60cm，需支付人工费 0.34 万元；有机肥，在定植沟的回填过程中，需分次施入有机肥 60m³，投入资金 0.12 万元；滴灌用料及安装，软管滴灌可使用 5 年，需投入 0.48 万元；硬管滴灌可使用 10 年，需投入 0.9 万元。累计上述各项投入，每公顷五味子园在建设初期投入 3.9~4.32 万元。②果园管理费用：人工管理费用，田间管理费用按 5 年生园计，每公顷园年度用工 3 人，时间 6 个月，每个工日费 20 元，即 1.08 万元；化肥，生长季节每年需追肥两次，需三料复合肥 600kg，磷酸二铵 300kg，合计投入资金 0.23 万元；有机肥，每年进行 1 次秋施肥，需有机肥 60m³，投入资金 0.12 万元，5 年需投入 0.6 万元；农药，防治病虫害，购买农药需 0.05 万元；其他农具添置、果园修整等每年投入 0.06 万元。累计上述各项支出，每公顷五味子园年度田间管理费用1.54万元，五年总计7.7万元。

（2）果园收入　①2年园：平均亩产鲜果150kg，总产2 250kg（折合干品500kg），按辽五味子干品收购价40元/kg计算，可收入2万元。②3年园：平均亩产鲜果600kg，总产9 000kg（折合干品2 000kg），可收入8万元。③4年园：平均亩产鲜果1 000kg，总产15 000kg（折合干品3 333kg），可收入13.33万元。

（3）经济效益分析　人工栽培辽五味子每公顷建园到第三年扣除建园成本和各项管理费用，可获纯利1.26万~1.68万元，4年以上园13.05万~13.47万元。栽培辽五味子经济收益年限可达15~20年，进入盛果期后，按照目前最低价格（鲜果7.89元/kg，干品40元/kg）计算，其经济效益是种植粮食作物的10倍以上。

3. 促进品质提升

本模式下生产的辽五味子，平均五味子醇甲在0.57%以上，比常规模式提高0.17个百分点。

4. 生态与社会效益分析

在社会效益上，通过实施该生产模式，提高了药农中药材种植技术水平，从而提高药材品质，促进中药材产业发展；在生态方面，该模式减少了农药、化肥的使用、施用量和施药次数，大大降低了对环境的污染，保护了绿色青山，生态效益显著。

（三）适宜区域

辽宁省、吉林省、黑龙江省、河北省北部及周边地区。

（宋国柱、孙文松）

黑龙江省依安县防风农药减施增效技术模式

一、防风种植农药施用现状

依安县是防风的传统产区，2019年种植面积为1.1万亩。由于种植面积增大，病虫害也日趋严重，造成防风品质和产量下降，给生产者带来严重损失。目前，在防风病虫害防治过程中，对常见病害和地上害虫防治主要是喷洒农药，对地下害虫防治除农药拌种和灌根外仍缺少其他有效的方法。由于病害的日益严重和害虫抗药性的不断增强，用药剂量逐年提高，农药残留也愈来愈严重，造成防风品质和等级下降，严重影响了当地防风产业的绿色高质量发展。

（一）常见病害及防治方法

1. 根腐病

（1）症状　主要为害幼苗，成株期也能发病。发病初期，仅仅是个别支根和须根感病，并逐渐向主根扩展，主根感病后，早期植株不表现症状，后随着根部腐烂程度的加剧，吸收水分和养分的功能逐渐减弱，地上部分因养分供不应求，新叶首先发黄，在中午前后光照强、蒸发量大时，植株上部叶片才出现萎蔫，但夜间又能恢复。病情严重时，萎蔫状况夜间也不能再恢复，整株叶片发黄、枯萎。此时，根皮变褐，并与髓部分离，最后全株死亡。

（2）发生规律　此病可由腐霉、镰刀菌、疫霉等多种病原侵染引起。病菌在土壤中或病残体上越冬，成为翌年主要初侵染源，病菌从根茎部或根部伤口侵入，通过雨水或灌溉水进行传播和蔓延。地势低洼、排水不良、田间积水、连作及棚内滴水漏水、植株根部受伤的田块发病严重。春季多雨、梅雨期间多雨的年份发病严重。

（3）化学防治　防风收后，要及时清除地面病残物，进行翻整土地。在翻耕时，每亩撒石灰粉 50~60kg，进行土壤消毒。种苗栽前用 50%甲基硫菌灵 1 000 倍液浸苗 5~10min，晾干后栽种。种子播种前，用 50%退菌特可湿性粉剂 1 000 倍液，或 50%多菌灵可湿性粉剂 1 000 倍液浸种 5h。发病初期，拔除病株，窝内撒石灰粉消毒，也可用 50%多菌灵可湿性粉剂 500 倍液灌根。

2. 白粉病

（1）症状　多发生于枝条中下部将硬化的或老叶片背面，枝梢嫩叶受害较轻。发病初期叶背出现圆形白粉状小霉斑，后扩大连片，白粉严重时布满叶背，叶面与病斑对应处可见淡黄褐斑，后期白色霉斑中出现黄色小颗粒物，渐由黄变褐，最后变为黑色小粒点，即病原菌闭囊壳。

（2）发生规律　病菌以菌丝体或分生孢子在病残体、病芽上越冬。早春，分生孢子借助风、雨传播，侵染叶片和新梢。生长季节可发生多次重复侵染，以

4—6月，9—10月发病较重。高温干燥，施氮肥偏多，过度密植，阳光不足或通风不良有利病害发生。

（3）化学防治　发病初期用15%粉锈宁1 000倍液或40%硫胶悬剂500倍液，40%粉必清600倍液，12.5%斑粉脱乳油液500倍液叶面喷洒。7~10d喷1次，连喷2次。

（二）常见虫害及防治方法

黄凤蝶

（1）发生规律　每年发生3—6代，以蛹在枝上、叶背等隐蔽处越冬。越冬代11月至翌年4月，第1代4月下旬至5月，第2代5月下旬至6月，第3代6月下旬至7月，第4代8—9月，第5代蛹越冬。成虫白天活动，善于飞翔，中午至黄昏前活动最盛，喜食花蜜。幼虫共5龄，老熟后多在隐蔽处吐丝作茧，缠在枝干等物上化蛹越冬。

（2）化学防治　黄凤蝶发生在现蕾开花期，幼虫在花蕾上结网，取食花与果实，8月上中旬是为害果实盛期。防治方法是发生期早晚用90%敌百虫800倍液喷雾防治，也可用50%杀螟松乳油1 000倍液，或用25%溴氰菊酯乳油3 000倍液傍晚喷雾防治，每5~10d喷1次，连续喷2~3次。

二、防风农药减施增效技术模式

（一）核心技术

本模式的核心内容主要包括"优良品种+配方平衡施肥+绿色防控+机械化采收"。

1. 优良品种

以采集野生关防风种子为主，确保药材的道地性，自己繁育的种子性状及品质与野生种子差异较大，种子出芽率达到85%以上，亩用量2kg。

2. 配方平衡施肥

整地时每亩地施农家肥3 000kg左右，深翻入土，加入过磷酸钙20~30kg或腐殖酸型复合肥或者硫酸钾型复合肥20kg，耙平做畦。在防风生长过程中每年追肥2次，第1次于6月上旬，每亩施人粪尿1 000kg，或堆肥1 500kg和过磷酸钙25kg。第2次于8月下旬，施用肥料种类和数量同第1次。施肥方法为在行间开沟施后覆土。

3. 黄凤蝶绿色防控

在幼虫零星发生时，可根据其为害状在受害叶附近把幼虫寻找出来并杀死。入冬后，铲除田间及周围的寄主和其他杂草，可以减少越冬蛹。在幼虫数量少时，可结合其他害虫的防治进行兼防。在幼虫数量多时，采用专门的药物防治，可用90%敌百虫结晶、50%杀螟硫磷乳油、50%敌敌畏乳油、25%喹硫磷乳油1 000~1 200倍液，或2.5%敌杀死乳油、20%氰戊菊酯乳油、2.5%功夫乳油、10%氯氰菊酯乳油2 000~3 000倍液，或1%7051杀虫素乳油2 000~2 500倍液，或50%保棉安乳油1 500~2 000倍液喷雾。

4. 机械化采收

防风采收一般在第2年的10月下旬至11月中旬或春季萌芽前采收。春季根插繁殖的防风当年可采收；秋播的一般于第2年冬季采收。防风根部入土较深，松脆易折断，采收时须从畦的一端开深沟，顺序挖掘，或使用药材收获机收获。根挖出后除去残留茎叶和泥土，运回加工。

（二）生产管理

秋季进行秋整地、深翻、起垄，垄距130cm。使用自制悬空播种机播种，种子要均匀播撒在地表面，确保出苗率。

（三）应用效果

1. 减药效果

本模式与周边常规生产模式相比，减少化学农药防治次数2次，减少化学农药用量10%，农药利用率提高10%。

2. 成本效益分析

亩生产成本3 500元，亩产量150kg，亩收入12 000元，亩纯收入5 000元，适合发展的适度经营规模0.2万亩。

3. 促进品质提升

本模式检测防风的升麻素苷和甲基维斯阿米醇苷含量达到0.969%，高出常规生产含量0.3%。

（四）适宜区域

依安县及齐齐哈尔周边产区。

（卞海）

浙江省磐安县浙贝母农药减施增效技术模式

一、浙贝母种植农药施用现状

浙贝母是浙江传统道地药材"浙八味"之一。浙江省作为全国浙贝母的主产区，种植面积和产量约占全国的90%以上。磐安县是浙贝母的传统产区，2019年种植面积为2万亩。由于生产规模的扩大和常年连作，浙贝母在种植过程中出现的病虫害问题日益突出，盲目和过度使用农药会造成产品药物残留过高，从而对浙贝母的质量安全造成隐患，严重影响当地中药材产业的持续健康稳定发展。

（一）常见病害及防治方法

1. 灰霉病

（1）症状　浙贝母的茎、叶、花和果实均能受害。发病初期，叶片出现黄褐色小点，不断扩大成椭圆形或不规则形的褐色病斑。其边缘有明显的水浸状环，墨绿色，病叶逐渐褪绿，呈黄色，后全叶枯死。茎部一般多从病叶经叶基延及茎秆而发病，出现灰色长形大斑。花被害后淡灰色，干缩不能开放，花梗淡绿色干缩，幼果暗绿色干枯，较大果实初在果皮、果翼上生有深褐色小点，扩大后干枯。在阴雨天，植株各部被害后，可长出灰色的灰霉状物。

（2）发生规律　该病是一种真菌性病害，病原菌为半知菌亚门灰葡萄孢菌，病菌主要以菌丝体在腐烂的残体上和菌核落在土壤中越冬。在早春，低温（20℃左右）、潮湿天气对孢子的形成、萌发与侵染有利，菌丝体和菌核直接产生大量分生孢子，通过风雨、气流在株间迅速传播为害。通常从3月开始发病，4月以后，只要有持续的阴雨天，为害不断地加重。栽培上浙贝母连作、田块地势低洼、种植密度大、湿度重、植株生长不良，均易发病。

（3）化学防治　发病初期可选用50%啶酰菌胺水分散粒剂1 000倍液，50%异菌脲可湿性粉剂1 000倍液，或40%嘧霉胺悬浮剂500倍液均匀喷雾防治，发病较为严重时可选用42.4%唑醚·氟酰胺悬浮剂1 500倍液，或25%吡唑醚菌酯悬浮剂1 500倍液防治。

2. 枯萎病

（1）症状　主要为害浙贝母地下鳞茎。被害鳞茎呈"蜂窝状"，或呈"青屁股状"，鳞茎基部或侧面表现青黑色斑，或腐烂成黑褐色至青色大小不等的空洞。鳞茎维管束被害，其横断面有褐色圈。发病轻的仅见粗糙变色斑。带菌的种鳞茎常不能出芽或长出黄弱的植株，甚至枯死。在植株生长后期，病害能从母鳞茎蔓延到子鳞茎。

（2）发生规律　该病是一种真菌性病害，病原菌为镰刀菌。病菌主要通过伤口侵入寄主，各种地下害虫的为害均为镰刀菌的侵入提供了有效途径。病菌以其菌丝体、孢子及厚垣孢子通过菌土转移传播，带病种鳞茎可做较远距离的传播。

（3）化学防治　播种前剔除破损种鳞茎，并用2.5%咯菌腈悬浮种衣剂或25%咪鲜胺乳油1 000倍液浸泡30min。

3. 软腐病

（1）症状　主要为害浙贝母地下鳞茎。受害鳞茎顶部或其他部位出现水渍状褐色斑，很快向周围和深处扩展，鳞茎全部腐烂呈黏滑性软腐状，仅留下空壳外皮。在腐烂过程中，由于次生微生物的作用，常产生恶臭。

（2）发生规律　该病是一种细菌性病害。病原物为欧文氏菌属的胡萝卜软腐亚种。原地越夏留种的浙贝母，在梅雨季节（5—6月）与伏季（8月）多暴雨、田间地势低洼积水、土壤黏重、通气条件差的情况下，由于鳞茎经常淹水缺氧，产生的伤口不易愈合，软腐病发生较重。地下害虫发生严重时会加重发病。起土鳞茎室内贮藏越夏，如鳞茎过嫩，在贮藏前未充分摊晾，虫斑与伤口未愈合，或供贮藏的沙土湿度过大，以及鳞茎本身带菌或混杂有病残组织等因素综合影响下，均可导致贝母软腐病的发生为害。在田间往往发生在渍水潮湿处，室内一般在通风差或堆放过厚时发生。

（3）化学防治　选用健壮无病鳞茎播种，发病初期用40%噻唑锌悬浮剂500倍液喷雾，或80%乙蒜素水剂1 000倍液灌根使用。

（二）常见虫害及防治方法

1. 蛴螬

（1）发生规律和症状　蛴螬为害以春、秋两季最重，成虫在5月中旬出现，傍晚活动，卵散产于较湿润的土中，喜在未腐熟的厩肥上产卵，幼虫孵化后在土中为害寄主根茎，10月开始下移越冬。蛴螬在4月中旬开始为害浙贝母鳞茎，被害鳞茎成麻点状或凹凸不平的空洞状。此外，因蛴螬造成的伤口还可诱发病害。由于浙贝母生长从当年 9 月下旬种植至次年 5 月上旬采收，处于气温比较低的阶段，所以虫害不是特别严重。

（2）化学防治　浙贝母播种时选用 3% 阿维·吡虫啉颗粒剂 2 000~3 000g/亩或 50% 辛硫磷颗粒 4 000~8 000g/亩撒施。

2. 跳虫

（1）发生规律和症状　在浙贝母生长前期（秋季鳞茎下种后），主要为害地下种鳞茎。首先在底盘茎周围，取食腐殖质及带伤口的幼嫩组织，使伤口处扩大，腐烂加重，幼根组织很难形成，出现不长根或少根的僵鳞茎种，在穴内使种鳞茎腐烂变色，春季不能出苗。在浙贝母生长中期（翌年 2—3 月春季出苗期），主要为害贝母底盘茎，致使茎腐烂，根系不发达，出苗缓慢，不整齐，缺苗、缺苑现象严重，形成黄矮僵苗，生长不一致。在后期（4—5 月鳞茎膨大期），主要为害贝母底盘茎及鳞球，由于底盘茎根系生长不旺盛，吸肥能力差，造成茎叶生长细弱，抗逆性差，苗易倒或早枯，新生鳞球茎变色腐烂等。

（2）化学防治　在发生高峰期，可选用 41.7% 氟吡菌酰胺悬浮剂 1 500 倍液喷雾使用。

二、浙贝母农药减施增效技术模式

（一）核心技术

本模式的核心内容主要包括"优良品种+综合防治+绿色防控"。浙贝母生产中病虫害的防治应遵循"预防为主、综合防治"的原则，使用种源筛选、土壤处理、种鳞茎药剂处理、水旱轮作、平衡施肥、秸秆覆盖等农业措施，避雨栽培、黄板诱杀等物理措施，芽孢杆菌等生物措施，合理使用高效低毒化学药剂防治。

1. 优良品种

品种选择在适推地区表现较好的浙贝 1 号、浙贝 3 号，种鳞茎选用抱合紧密、芽头饱满无损、无病斑、健壮的异地种源。特点是其田间表现对灰霉病、枯萎病、软腐病等抗性较强，适应性强，丰产性好。

2. 综合防治

（1）土壤处理　浙贝母种植选择疏松肥沃、排水良好的微酸性或近中性沙质壤土；连作的田地在种植前采用氰氨化钙（石灰氮）、土壤调理剂等进行土壤处理。

（2）种鳞茎药剂处理 采用25%咯菌腈悬浮种衣剂或42.8%氟菌·肟菌脂悬浮剂拌种，现拌现用，注意安全，做好种鳞茎拌种消毒工作。

（3）科学施肥 使用蚕沙、菜籽饼、商品有机肥或经充分腐熟的农家肥等有机肥作基肥。齐苗肥、花后肥选用三元复合肥（N+P$_2$O$_5$+K$_2$O≥45%），用量控制在每亩10kg以内，生长茂盛的应少施氮肥。鳞茎膨大期（3月中旬至4月下旬），可视长势使用磷酸二氢钾喷施1~2次，用量为每亩100g兑水50kg。

（4）合理用药 在2月中下旬开始使用啶酰菌胺、嘧霉胺、异菌脲等高效低毒药剂防治灰霉病，至4月上旬止，每间隔10~15d用药1次。壮根灵、膨大素等植物生产调节剂类农药和国家禁止使用的高毒农药品种一律不得使用。

3. 绿色防控

（1）实行轮作 前作以禾本科和豆科作物为宜，提倡水稻与浙贝母轮作。

（2）合理密植 浙贝母种植时注意间距，避免过密，影响通透性。同时覆盖稻草或大豆秸秆等进行保墒、防冻和除草，深沟高畦、清沟排水等进行防渍。

（3）物理防控 采用杀虫灯、色板等诱杀金龟子等成虫。利用大棚进行浙贝母避雨栽培。夏季空闲的田地可以利用高温，采用透明地膜覆盖15~20d，进行土壤高温处理等。

（4）生物防控 保护和利用青蛙、蛤蟆、蜘蛛等昆虫天敌，控制虫害的发生和为害。应用芽孢杆菌等生物农药或微生物制剂及其代谢产物产品防治病虫。

（二）生产管理

播前准备（9月底前）：选择疏松肥沃，排水良好的田块，微酸性或近中性的沙质土壤，翻耕时施入基肥。田块需要消毒的，可在播种前10d用石灰氮进行消毒。

1. 播种期（9月中旬至10月下旬）

（1）整地 土地深翻25~30cm，碎土耙平，做龟背形畦，畦宽连沟100~120cm，沟宽25~30cm，沟深20~25cm。亩用种量以250~450kg为宜。

（2）播种 在畦上开沟，沟底摆放鳞茎，芽头朝上，覆土5~7cm。

（3）覆盖 播种后畦面覆盖稻草、芒萁、豆秆等，保持土壤湿润，做好排水工作。

2. 出苗期、苗期（12 月至次年 3 月上旬）

保持土壤湿润，做好排水工作和中耕除草，2 月中下旬起开始防治灰霉病。

3. 花期（3 月上中旬）

做好雨天排水和摘花打顶，打顶后及时喷药保护。

4. 鳞茎膨大期（3 月中下旬至 5 月）

（1）保持土壤湿润，做好雨天排水。

（2）做好病虫害防治。

（3）视生长情况施肥或叶面追肥。

5. 采收期（5 月）

在 5 月上旬以后，待浙贝母地上部分茎叶完全枯萎后选择晴天采挖，采收时注意防止铲破地下鳞茎。

（三）应用效果

1. 减药效果

本模式与周边常规生产模式相比，减少化学农药防治次数 4 次以上，减少化学农药用量 50%，农药利用率提高 80%。浙贝母灰霉病平均发病率控制在 5% 以下，枯萎病平均发病率控制在 2% 以下。

2. 成本效益分析

亩生产成本 6 800 元，亩产量（干品）330kg，亩收入 13 200 元，亩纯收入 6 400 元，适合发展的适度经营规模 2 万亩。

3. 促进品质提升

本模式下生产的浙贝母，无农药、重金属残留风险，其有效成分（贝母素甲、乙）含量在 0.12% 以上，比常规模式高 20 个百分点。

4. 生态与社会效益分析

生态效益方面，通过实施该生产模式，土壤的 pH 值得到了有效调节，同时，土壤的缓冲能力和稳定性得到增强。有机肥施入后，有利于改善土壤理化状况和生物特性，增强土壤的保肥、供肥能力，提升农产品的品质，提高肥料利用率。

社会效益方面，在进行模式示范集成的同时，通过示范带动和技术培训，形成可复制可推广的规范化生产技术模式，既保证了浙贝母产品的质量安全，又能促进农业增效、实现农民增收，有效推动当地中药材产业的健康稳定发展。

(四)适宜区域

浙江省磐安县及周边产区。

(宗侃侃、何伯伟)

安徽省宁国市宁前胡化肥减施增效技术模式

一、宁前胡生产化肥施用现状

安徽省宁国市是全国最大的白花前胡药材道地产区，清代就享有"宁前胡"之称。2010年，宁国市获得"中国前胡之乡"称号、农业农村部"农产品地理标志"认证。2018年，国家工商总局商标局注册登记了宁前胡地理标志证明商标。目前，全市种植面积2万余亩，主要集中在中溪、万家、宁墩、梅林、南极、霞西、胡乐等乡镇，其中，宁墩镇的吉宁村，中溪镇的芦溪、九岭、石坑，万家乡云山村，胡乐镇的竹川村已经发展成为户户种药的"前胡村"。近年来，当地药农为了获得更高的产量和经济效益，常常过量施用化肥，不仅增加种植成本，还引发环境污染，甚至造成前胡药材质量的下降。

(一)化肥施用量较大

近年来，药农普遍存在重产量轻质量的现象，前胡药材种植过量使用化肥，盲目追求高产。DB34/T 2062—2014《宁前胡栽培技术规程》中要求每亩施用有机肥1 000kg，硫酸钾复合肥30~40kg。然而，在实际生产中几乎无人施用有机肥，个别地方的化肥施用量增加，每亩施用复合肥达150kg，虽然前胡药材产量增加，但是药材的有效成分含量显著降低，品质下降。同时，长期大量施用化学复合肥，土壤有效磷、速效钾形成富集效应，土壤交换性钙镁大量富集，土壤中钾钙、镁钙严重失衡，也导致土壤耕层变浅、耕性变差、土壤板结和养分失衡等现象。

(二)肥料利用率较低

宁前胡以根入药，抽薹开花后根部木质化，失去药用价值，因此前胡要控制好施肥时间，减少地上部营养生长及生殖生长，控制抽薹开花，促进根部生长。过早过量施肥易促进前胡开花，部分农户为减少劳动量，在 7 月中下旬一次性追施较大量复合肥，遇到高温高湿天气极易造成土壤盐渍化，引起前胡死亡；或没有根据前胡生长发育不同阶段的需肥量和规律进行合理施肥，造成化学肥料的损失。调查统计，宁前胡的肥料利用率普遍低于 30%，化肥利用率低的原因主要如下。

一是为了追求更高的产量和经济效益，生产中药农的施肥量普遍较高，这是导致宁前胡肥料利用率偏低的主要原因。因此，如果能够改变药农现有的施肥习惯、改进施肥技术，根据前胡的需肥量和规律进行合理施肥，将能够在保证产量和质量的前提下，降低潜在的肥料损失风险，提高肥料利用率。

二是地处皖南地区，7—9 月为前胡追肥期，降水量大，且前胡多种于山地，坡度大，极易产生地表径流和养分淋溶而导致肥料大量损失，这也是造成肥料利用率低的另一重要原因。

三是前胡追肥方式为撒施，一次性追施大量肥料，导致肥料养分随水分流失，不能被前胡根系吸收，降低了肥料利用率。

四是宁前胡需肥规律研究较少，缺少合理的肥料配方，无前胡专用肥，药农目前使用"15-15-15"的硫酸钾复合肥，导致肥料养分不能充分利用，也降低了肥料利用率。

二、宁前胡化肥减施增效技术模式

（一）核心技术

本模式的核心内容主要包括"优良品种+合理的配方平衡施肥"。

1. 优良品种

选择 2~3 年生、生长健壮、无病虫害、籽粒饱满的前胡果实作种，宁前胡种子质量必须符合安徽省地方标准 DB34/T 3157—2018《中药材种子 前胡》中规定的良种标准要求。

2. 合理的配方平衡施肥

（1）肥料种类 以有机肥为主，有机肥包括腐熟的人畜粪便等农家肥、饼肥、作物秸秆、火土等。化学肥料以控制磷肥为核心，配以合理的氮、钾水平，中等肥力药田施用纯氮 7.5kg/亩、纯磷 3.5kg/亩、纯钾 5kg/亩，氮、磷、钾比例为 2：1：1.4。

（2）基肥　每亩施用腐熟后无害化的有机肥 1 000kg，或商品有机肥 250kg，也可施腐熟的饼肥 150~200kg，均匀撒施后翻耕入土。

（3）追肥　在 4 月下旬至 5 月初，宁前胡幼苗生长较差时，每亩可追施硫酸钾复合肥 10kg，苗情较好时不用追施。7 月底至 8 月初进行第 1 次追肥，一般亩施硫酸钾复合肥 20kg 左右，8 月底至 9 月初视宁前胡长势进行第 2 次追肥，亩施硫酸钾复合肥 5~15kg。施肥不宜过早，防止早抽薹。

（二）田间管理

1. 整地

野生前胡耐寒、耐旱、怕涝，为 2 年生植物，生长对土壤要求不高，以肥沃深厚腐殖土最为适宜。一般土壤都可种植，最好选择土层深厚、疏松肥沃、排水良好的地块，透气性好，有一定荫蔽的缓坡地。仿野生种植地选在与山核桃幼苗林、山坡桑地和板栗林等，与之套种或混种。选择土层深厚、疏松肥沃、排水良好的山地，有一定的荫蔽的缓坡地，可选择经济林下种植。不需要特殊整地。

2. 播种

在 12 月上旬开始播种育苗，称冬播；或第 2 年 3 月上旬至清明节期间播种，称春播。按照每亩 1kg 种子进行播种，种子均匀撒播于畦面，然后用竹扫帚轻轻扫平，使种子与土壤充分结合。先用水选法取出水中沉下的饱满种子，播前用 40℃温水浸种 24~30h，捞起沥干水，然后均匀播入种子。

3. 中耕除草

宁前胡萌芽出土和在生长期间，应经常松土除草，尤其是雨后初晴要及时中耕松土，保持表土不板结。中耕时，切忌伤及根部。入冬后对外露的宁前胡根部，要加强培土，防止冻伤。

4. 灌溉排水

宁前胡耐旱，不需要灌溉，利用山区的自然雨水即可。宁前胡怕涝，积水时间过长易烂根，故雨季要做好排涝工作。

5. 折枝打顶

为了促进宁前胡的根部生长，提高产量，对 1 年生和 2 年生前胡不留种的植株在抽薹早期进行打顶，以防花芽形成，打顶应选在 4 月上旬进行。

6. 病虫害防治

根腐病和蚜虫是宁前胡主要病虫害。防治原则以预防为主、综合防治，农业防治为主、化学防治为辅。深沟高畦，充分做好水分管理，及时清除病株病叶，消灭病虫源，在6—9月用频振式杀虫灯诱杀各类害虫。

7. 采收

宁前胡最佳采收期在冬至后至第2年萌芽前，一般从11月底开始到清明节前结束。挖取未抽薹的宁前胡根，齐芦头去掉茎叶，除净泥土，摊晒或低温烘干，搓去细根须即可出售。

（三）应用效果

1. 减肥效果

本模式与周边常规生产模式相比，减少化肥用量30%～40%，氮肥利用率提高10%左右，钾肥利用率提高约15%，宁前胡药材的产量和质量较稳定。

2. 成本效益分析

利用宁国市荒山和山核桃幼林种植前胡经济效益显著，亩产鲜前胡300kg，按均价6元/kg计算，亩产值在0.18万元左右，除去生产成本500元/亩，亩均纯收益在0.13万元左右；利用农田进行种植业结构调整种植前胡，亩产鲜前胡平均700kg，按均价6元/kg计算，亩产值在0.42万元左右，除去生产成本0.2万元/亩，亩均纯收益在0.22万元左右。

（四）适宜区域

适宜皖南山区的前胡药材产区种植。

（窦春英、杨平）

安徽省金寨县天麻农药减施增效技术模式

一、天麻种植农药施用现状

金寨县位于大别山腹地，自然环境适宜天麻生产，野生天麻历史悠久，自20世纪90年代引进天麻有性繁殖生产技术以来，生产规模迅速扩大，2019年，全县种植面积为 5 140 亩，年产量达 2 万 t，成为全国天麻生产大县。由于金寨县天麻长期规模化种植，为害天麻生长发育的病虫害不断出现，主要病害有由真菌引起的天麻块茎腐烂病；主要虫害有蛴螬、白蚁、螨虫。近年来，在天麻病虫害防治中，局部地区以喷洒农药为主，由于病害为害严重和害虫抗药性增强，用药量偏大，农药残留风险大，严重影响天麻药材的品质。

（一）常见病害及防治方法

天麻块茎腐烂病

（1）症状　杂菌侵染菌材，抑制天麻生长的共生蜜环菌生长，导致天麻块茎生长发育不良，影响产量。杂菌感染严重时，侵染了天麻块茎，导致块茎的皮部萎黄，内部组织腐烂成稀浆状，最终因腐烂空壳死亡。

（2）发生规律　引起天麻块茎腐烂主要为根霉菌、黄霉菌，通过菌材和土壤传播。一般在每年 7 月中下旬，由于高温高湿，土壤的透气不良等，侵染天麻菌材或土壤的霉菌等杂菌，在菌材上呈扇形绒状生长，抑制了蜜环菌的生长，严重时进一步侵染天麻块茎。

（3）化学防治　用 0.1% 高锰酸钾溶液、多菌灵等处理感染杂菌的菌材，或用 1% 的石灰水浸泡菌材 12h。

（二）常见虫害及防治方法

1. 菌螨

（1）发生规律　菌螨俗称"菌虱"，主要为害天麻蜜环菌的栽种菌，多年的养菌室易发生菌螨。一般将接种后的菌袋移放在养菌室，在 22~24℃ 下培养 20d 左右，菌螨侵害菌袋，造成菌袋内不发菌或发菌后出现"退菌"现象，导致培养料变黑腐烂。

（2）化学防治　在菌袋培养前，按照每立方米 3~4 片磷化铝对养菌室进行熏蒸杀虫。

2. 蛴螬

（1）发生规律　蛴螬幼虫主要在土壤中越冬，毁坏菌材和天麻块茎。一般每年的 7—10 月，蛴螬幼虫在天麻窝内取食天麻块茎，将天麻咬成空洞，破坏正在发育的天麻顶芽。

（2）化学防治　用 5% 辛硫磷颗粒剂、5% 地亚农（二嗪磷）颗粒剂适量撒施栽培地面，同时用毒辛颗粒剂撒施菌材表面。

3. 白蚁

（1）发生规律　在天麻栽培过程中，白蚁的为害方式不同。在培养菌材初期，白蚁主要为害蜜环菌种，导致培养菌材失败；在蜜环菌种萌发侵染木质部后，白蚁啃食蜜环菌材木质部，致使菌材成为丝瓜络状，无法分解木质素转化营养供天麻生长，造成天麻严重减产。

（2）化学防治　在栽培天麻前，用杀白蚁饵剂（0.5%氟铃脲饵剂）诱杀，或在白蚁经常出没的蚁路上投放杀白蚁膏（0.8%胺菊酯+0.04%顺式氯氰菊酯），既可防白蚁又能毒杀白蚁。

二、天麻农药减施增效技术模式

（一）核心技术

本模式的核心内容主要包括"优良菌材+天麻良种+绿色防控"。

1. 优良菌材

菌材是天麻生长的营养基础，其质量直接影响天麻产量和质量的高低。菌材由蜜环菌与阔叶林的木材组成，本技术选用蜜环菌由中国医学科学院药用植物研究所研制的"a9"蜜环菌的优良菌种，适合金寨县气候环境生长的良种，具有抗杂菌和抗逆特性。选用木材主要为麻栎、青冈适宜树种。

2. 选择天麻良种

近年来，选育和推广的"金红天麻"和"金绿天麻"优良品种，是2012年金寨县选育并通过鉴定的适宜当地种植的优良品种，在海拔350~700m范围内种植，具有高产、抗逆性强的特性。

3. 绿色防控技术

（1）防杂菌适熟菌材培养技术　用"一种室内养菌栽培天麻的方法"的授权专利技术培养蜜环菌材，在培养室内培养成无杂菌、无虫害、长上蜜环菌菌索的适熟菌材。本技术选用直径3~5cm麻栎、青冈、桦香等阔叶硬杂木，采取砍伐→锯段→装袋→扎口→灭菌→接种→养菌→剔杂等工艺流程，进行菌材室内控湿、控温培养，有效防止杂菌感染而造成的根腐病，改变蜜环菌、木材与种麻同时下窖栽培的传统种植模式，避免施用大剂量化学农药进行防菌。

（2）物理防治虫害　通过培养室内环境清理而清除菌螨。采取天麻菌种厂远离垃圾场和养殖场；禁止在菌种厂内长期堆放棉籽壳等易于螨虫繁殖的物品，根除螨虫滋生的环境。

将栽培天麻地提前 3 个月灌水浸泡，趋离害虫或淹死害虫及虫卵。放水晾干后，用新挖砂质土壤在种植天麻地铺成 40cm 厚的栽植天麻畦。天麻栽植基地面上，按 4m² 见方密度，用糖水加氟虫腈炒麦麸，或糖水加杀白蚁饵剂诱杀白蚁、蛴螬等地下害虫。

诱杀蛴螬成虫。蛴螬的成虫是金龟子，具有趋光性，在距离天麻栽培场地 50m 左右的地方，安装一半绿光，一半黑光的黑绿单管双光灯，诱杀成虫，减少蛴螬产卵量，进而减少蛴螬数量。

（二）生产管理

选择沙质土壤，地块间落差 1m 左右种植天麻，改善通风和排灌条件。每年 2—3 月选择完整、新鲜、无创伤、无病虫害、有性繁殖零代天麻籽作为种麻，与适熟菌材同窖栽培，覆土 10cm，地面搭建遮阳棚，或在畦面套种芝麻等高杆作物遮阴，防止夏天高温对天麻生长发育的为害。

天麻无性繁殖分冬栽和春栽两种，冬栽在 10—11 月，春栽在 3—4 月。经验表明，晚秋栽麻最好，即天麻休眠期间，宜采取无性繁殖的方式来栽培。生产中常选择完整新鲜、无创伤、无病虫害的白麻或米麻作为种麻。栽培方法主要有菌床种植法、菌材伴栽法和菌材加新材法 3 种。

1. 菌床种植法

挖开培育好的固定苗床，除最底层菌材不动外，将上层菌材全部取出，以 10cm 为间隔栽种麻种。麻种应栽在菌材两端及侧边紧靠菌棒的位置，使麻种的生长点向外生长，一般每根菌棒上栽种 3~5 个麻种。栽种后，用沙土填实空隙，盖上 1 层树叶，再在同样的位置栽种第 2 层菌材，最后盖土 15~20cm，覆树叶压实。若菌材充裕，可在第 3 层上方摆放 1 层新材，以备翌年使用。

2. 菌材伴栽法

挖坑，整平沟底后，撒铺 10cm 厚腐殖土或湿树叶，平摆菌材，菌材间相隔 5~8cm，把麻种贴靠在菌材菌索上，用腐殖土填实空隙。

3. 菌材加新材法

在菌材紧缺的情况下或种植经验成熟时可采用此法。挖坑填湿树叶后，将菌材和新材相间摆放，填半沟土，材间间距和麻种的摆放同菌床种植法。在菌材和新材的空隙处夹放树枝和菌枝树根，用土覆盖压实后，再盖 15～20cm 沙土压实，覆落叶杂草保湿。

大田竹架草棚栽培天麻，应在暴雨过后，疏通排水沟渠，及时排水。秋涝对天麻生长的影响较大，很容易造成新生幼嫩天麻的腐烂。因此，9 月下旬至 10 月应在栽培地开挖排水沟防涝，10 月下旬减少或停止人工浇水，切忌秋季天麻生长"宁可干旱而勿涝"。

（三）应用效果

1. 减药效果

本模式与周边常规生产模式相比，明显减少灭菌、杀虫化学农药的用量，一般不用杀菌剂。

2. 成本效益分析

亩生产天麻成本 3 万～5 万元，亩产量 4 000kg，亩收入 10 万多元，亩纯收入 2 万～5 万元。金寨天麻栽培大户等适度规模 50 亩左右，全县天麻栽培规模约 1.5 万亩。

3. 促进品质提升

本模式下生产的天麻质量稳定，天麻商品药材的天麻素达 0.38%，比常规模式的天麻药材中天麻素含量高。

4. 生态与社会效益分析

该生产模式在天麻种植上推广应用，显著减少化学农药的使用，达到改善生态环境目标。

同时，大别山区发展天麻特色中药材产业，能够提高山区群众的经济收入，对于产业精准扶贫有积极的推动作用。在天麻种植区，实施产业套种和林下种植经济，有利于提高土地的综合利用效率，提升天麻种植的品质与道地性，推进产业技术创新，变资源优势为产业优势，将促进安徽省大别山中药资源产业健康发展。

（四）适宜区域

大别山地区。

（周其书）

安徽省栝楼化肥农药减施增效技术模式

一、化肥施用现状

栝楼又称瓜蒌，葫芦科多年生草质藤本。其果实、果皮、根、籽均可入药，药名瓜蒌、瓜蒌皮、天花粉和瓜蒌子。栝楼适应性强，在全国多地都有种植，种植区域广泛，尤其适宜利用山区、丘陵等地小规模分散种植，耐粗放管理，种植效益稳定。安徽是我国主要的栝楼发源地之一，近年随着栝楼籽休闲食品的开发，种植效益大幅度上升，产业迅速壮大，以安徽为核心向周边江苏、浙江、江西、河北、山东、湖南、湖北、四川等地拓展，截至目前，安徽省种植面积约10万亩。

目前，栝楼主要的栽培模式是以收获地上果实与种子为目标的棚架式栽培，品种不同，定植密度200~300株/亩，3~4年换茬，每年出苗到收获生长期200余天。

（一）化肥施用量大，利用率低

目前，生产上普遍采取增施化肥以获得高产和高收益，绝大多数栝楼产区年生长周期化肥施用量为尿素 5~10kg/亩、高浓度复合肥（17-17-17）150~250kg/亩、硼肥 1kg/亩、锌肥 1kg/亩、磷酸二铵 25~30kg/亩，折合为 N 32.3~52.5kg/亩、P_2O_5 38~57.5kg/亩、K_2O 25.5~42.5kg/亩。

栝楼生产中，肥料多数采用穴施，深度10cm左右，遇干旱天气，肥料难以释放，遇上大雨，肥料流失大，利用率低。

化肥的过量施用，造成植株营养生长过旺，开花结果率低，通风透光不良，病害发生加重，产品品质下降，同时还造成土壤理化性质恶化，土传性病害加重，不仅浪费资源，还造成水体污染和富营养化等，对环境造成污染。

（二）化肥施用成本高，生产效益降低

近3年，栝楼籽生籽市场平均收购价为 36 元/kg，按平均年亩产栝楼籽100kg计算，每亩毛收入3 600元。生产成本主要由架材、种苗费用、农资、人员用工等组成，其中架材一次性建设可使用5~7年，种苗1次引种可种植3~4年，

亩均年生产成本约 2 000 元，其中肥料成本 600~750 元，占总成本的 30% 以上，利润空间变小。

二、农药施用现状

生产上栝楼多采用无性繁殖，随着种植年限的增加，品种退化现象严重，病虫害的种类增多，发生程度也逐渐加重，加之化肥的大量使用，土壤结构破坏，有益微生物减少，一些土传病害如根腐病、根结线虫病日趋严重。主要病害有真菌病、细菌病、线虫病、病毒病几大类，主要虫害有蚜虫、红蜘蛛、蓟马、瓜绢螟、黄守瓜、菱斑食植瓢虫、斜纹夜蛾、瓜藤天牛等。目前，栝楼病虫草害主要依赖化学防治，但防控过程中农药的不合理施用、乱用现象十分普遍，严重影响了栝楼籽的品质和安全性，并带来了严峻的环境问题，制约了栝楼产业的可持续健康发展。

（一）农药依赖度高、用量大

栝楼生长期长，病虫害种类多，特别是规模化生产中，病虫害发生较重，种植户长期、大剂量的使用单一农药进行防控，特别是虫害防控方面长期施用吡虫啉、菊酯类、阿维菌素等化学药剂，在杀灭害虫的同时，也杀灭了大量有益昆虫和微生物，不仅导致生物多样性遭到破坏，自我调节能力降低，还易造成害虫产生抗药性，防治效果下降，继而导致用药量进一步增加，形成恶性循环。

（二）防治不科学，防效不高

1. 防控时间把握不当

病虫害发生初期没有及时防控，大面积爆发后，需大剂量、多频次施药，用药成本增加，防治效果差。如栝楼炭疽病，田间暴发后，需进行至少 2~3 次的防治。如果在高温高湿季节提前 1 次田间防控，能有效减少病害发生，可节省人工及农药成本 40~50 元/亩。

2. 农药选择不当

随着种植年限和区域的增加，栝楼病害的种类出现新的变化，种植户对新发病害认识不足，盲目选择农药，防治效果差甚至完全无效。农药的不合理应用，不但造成产品的安全隐患，对环境也产生了严重的影响。

3. 机械喷药应用不足

目前，种植户的施药多选用小型手动或电动喷雾器，但栝楼花果期植株生长旺盛，棚架上方叶片层叠，普通喷雾器很难穿透，药剂施用不均匀，防治效果差。

三、栝楼化肥农药减施增效技术模式

（一）核心技术

本模式的核心内容主要包括"品种选择+肥水合理运筹+病虫草害综合防控"。

1. 选择高效、高抗品种

近年选育推广的"皖蒌17号"属典型的省肥节药的高产品种，特点是生长势适中，连续坐果能力强，高抗真菌性病害等。

2. 肥水运筹管理

以"重施有机肥，前促后控，增施微肥"为主的肥料运筹技术和"早湿、后控、防积水"的水分管理技术，提倡采用水肥一体化的滴灌系统，提高水肥利用率，减少化肥施用量，提高植株抗性和产品品质。具体措施如下。

根据栝楼生长特性，分阶段进行肥料的施用。

（1）基肥　以有机肥为主，每亩施腐熟饼肥100kg或其他商品有机肥料200~300kg，45%（15-15-15）硫酸钾复合肥50kg，磷酸二铵20kg，优质硼砂1kg，硫酸锌1kg，距块根40cm以上穴施或沟施，深度15cm以上。

（2）提苗肥　出苗20~30cm时，在距离苗30cm处，穴施尿素5kg/亩或滴灌冲施平衡型（20-20-20）水溶肥2~5kg/亩。

（3）花果肥　6—8月，距离根部50cm外每亩沟施或穴施腐熟饼肥50kg，加45%（15-15-15）硫酸钾复合肥50kg，或滴灌冲施高钾型（12-5-42）水溶肥2~5kg/亩。果实膨大期，结合喷药，加入0.2%磷酸二氢钾或其他叶面肥及微量元素肥等（按照说明书施用），花果后期禁止施用氮肥。

（4）水分管理　栝楼喜湿怕涝，适宜采用地膜覆盖结合肥水一体化滴灌。出苗前后保持土壤潮湿，雨季要及时清沟排水，严防积水，干旱时要及时浇水。

3. 病虫草害综合防控

"选择抗病品种+农业栽培措施+物理防控+精准防治+高效器械的使用"病虫草害综合防控技术，在高效防控的基础上，减少化学农药的使用量及施药次数。具体措施如下。

（1）种苗选择　选择抗病品种和健康的种苗。

（2）农业及栽培措施　冬季清园，及时清理病、老、残枝；起垄、棚架栽培，合理定植密度，增强通风透光；使用地膜、地布、生草等覆盖方式以及架下养殖禽类进行草害防控。

（3）物理防控　使用蓝、黄色板诱杀蓟马、蚜虫、黄守瓜、瓜实蝇等害虫，使用黑光灯及性诱剂诱杀瓜绢螟、天牛等害虫。

（4）精准防治　利用病害检测及病虫测报技术，进行病虫害的预测预报，使用广谱、高效、绿色的化学农药及生物农药进行病虫害的精准防控。

（5）高效器械　使用包括静电喷雾器、无人机、热雾机等高效施药器械进行防控，提高作业效率、减少农药施用量的同时增强防效。

（二）生产管理

1. 选地与整地做畦

选择地势平坦、土层深厚、疏松肥沃、排灌方便、交通便利的向阳地块，壤土、沙壤土为宜。较黏重的土壤入冬前深翻土地 30cm 以上，前茬以大宗农作物为宜，忌林木、瓜类及茄果类蔬菜，按行距 3~3.5m（沟宽 0.5~1m）做畦，土壤黏重且雨水较多的区域做成 50~60cm 的高畦，雨量较少且土壤保水性较差的地区可以做成 15~30cm 的畦。

2. 搭建棚架

立柱可就地选材，采用木柱、毛竹或水泥杆等，原则是棚架牢固。水泥杆为 3m×3m 见方立柱，柱上端选用不锈钢钢丝或钢绞线，拉成 1.5m×1.5m 的方格，然后在上面覆盖网眼 20cm×20cm 的尼龙网即可。立柱高 2.4~2.5m，四周立柱向外倾斜 30°左右，用地锚或角铁斜拉固定。搭架最好在定植前结束，避免出苗后搭架操作伤苗。

3. 定植

春季尽早定植，考虑各地气候的差异，南方可在春分至清明，北方可在清明至谷雨种植。选择优良品种，块根粗 3cm 左右，长 6~8cm，断面白色无纤维化，无病虫害。每畦定植 1 行，第 1 年栽植密度因品种而异，每亩 200~300 株，第 2 年视品种特性适当间棵。栝楼雌雄异株，按雌雄株 15∶1 左右的比例配置雄株，雄株在田间尽量均匀分布。块根定植深 8~10cm，视墒情，浇水后覆土、覆地膜，也可先铺薄膜，打洞定植，减少破膜用工。

4. 棚架栽培田间管理

（1）植株管理 出苗时及时破膜放苗防烫伤，蔓长30cm左右时，每株保留1条粗壮茎蔓吊蔓扶苗上架，去多余茎蔓和留蔓上侧芽（侧枝）；果实收获后，植株地上叶片90%以上枯死，在离地10cm处割断植株主蔓，同时清除地面和棚架上茎叶，集中处理。

（2）肥水管理 参照前述肥水运筹管理核心技术进行操作。

（3）立体种养 采用栝楼与豆类、半夏、生姜、鸡、鹅等立体种养的方式，建立多样化生态体系，提高综合经济效益。

5. 病虫草害防治

以生态防治、物理防治为首选，结合化学防治，尽量保持农田生态平衡和生物多样性，注意环境保护和保证产品质量安全，具体参照前述病虫草害综合防控核心技术操作。

6. 采收

（1）收瓜 栝楼成熟变色前采下，在通风处晾干即得全瓜蒌。不可在烈日下暴晒，让其自然干燥或烘干。

（2）收籽 果皮金黄色、手感柔软时（一般10—11月）分批采下，并用专用机器漂洗，去除杂质和瘪粒，晒干至含水率13%以下。

（3）收根 冬季植株地上部分枯萎后至春季出苗前挖取根部作为天花粉销售。

（三）应用效果

1. 减肥减药效果

本模式与周边常规生产模式相比，减少化肥用量约40%，化肥利用率提高20%~30%；减少化学农药防治次数3~5次，减少化学农药用量30%，农药利用率提高5%左右。

2. 成本效益分析

年平均亩生产成本1 500元，年平均亩产量150kg，亩收入5 000元左右，亩纯收入3 500元左右。

3. 促进品质提升

本模式下生产的栝楼籽，无病籽、坏籽，籽粒均匀、饱满，商品性佳。

4. 生态效益

栝楼为多年生经济作物，其种植过程也是一个少耕、免耕和节水的农业生产过程。化肥农药减施技术的应用，有助于减少化肥、农药的使用，减轻农业污染，生态效益显著。

(四) 适宜区域

安徽及周边省份栝楼种植区。

（李卫文）

福建省柘荣县太子参农药减施增效技术模式

一、太子参种植农药施用现状

柘荣县是国家生态示范县，也是革命老区、省级扶贫开发工作重点县。柘荣县为"中国太子参之乡"，种植历史悠久，据《柘荣县志》记载"清末，境内就有零星种植"，刘华轩先生所著《中国中药材资源分布》中认定柘荣产太子参为全国同类产品中的优质产品。"柘荣太子参"年种植面积3.5万多亩，产量4 800多吨，全县近85%的农户从事太子参种植、购销等行业，太子参产值占农业产值的40%。"柘荣太子参"2006年被认定为中国驰名商标称号；2008年获国家质量监督检验检疫总局地理标志产品保护；2016年入选福建省"福九味"闽产药材品种名单，发展前景更加广阔。目前，"柘荣太子参"已经成为柘荣农业的一大支柱、农民增收的一大支撑、县域经济的一大品牌。近年来，在当地政府的高度重视下，以农业部门和药业部门牵头，依托药业企业，使得太子参产业得到了长足的发展。但是，太子参病虫害的发生制约着产业的发展，特别是近年来一些次要病害上升为主要病害给太子参产业带来较大的冲击，影响了太子参的产量及品质。当前我国对中药材质量管理严要求，特别对农残超标和重金属污染方面，这就要求在保证产量的前提下提高产品的品质，开展太子参农药减施增效成为当前产业发展的重要任务。

(一) 常见的病害发病症状

1. 太子参猝倒病

(1) 症状　发病初期在幼茎部呈水渍状病斑，继而变黄褐色，后扩展至整个地下茎，引起基部干瘪收缩呈线状。病害发展迅速，幼叶仍为绿色时，幼苗即猝倒。

（2）发病特点　为太子参苗期主要病害之一，一般集中在2月中下旬至3月中下旬，至大田期时，影响不明显。此病害主要由种苗和土壤带毒引起，靠雨水传播。

2. 太子参病毒病

（1）症状　发病轻时，叶脉变淡变黄，常常是浓淡相间形成花叶；发病重时，叶片皱缩，出现斑驳，叶缘常出现卷曲，在苗期发生时常出现植株矮化，顶芽坏死，叶片不能扩展等症状。

（2）发病特点　太子参苗期主要病害之一，主要影响茎、叶，其株发病增长幅度在3月中旬至4月上中旬较快，4月中后旬该病害相对停止扩展。该病害主要以种质带菌为主，还有土壤中存在着病残体、风雨流动及昆虫介体传播等。

3. 太子参叶斑病

（1）症状　发病初期，在叶片上出现小叶斑，随后叶斑慢慢扩大发展成圆形的病斑，发病后期，整张叶片干枯、腐烂，严重的整株枯死，常会大面积的传染，导致整片区死亡，也称为太子参叶瘟病。

（2）发病特点　是太子参叶部主要病害，常在大田中后期发生。一般在3月下旬至4月上旬就出现，5月中下旬达到最高值，在4月中下旬至5月中旬，株发病率幅度较大。该病害以病残体在土壤中越冬，病菌可随雨水、风力、人为操作等农事活动进行传染。

4. 太子参白绢病

（1）症状　主要在茎基部和块根部发生为害，初期出现暗褐色软腐，病部有白色绢丝状菌丝体，当土壤湿度大时，菌丝能附着土壤蔓延其表层，同时叶片表现为叶片从叶缘向内干枯，类似为开水烫枯状，后期在菌丝中形成白色后转为黑褐色菌核，同时引起块根腐烂等症状。

（2）发病特点　属于土传病害，从生长中期开始影响植株直至留种起苗期，尤其在生长后期到留种期影响较大。

5. 太子参紫纹羽病

（1）症状　该病害主要发生在块根及块茎上，初期块根表面缠绕着白色根状菌索，后逐渐变红褐色褐色，形成羽状菌膜，病块根自下而上，从外向内逐渐腐烂，从破裂的裂缝中流出，仅空存"僵壳"，在病叶上表现不明显，与块茎接口处维管束慢慢变成褐色，病部脱皮成纤维状，最后干枯。

（2）发病特点　太子参紫纹羽病属于土传病害，大田中后期及留种期对太子参影响较大，在叶面上表现不明显。种参及遗留土壤病参的菌丝体、菌索、菌核是传病的主要来源，病菌在土壤中可存活3~5年，雨水、肥料及灌溉水均能将病菌传播到无病区中。

6. 太子参根腐病

（1）症状　发病初期，先由须根变褐腐烂，逐渐向主根蔓延，最后导致全根腐烂。随着根部腐烂程度的加剧，地上茎叶自下而上枯萎，最终全株枯死。

（2）发病特点　病菌在土壤中越冬，或块根带病传播。病菌从伤口侵入或直接侵入，4月下旬至6月均可发生。在太子参移栽后春夏季发病重，为害损失大。根腐病的发生为害与地下线虫、根螨为害有关。在土壤湿度大、雨水过多等情况下发病严重。

（二）常见的虫害防治及方法

1. 小地老虎

（1）症状　主要以幼虫为害幼苗，咬断幼苗根茎，形成"缺窝断行"，以4—5月对幼苗为害严重。

（2）防治方法　在为害盛期（4—5月），用炒香麦麸或菜籽饼5kg加90%敌百虫晶体100g制成毒饵诱杀，或用90%敌百虫晶体1 500倍液在下午浇穴毒杀。

2. 蛴螬

（1）症状　在地下啃食块根、咬断幼苗根茎，致使全株死亡，严重时造成缺苗断垄，4月上中旬形成春季为害高峰。

（2）防治方法　在播种或移栽前进行土壤处理，每亩用25%敌百虫粉剂2~2.5kg，或50%辛硫磷乳油150g拌适量细土施用。

3. 蝼蛄

（1）症状　蝼蛄成虫、若虫都在土中咬食刚播下的参种和幼芽，或把幼苗的根茎部咬断，被咬处成乱麻状，造成幼苗凋枯死亡，导致缺苗断垄。

（2）防治方法　3月上旬至4月上旬蝼蛄进入表土层活动，此时是施毒饵的关键时期。药量为饵料的0.5%~1%，先将饵料（麦麸）5kg炒香，用90%敌百虫30倍液拌匀施用。

4. 蛞蝓

（1）症状　均夜间活动，从傍晚开始出动，晚上 22—23 时达高峰，清晨之前又陆续潜入土中或隐蔽处，3—5 月在田间大量活动为害，阴暗潮湿的环境易大量发生，当气温 11.5~18.5℃，土壤含水量为 20%~30% 时，对其生长发育最为有利。

（2）防治方法　采用高畦栽培以减少为害；施用充分腐熟的有机肥，创造不适合野蛞蝓发生和生存的条件；必要时喷洒蜗牛敌、灭棱威或均洒密达或梅塔等颗粒制剂。

二、太子参农药减施增效技术模式

（一）核心技术

本模式核心内容包括"优良品种+合理施肥+绿色防控技术+规范化种植模式"。

1. 优良品种

以农业部门培育的"柘参 2 号"为主推品种，主要特征表现为不开花，俗称"中号种"，要求种苗纯度 98% 以上，芽头完整、饱满、芽短粗，参体肥大、根茎充实、整体低伤、无病虫为主，有效芽在 3 个以上的种参优先。为实现规范化种植、标准化生产，研发脱毒种苗，可有效防止花叶病的发生，达到恢复太子参优良种性的目的，当前研究品种有"天抗 1 号"，已在示范基地进行推广，但尚未投入市场进行推广。

2. 合理施肥

可亩用发酵腐熟的草木灰或堆肥、土杂肥等 1 000~1 500kg，与磷肥 30kg、复合肥 30kg，拌匀，施于种植沟内，茎叶现黄时可追肥 1~2 次，一般以高钾肥为主，1 次亩施用量在 30kg 左右，可根据实际情况酌情增减，追肥不得超过 5 月底。

3. 绿色防控技术

主要包括生态调控、理化诱控、生态防控及科学用药等方面技术运用。实际生产过程中，因虫为害影响相对较轻，因而侧重考虑病害的防治。其中，生态调控技术方面，侧重推广实行轮作制度，选用脱毒抗病品种，土壤、种苗消毒，增施有机肥或生物菌肥，加强田间管理，及时拔除花叶病株等，理化诱控技术、生态防控技术等趋于虫害防控，暂无大面积推广运用，科学用药技术，是当前推广最主要的绿色防控技术，防控严格执行，严禁使用禁用农药、对症下药、适时用药、严格执行农药安全间隔期等，防控实行统防统治，结合病虫情报预测的时间进行适时防控，但因太子参为小宗物种，农药登记品种相对少，根据现阶段福建省对农产品质量管理的相关规定，对未在作物上登记农药应少用或不用的原则，因此暂不体现各病害化学防治具体药剂名称和剂量。

4. 规范化种植模式

种植模式按照中药材 GAP 种植管理模式进行栽种。

（二）生产管理

1. 选地

在海拔 400~1 000m 地区，丘陵山地田地均可，但要求排灌溉方便，地块前作以水稻轮作为主，土壤要求肥力中等以上，不适合选择黏重的土壤；栽种前准备应开沟烤田，深耕晒垄，同时捂灰积造。

2. 栽种

整地整畦，畦面一般整成 80~100cm 的窄畦种植，开种植沟，基肥施用，将准备好的捂灰与过磷酸钙每亩 30kg、三元复合肥（N-P-K = 17-17-17）每亩 30kg 左右拌匀，施于沟内，不与种参接触；种植可在 10 月下旬至翌年 2 月均可，种参亩用量在 30~40kg，田地可适当增加。正常的自然降雨能满足生长需求量。

3. 中耕除草

出苗时可人工小锄，3—5 月植株封行，要人工拔草，5 月以后，停止大草拔除以免伤根。

4. 追肥

可追 1~2 次，第 1 次在齐苗手，亩复合肥用量 30kg 左右，第 2 次追肥视苗情而定，但不得超过 5 月底。

5. 病虫害防治

可根据病虫情报发布的时间或田间观察发现的时间为准进行适时防治，对症下药。

6. 采收

一般在夏至到大暑之间，标准为植株自然枯萎。

（三）应用效果

1. 减药效果

根据病虫预测预报的估算时间适时用药，与周边常规生产相比，可减少化学农药防治次数 1~2 次，减少化学农药用量约 8%，农药利用率提高 12%，病虫害发生得到有效控制。

2. 成本效益分析

亩生产成本约 5 000 元（包括人工投入费用和物化投入费用），亩产量 120~150kg，亩收入可达 7 200~9 000 元，亩纯收入 2 200~3 800 元，在保证市场价格稳定的前提下适合大面积推广。

3. 品质提升分析

本模式下生产出的太子参与其他地区相比产量高，质量好，农残重金属含量低，太子参内含物高，皂干、多糖高于平均水平。

4. 生态与社会效益分析

在生态效益上，通过该模式生产，太子参种植得到规范化，同时提高了药效，降低了农残，减少了污染，增加了收益，有效提高了土地的利用率；在社会效益上，使农户的种植水平得到提高，辐射带动周边种植区域，有利于太子参产业的发展，同时通过该种植模式，推广了绿色防控和统防统治，促进农业综合可持续发展。

（四）适宜区域

柘荣县区域内海拔在 400~1 000m 范围最为适宜。

（黄瑞平）

江西省金溪县黄栀子农药减施增效技术模式

一、黄栀子种植农药施用现状

金溪是"黄栀子"的原产地和主产区。《本草图经》论述"栀子，今南方及蜀州郡皆有之。木高七八尺；叶似李而厚硬，又似樗蒲子，二三月生白花，花皆六出，甚芬芳。"并有 3 幅不同产地栀子的附图，分别为"临江军栀子，江陵府栀子，建州栀子"。五代十国时期江西设建武军、临江军、南安军等，金溪属临江军，临江军中除金溪外，其他县没有大面积种植黄栀子的历史。《中国农业全书·江西卷》记载，金溪黄栀子为国家规定在江西收购的药材。新中国成立前，主要依靠野生资源，新中国成立后逐步进行人工培育。1999 年，金溪县提出推进黄栀子产业化建设的实施意见，大力发展黄栀子产业。经过多年的发展，黄栀子种植技术已经成熟，全县 11 个乡镇均有种植，涉及农户 2 000 多户，种植面积达 5.8 万亩。然而由于种植面积的增大，病虫为害也日趋严重，在药剂防治的过程中，农药残留及害虫抗药性不断增加，造成金溪黄栀子品质和产量的下降，严重影响了金溪黄栀子市场影响力及占有率。经过多次实践与摸索，金溪县选定绿色高质量发展道路，于 2018 年重新编写《黄栀子栽培技术规程》和《黄栀子干果》，并作为江西省地方标准给予发布。

（一）常见病害及防治方法

1. 根结线虫病

（1）症状　主要侵害黄栀子根部，地下部根须和侧根长有明显的瘤状物，新根上的瘤状物呈淡黄色，老根上的呈黑色，像小荸荠一样串连在根上（像糖葫芦一样串连在侧根上），当植株青黄交接处以下的主根全部变黑，则整株树体死亡。地上部位呈明显缺铁素症，植株生长缓慢，皮色转黑，节间缩短、叶色枯黄，老叶基本落光，只剩顶端当年生的几片叶片，并且无光泽，远处看像火烧一样。

（2）发生规律　根结线虫能以成虫、幼虫、卵在病根、断根、残片或土壤中越冬，靠水、肥料、农作物和人畜等传播。近距离通过土壤传播，远距离传播主要是通过带病苗木的调运。病原线虫 1 年可发生多代，发病高峰期多出现在植株发根高峰之后。

（3）防治办法　一是土壤消毒，在种植前选择高温天气喷洒石灰水后覆盖黑薄膜 3~5 个月，减少线虫为害。二是加强苗木检疫，严禁调入病区苗木。三是温水浸根，用 45~50℃ 的温水浸苗根 20~30min，或用福尔马林溶液浸渍病根。四是冬季在树冠外围大土块深翻不碎土，5 月上旬施用 1.8% 阿维菌素加复合肥，防治根结线虫的同时，促进根系恢复生长，增强树势。

2. 炭疽病

（1）症状　新梢枝条上出现椭圆形或不规则的黑褐色病斑，当病斑环绕枝条一圈时，病斑以上部分枝条枯死，受害病株叶片上也同时出现不规则的黑褐色病斑，许多病斑连成一片，致使叶尖变黄枯死。当病情较轻时，仅叶片枯死，叶腋下仍能抽发新梢，但很容易引起黄化，感染炭疽病。

（2）发生规律　该病为真菌性病害，是由围小丛壳菌侵染所致。病菌主要以菌丝体潜伏在地越冬，第2年春季温湿度适宜时形成分生孢子进行侵染。本菌特点是生长季节也可形成大量有性态，即子囊壳。高温高湿的条件有利于发病。

（3）防治方法　提高园内技术管理水平，加强园地管理，增强树体抵抗能力。发现病情，用50%施保功可湿性粉剂2 500~3 000倍液喷洒树体，或用18%保治达乳油800~1 000倍液或80%代森锰锌可湿性粉剂600~800倍液喷射树体。

3. 黄化病

（1）症状　病株叶片黄，叶片边缘枯焦，但叶脉颜色正常，即使病情加重，叶片主脉和侧脉颜色仍保持不变。但支脉和整个叶片完全变黄，新叶和顶部叶处易发病。全株以顶部叶片受害最重，下部叶片正常或接近正常，病害严重的地块，植株逐年衰弱，最后死亡。

（2）发生规律　本病由栽培条件不适，如土壤过黏、石灰质过多、碱性重、低洼潮湿、铁素供应不足等引起，是重要的生理病害。土壤中缺铁和根部吸收铁功能降低是引发黄化病的主要原因。

（3）防治方法　增施生物有机肥，改善土壤性状，增强土壤通气性，促进根系发育，提高吸收铁元素的能力。增施硫酸亚铁、硼砂、硫酸锌等，或叶面喷施0.2%~0.3%硫酸亚铁溶液，每周1次，连喷3次。

4. 斑枯病

（1）症状　主要为害植株叶片。受害叶片的两面有黄褐色圆形病斑，直径2~4mm，病斑边缘褐色，上有小黑点。

（2）发病规律　属于真菌性病害，该菌在寄主植物病残体内越冬，并可侵染枝干，高温多湿季节发病较重。

（3）防治方法　每次修剪后集中烧毁枯枝病叶，减少越冬病源。增施生物有机肥和农家肥，或喷药时结合叶面喷施磷酸二氢钾，提高抗病能力。发病初期，可用1:1:100波尔多液或70%托布津800倍液，隔10d喷1次，连喷3次即可。

（二）常见虫害及防治方法

1. 卷叶螟

（1）发生规律　是长期为害的主要害虫之一，幼虫食害树叶，先将新梢顶端嫩叶用丝卷起，幼虫则藏在里面，先吃附近嫩叶，后吃成熟叶，最后将树顶上半枝全片用丝全部膜住，形成1个长灯笼，然后将上部叶片全部吃完，仅留1根光杆，俗称"剃光头"。

（2）防治方法　1.8%阿维菌素3 000~4 000倍液喷杀。

2. 大透翅蛾

（1）发生规律　以幼虫啃食叶片、嫩梢和花蕾，幼虫食量大，1只成年幼虫能食大叶35片左右，严重时3~5d可将1株树的新老叶片全部吃掉。

（2）防治方法　分别在现蕾期、初花期、幼果期和熟果期喷施1次1 500倍液40%氧乐果乳剂。

3. 蚜虫

（1）发生规律　专门吸黄栀子嫩芽、嫩叶、嫩枝，对新栽植的树苗为害大。

（2）防治方法　用0.2~0.3波美度石硫合剂喷杀或40%乐果2 000倍液喷杀。

二、黄栀子减药增效技术模式

（一）核心技术

本模式的核心内容主要包括"优良品种+平衡施肥+绿色防控"。

1. 优良品种

金溪黄栀子又分为山栀子、水栀子两种。所种山栀子主要是从金溪野生品种中选育的本地山栀子和从福建引进的福建山栀子。所种水栀子主要是从金溪野生品种中选育的本地水栀子和从台湾引进的水栀子。

（1）赣红六号（当家品种）　果形大、产量高、树形紧凑、品质好、抗性强，花期5月上旬至6月初，果实成熟期11月中旬，单果重7~9g，亩产800~1 000kg。

（2）赣水一号　树高1.8m，树形紧凑，竹叶形，花期5月上旬至5月下旬，果实成熟期12月，单果重7~10g，亩产1 000kg以上。

2. 平衡施肥

结合土壤耕作，翻地前按照"三肥一体"模式将有机肥+无机肥+矿物肥在种植区撒施，亩施量为腐熟有机肥或解毒有机肥 2～3t+复合肥 25kg+矿物肥 80kg，有条件的可以配予一定的生物肥，最终达到"四肥一体"模式。每年 4—5 月亩均追施复合肥 25kg，每年 12 月，结合冬耕亩施有机肥 1 000kg 及复合肥 50kg。

3. 绿色防控

坚持"预防为主、综合防治"的方针，重点搞好生态治理和农业防治，并根据不同种类病虫害的特点，谨慎、有选择地进行化学防治，将对环境、人、畜等影响降到最低，确保产品的质量安全。

一是农业防治。通过耕作、栽培技术控制部分病虫害的发生与繁殖，造成不利于病虫害发生的环境，同时提高黄栀子的抗病虫害能力。包括选育抗病虫苗木、及时清园、合理施肥，种防护林，及时挖除病株、适时排灌、科学修剪等。

二是物理防治。利用杀虫灯诱杀和黄板诱杀害虫。

三是综合防治。在核心示范区应全面实行病虫害专业化统防统治，促进统防统治与绿色防控融合发展，实行病虫防控组织形式与技术模式的有机结合和防控效果的最大化。大力推广生物农药，选用高效环保型农药品种组成最佳用药组合，减少盲目用药。同时，采用担架式喷雾机、电动喷雾机等高效先进植保器械施用农药，提高施药效率和农药利用率，降低化学农药使用量。

（二）生产管理

1. 壅蔸

就是把小树蔸用土堆起来，具有保水、固定树干、培养树形的作用。每 1 次壅蔸在苗木栽植完成后立即进行，要求土堆在树蔸 60cm 范围之内、堆高 24cm 以上。第 2 年的小树，在春季、冬季各进行 1 次壅蔸，清除树蔸下的杂草、杂柴。

2. 中耕除草

栽后当年，生长缓慢，要及时除草，全年锄 3～4 次，冬季培土越冬。

3. 追肥

种植第 1 年，浇施腐熟有机肥 2～3 次，冬季挖穴埋肥 1 次亩施量 100kg。第 2 年，4—5 月追肥 1 次，亩施复合肥 25kg。12 月，结合冬耕亩施腐熟有机肥

1 000~2 000kg 及复合肥 50kg，以后每年按此标准施用。

4. 套种间作

栽后 1~3 年，可在空旷行间套种花生、大豆、绿肥等矮秆作物，以改良土壤，以短养长，提高经济效益。

5. 花果管理

第 2 年开花试果，需要保花保果。开花期用 0.15%硼砂+0.2%磷酸二氢钾叶面喷施。谢花 3/4 时用 50mg/kg 920+0.3%尿素+0.2%磷酸二氢钾混合液喷施，隔 10~15d 喷 1 次，连喷 2 次。

6. 整形修剪

定植后，在离地 20cm 处定主干。定植第 2 年，春梢 20cm，在 3 个不同方向选取强壮枝培养 3 个主枝。第 3 年，在各主枝叶腋间留 3~4 强壮分枝培养副主枝。经 2~3 年整形后，树外形应似圆头，树冠开展，内膛枝适量。每年将病虫枝、交叉重叠枝、纤细枝、徒长枝和密生枝剪除。

7. 鲜果采收

每年 10 月下旬即霜降后栀子果实陆续成熟，当外果皮呈红黄色时，即可开始分批采收、成熟即采。不宜过早过迟，过早采收干果品质差、色素及栀子苷的含量都低，过迟采收鲜栀果会发烂脱落。

（三）应用效果

1. 减药效果

通过推广采用黄栀子农药减施增效技术模式，每年减少农药施用 1~2 次，在保证病虫为害控制在正常水平的情况下，减少化学农药使用量 25%左右，农药利用率提升 15%。

2. 效益分析

正常投产年份，亩生产成本为 1 250 元，亩产量 900kg 左右，亩均收入 2 610 元，亩净收益为 1 360 元，适合发展的适度经营规模为 6 万亩。

3. 品质提升

经过多年的品质优化及提升，加上金溪县具有的得天独厚的土壤和气候条件，种植的黄栀子呈卵圆形或椭圆形，皮薄、饱满、色红满，具有色价高、栀子苷、栀子色素含量高等特点，品质较其他地方种植的优良，其栀子苷含量可达 3.52%以上，远高于其他地区黄栀子中栀子苷的含量。

4. 生态社会效益分析

通过综合施用有机肥+无机肥+生物肥+矿物肥的"四肥一体"模式来代替纯施化肥，结合使用物理防治+生态调控+生物防治的多种绿色防控方式，达到改良土壤、减少农药残留、降低农业面源污染，促进农业绿色生态发展，为消费者的食品安全保驾护航的预期效果。

（四）适宜区域

金溪县及周边产区。

（李娟）

江西省新干县商洲枳壳农药减施增效技术模式

一、商洲枳壳种植农药施用现状

新干县是江西省道地药材主产区，至今已有 1 700 多年的种植历史，其中商洲枳壳是传统道地药材江枳壳的代表产品，2006 年被列为国家地理标志保护产品。截至 2019 年年底，全县商洲枳壳种植面积达 4 万多亩。随着种植面积不断扩大、气候逐渐变暖，病虫害也日趋严重，造成商洲枳壳品质和产量下降，给种植户带来严重损失。目前，在商洲枳壳病虫害防治过程中，主要是靠喷施农药，尽管开展了栽培管理综合防治，但仍缺少其他有效的方法。由于病虫害的日益严重和抗药性的不断增强，用药剂量逐年提高，农药残留也愈来愈严重，造成商洲枳壳品质和等级下降，严重影响了当地中药材产业的绿色高质量发展。

（一）常见病害及防治方法

1. 疮痂病

（1）发病症状　受害叶片开始呈现油浸状斑点，后变蜡黄色，病斑扩展，并向一面隆起成圆锥形的瘤粒突起。如病斑聚集，叶片会变成扭曲畸形，果实也会变成畸形果，落叶落果严重。

（2）发病规律　真菌为害，发病最适温度为 16~23℃，当春季阴雨潮湿天气，气温在 15℃ 以上时，产生分生孢子，通过风、雨、昆虫传播。

（3）管理措施　结合修剪，剪除病枝、病叶，集中烧毁。同时，加强肥水管理，促进枝梢抽生整齐健壮，提高树体抗病能力。

（4）防治方法　春梢新芽萌动至芽长 2cm 前及谢花 2/3 时喷药，隔 10～15d 再喷 1 次，秋梢发病地区也需防治。药剂可选用 0.5% 等量式波尔多液，50% 的多菌灵 1 000 倍液，25% 的溃疡灵 800～1 000 倍液，30% 氧氯化铜 600～800 倍液，77% 氢氧化铜用 400～600 倍液。任选 1 种，交替使用。

2. 溃疡病

（1）发病症状　叶片上先出现针头大小的浓黄色油渍状圆斑，接着叶片正反面隆起，呈海绵状，随后病部中央破裂，木栓化，呈灰白色火山口状。病斑多为近圆形，常有轮纹或螺纹状，周围有一暗褐色油腻状外圈和黄色晕环。

（2）发病规律　细菌为害，该病发生的最适温度为 25～30℃，田间以夏梢发病最重，其次是秋梢、春梢。4 月上旬至 10 月下旬均可发生，5 月中旬为春梢的发病高峰，6—8 月为夏梢的发病高峰，9—10 月为秋梢的发病高峰，6—7 月上旬为果实的发病高峰。借风、雨、昆虫和枝叶相互接触作短距离传播。

（3）管理措施　严格检疫，建立无病区，无病苗圃，培育无病苗木。剪除病枝、病叶，集中烧毁，消灭传染源。加强枝梢管理，控制潜叶蛾为害，切断传播途径。

（4）防治方法　嫩梢和幼果期施药防治，药剂可选用 35% 碱式硫酸铜 400 倍液，0.8% 等量式波尔多液、50% 代森铵 1 000～1 500 倍液、72% 农用链霉素+1% 酒精辅助剂 2 500 倍液、25% 叶枯宁可湿性粉剂宁 1 000 倍液。任选一种，交替使用。

3. 树脂病

（1）发病症状　病菌侵害新叶、嫩梢和幼果时，在病部表面产生黄褐色至黑褐色硬胶质小粒点，散生或密集成片，病部皮层组织松软，灰褐色，渗出褐色胶液，逐渐腐烂。

（2）发病规律　真菌为害，在遭受冻害造成的冻伤和其他伤口，是本病发生流行的首要条件。如上年低温使树干冻伤，往往次年温湿度适合时病害就可能大量发生，此外，多雨季节也常常造成树脂病大发生。

（3）管理措施　加强园地管理，疏通排水沟，增施追肥，增强树体抗病能力；冬季采用涂白剂刷树干，涂白剂配比为石灰：硫黄粉：水：食盐＝10：1：

60：（0.2~0.3）；及时挖掉病株或锯掉枯死病枝烧毁；在夏、秋季治理患部，刮除病菌直至树干木质部，然后涂上 1：1：100 波尔多液。

（4）防治方法　0.5%~0.8%波尔多液、65%代森锌 500 倍液、80%大生液或 75%猛杀生 600~800 倍液。任选 1 种，交替使用。

（二）常见虫害及防治方法

1. 天牛

（1）发生规律　天牛为害枳壳的方式主要有产卵为害、取食为害、蛀食为害等。主要有星天牛和褐天牛，星天牛 1 年发生 1 代，卵多产在树干近地面部分的裂口中，幼虫孵化后，主要侵害成年树的主干基部和主根，先在树干皮下迂回蛀食，3~4 个月再蛀入木质部食害，蛀孔外积有虫粪。幼虫期达 10 个月，翌年 3—4 月在隧道中化蛹。褐天牛成虫多在 4 月下旬至 7 月闷热的傍晚在树干交尾，在缝穴和伤疤内产卵，初幼虫孵化先蛀食皮层，后蛀入木质部驻食枝干，老熟幼虫在隧道内吐出一种石灰质的物质封闭两端作室化蛹。

（2）管理措施　加强肥水管理，勤中耕、除草，科学用肥，以增强树体抗虫性，减轻病虫为害。及时剪除枯枝带出园外烧毁，以杀灭虫卵和幼虫。避免在枳壳园周围种植梧桐树、柳树等天牛寄主植物。

（3）防治方法　查找新鲜虫粪处，用铁丝掏净洞孔内木屑，用 80%敌敌畏乳油 20 倍液或 40%乐果乳油 10 倍液注入洞孔，再封塞洞孔。天牛成虫出洞前，每隔 1 周在主枝、主干、根颈部喷 1 次，用 80%敌敌畏乳油或 40%乐果乳油 500 倍液透喷。

2. 锈壁虱

（1）发生规律　为害柑橘叶背和果实。以口针刺入柑橘组织内吸食汁液，使被害叶、果的油胞破裂，溢出芳香油，经空气氧化后，使果皮或叶片变成污黑色。为害严重时，常引起落叶和黑皮果，导致树势衰弱。1 年生 10 余代。高温干旱利于发生。特别是雨季降雨少，6 月的高温干旱极为有利柑橘锈壁虱的发生和繁衍，种群数量迅速上升，7—8 月将出现为害高峰，有些柑橘园出现零星"灰果""黑果"等。

（2）管理措施　合理修剪、创造通风透光环境。加强肥水管理，增强树势，提高抗病虫能力。

（3）防治方法　可选用 20%螨死净可湿性粉剂 2 000 倍液，15%哒螨灵乳油

2 000倍液，1.8%齐螨素乳油6 000~8 000倍液，20%三唑锡乳油3 000倍液，或持效期较长的药剂如丰功250倍液，或加2%野田阿维菌素、虫寂、虫螨克等3 000倍液，或满将（25%诺普信三唑锡）或禾本三唑锡1 500倍液，均匀喷雾。

3. 潜叶蛾

（1）发生规律 嫩芽、嫩叶对潜叶蛾成虫有很强的引诱力，卵只产在柑橘的嫩芽、嫩叶上，多产在芽长0.5~5cm的叶背上。幼虫为害柑橘的新梢嫩叶，潜入表皮下取食叶肉，掀起表皮，形成银白色弯曲的隧道。内留有虫粪，在中央形成一条黑线，由于虫道蜿蜒曲折，导致新叶卷缩、硬化，叶片脱落。

（2）管理措施 冬季修剪清园，集中烧毁枯枝落叶，消灭越冬蛹；抹除抽生的零星夏、秋梢，促使统一放梢整齐，减少和切断食料。

（3）防治方法 嫩芽长出0.5~1cm或嫩叶受害率达5%或田间嫩芽萌发率达25%时，便开始施药。药剂选用2.5%溴氰菊酯乳油3 000~4 000倍液，或5%来福灵乳油4 000~5 000倍液，或20%甲氰菊酯（灭扫利）乳油4 000~6 000倍液，或10%王星乳油4 000~5 000倍液，或1%甲氨基阿维菌素苯甲酸盐水粉散粒剂3 000~4 000倍液，每隔5~7d喷雾1次，连喷2~3次。

4. 红蜘蛛

（1）发生规律 红蜘蛛的年发生代数主要受气温的影响，气温越高发生代数越多，常年一般出现在4—6月和9—11月两个高峰期，以成螨、幼螨、若螨群集叶片、嫩梢、果皮上吸汁为害，引致落叶、落果，尤以叶片受害为重，被害叶面密生灰白色针头大小点，甚者全叶灰白，失去光泽，终致脱落，严重影响树势和产量。

（2）管理措施 加强肥水管理，促进新梢抽发，有利于寄生菌、捕食螨繁殖，达到生物防治。冬季结合修剪，用石硫合剂或松碱合剂进行清园，可压低虫害发生基数。

（3）防治方法 平均每叶3只左右进行药剂防治，施用20%哒螨酮1 500倍液，或50%托尔克2 500倍液，或25%三唑锡1 500倍液，或8%克螨特1 500倍液。任选1种，交替使用。

5. 蚜虫

（1）发生规律 以成虫和若虫群集在新梢嫩叶上吮吸汁液。1年发生10~20代，以春梢和花蕾受害最重，夏秋梢次之。4—6月和9—10月是为害高峰期。被害的新梢嫩叶卷曲、皱缩，节间缩短，不能正常伸展，严重时嫩梢枯萎，引起幼果脱落及大量新梢无法抽出，不但当年减产，还会影响翌年产量，蚜虫排泄的"蜜露"能诱发煤烟病，影响叶片光合作用。

（2）管理措施　保护利用天敌。瓢虫、草蛉、食蚜蝇、寄生蜂和寄生菌等都是很有效的天敌。剪除被害枝条、叶片，清除越冬卵，减少虫原基数。

（3）防治方法　当新梢有蚜虫达 20% 时可选用 10% 吡虫啉可湿性粉剂 2 500~3 000 倍液，或 3% 啶虫脒 2 000 倍液，或 8% 毒死蜱 2 000 倍液喷雾防治。

二、商洲枳壳农药减施增效技术模式

（一）核心技术

本模式的核心技术按照"预防为主、综合治理"的总方针，以农业防治为基础，根据病虫发生、发展规律，因时、因地制宜，合理运用化学防治、生物防治、物理机械防治等措施，经济、安全、有效、简便地控制病虫害。以保健栽培为基础，发挥枳壳树自身补偿和自然天敌的控制作用，改善枳壳园生态环境，达到减少用药次数，降低防治成本，优化病虫防治措施，确保优质丰产、稳定增资的目的。主要包括"良种良法栽培、配方平衡施肥、绿色综合防治" 3 个方面。

1. 良种良法栽培

（1）良种栽培　与省级有关部门合作开展良种选育，2019 年，成功选育出"新秀"（臭橙）、"新香"（香橙）两个优良品种，经江西省林木品种审定委员会审定为江西省推广良种，并颁发了"林木良种证"。"新秀"系列品种，树形矮化，枝刺短小，便于田间管理，与传统臭橙相比，品质一致，产量增益 20%，且性状稳定，形态特征表现一致。"新香"系列品种，树形开放，枝无刺，便于田间管理。与传统臭橙相比，品质相近，产量增益 34%，且性状稳定，形态特征表现一致。

（2）良法栽培　2019 年，开始推广"宽行窄株、壕沟埋肥、起垄栽培"等新技术，取得成功。不仅提高了成活率，还省工省时，有利于机械化耕作。

2. 配方平衡施肥。

施用 51%（N17%、P17%、K17%）硫酸钾复合肥和果树专用有机肥为主，有机肥质量符合 NY 525—2012《有机肥料》质量标准（有机质≥45%，总养分≥5%）。

（1）施用时间　结合整地开壕沟，一次性将有机肥埋入沟内。

（2）施用方法　壕沟开好后，将有机肥均匀撒施在沟边松土上，边回土边拌匀埋入壕沟，使壕沟堆土起垄。定植时，用铲挖小坑（以足够定植枳壳苗为准），在松土上撒施少量有机肥和硫酸钾复合肥，再回土定植。

（3）施用量　整地时壕沟一次性埋入有机肥1~2t。定植时株施有机肥0.5~1kg+硫酸钾复合肥50~100g。

3. 综合防治

（1）严格执行国家规定的植物检疫制度　防止检疫性病虫传播、蔓延。

（2）农业防治　合理布局，避免与其他柑橘类果树混栽，加强培育管理健壮树势。促进枳壳园群体和个体通风透光创造有利于生长发育的环境条件，使之不利于病虫的发生。合理修剪，及时清除病虫为害的枯枝、落叶、减少病虫源抹芽控梢，统一放梢，减少病虫基数减少用药次数。

（3）保护和利用天敌　发挥生物防治作用，用有益生物消灭有害生物，扩大以虫治虫，以菌治虫的应用范围，以维持橙园生态平衡。

（4）加强病虫预测预报　做到及时准确防治。

（5）化学防治　减少化学农药应用，控制环境污染，提倡人工治虫，可以用人工防治的不用药剂防治，可以点治或挑治的不全面施药；进行化学防治时，应选用高效、低毒、低残留和对天敌杀伤力低的药剂，对症下药合理使用，注重喷药质量，减少用药次数交替使用机制不同的药剂。

4. 优化综防兼治

（1）2月底至3月初，此时气温渐升、雨水充沛、树体耐药力强，使用广谱无公害药剂防治蚧类（包括粉虱、地衣、苔藓等），保证良好的杀虫效果，使病虫害群体数量下降到最低水平，对枳壳树比较安全，对天敌影响小。

（2）4—5月以防治疮痂病为主，兼治蚜虫、螨类。

（3）5月下旬至6月中旬以防治第1代蚧类、粉虱为主，兼治螨类。

（4）7—8月，由于高温干旱，病虫发生属低峰期，而天敌春夏繁殖数量较多，可发挥天敌控制的作用。

（5）9—10月，药剂防治的重点以红蜘蛛为主，兼治3代蚧类、粉虱，达到健壮树势、保叶过冬，增进品质的目的。

（二）应用效果

1. 减药效果

本模式与周边常规生产模式相比，减少化学农药防治次数3次，减少化学农药用量30%，农药利用率提高25%。病虫为害率控制在10%以下。

2. 成本效益分析

根据树龄不同，亩生产成本 1 000 ~ 2 000元，丰产期亩产量 1 000 kg 左右（鲜果），亩收入 5 000元（按前3年平均价5元/kg鲜果计算），亩纯收入 4 000元/年，适合发展的适度经营规模 50 000亩（全县），个体户宜不超过 200 亩/户（因采摘期短又无机械代替）。

3. 促进品质提升

本模式下生产的成品枳壳，柚皮苷含量普遍高于5%，最高达到8%以上，新橙皮苷含量普遍高于4%，最高达7%，《中华人民共和国药典》（2015 版）药典标准为枳壳的辛弗林含量不得低于0.3%，枳壳柚皮苷含量不少于4%，新橙皮苷含量不少于3%。

4. 生态与社会效益分析

生态效益方面，通过实施该生产模式，土壤的 pH 值得到了有效调节，同时土壤的缓冲能力和稳定性得到增强。农药减施增效模式下，有利于保持生态平衡，可提高作物抗旱、抗寒和抗病能力，提高肥料吸收利用率，不仅能改良土壤，还能改善作物品质；社会效益方面，在进行示范集成的同时，通过开展职业农民技术培训，把培养的新型经营主体作为技术的示范推广点，建立一套省工省力、操作简单的技术培训推广新模式，同时可以让企业更好地按照绿色食品的技术规程进行操作，所种植的绿色食品也更加安全放心。

（三）适宜区域

新干县、樟树市及周边产区。

（刘国庆）

河南省卢氏县黄精农药减施增效技术模式

一、黄精种植农药施用现状

河南省三门峡市卢氏县是黄精的传统产区，2019 年种植面积为 3 000 亩。由于种植面积增大，病虫害也日趋严重，造成黄精品质和产量下降，给生产者带来严重损失，目前，在黄精病虫害防治过程中，对常见病害和地上害虫的防治主要是喷洒农药，对地下害虫防治除农药拌种和灌根外仍缺少其他有效的方法。由于病害的日益严重和害虫抗药性的不断增强，用药剂量逐年提高，农药残留也愈来愈严重，造成黄精品质和等级下降，严重影响了当地黄精产业的绿色高质量发展。

（一）常见病害及防治方法

1. 黑斑病

（1）症状　主要为害叶片。发病初期，叶尖部位开始出现黄褐色不规则病斑，病斑边缘为紫红色，随着病情发展，病斑不断蔓延扩散，到最后整个叶片枯萎。

（2）发生规律　该病是一种真菌性病害，病原可在土壤和病残体上越冬，待气温回升时侵入感染，病情在阴雨季节更为严重。

（3）化学防治　发病前或发病初期可用 1 : 1 : 120 波尔多液喷洒，1 周 1 次，连续 2~3 次防治。

2. 叶斑病

（1）症状　主要为害叶片，发病时由基部开始，叶片开始斑点褪色，随着褪色面积极大，病斑也逐渐扩大，出现椭圆形或不规则的病斑。病斑中间为淡白，边缘为褐色，和未发病组织接触的地方还有黄晕，病情严重时，多个病斑结合导致叶片开始干枯，最终导致全株叶片枯萎脱落。

（2）发生规律　病菌在病残体或随之到地表越冬，翌年发病期随风、雨传播侵染寄主，一般 7—8 月发病。高温高湿或栽植过密，通风透气差发病重。

（3）化学防治　发病前或发病初期可用 50% 多菌灵可湿性粉剂 1 000 倍液或 10% 苯醚甲环唑水分散粒剂 800 倍液喷洒，1 周 1 次，连续 2~3 次防治。

3. 炭疽病

（1）症状　主要为害叶片、果实，在黄精染病后，叶片的顶尖和边缘处开始出现病斑，开始呈红褐色，随着病情发展，病斑扩大，颜色也变为黑褐色。病斑区域常常会穿孔脱落，为害极大，病情严重时，整个植株的叶片全部腐烂而死。

（2）发生规律　炭疽病以菌丝体和分生孢子在病枝、病叶、病果及芽鳞中过冬，到下 1 年的 5 月上旬分生孢子借风雨、昆虫传播，从伤口或自然孔口侵入。在 27~28℃温度下，孢子水滴内有寄主物质条件下，6~7h 即可侵染，潜育期 4~9d。

（3）化学防治　发病前或发病初期可用 50%多菌灵可湿性粉剂 1 000 倍液喷洒，1 周 1 次，连续 2~3 次防治。发病较重的，可适当加入 40%苯醚甲环唑悬浮剂 2 000 倍液均匀喷雾。

（二）常见虫害及防治方法

1. 蚜虫

（1）发生规律　黄精的蚜虫主要以桃蚜和棉蚜为主。春末夏初，气温迅速上升，还没有降雨，此时黄精刚长出，嫩叶和花是蚜虫喜欢为害的部位，以成虫、若虫吮吸嫩叶的汁液，使叶片变黄，植株生长受阻。蚜又是传播病毒的媒介，传播病毒的为害比直接为害的损失更重，蚜虫大量繁殖会导致植物顶部的叶和花大量脱落，严重时植株会死亡，造成减产。

（2）化学防治　在为害严重时期可选用 10%吡虫啉可湿性粉剂 1 000 倍液，或 50%抗蚜威可湿性粉剂 800 倍液喷施。

2. 红蜘蛛

（1）发生规律　主要为害状以成螨和若螨在叶背吸取汁液。黄精叶片受害后，叶片出现灰白色或淡黄色小点，严重时全叶呈灰白色或淡黄色，干枯脱落，缩短结果期，影响产量。

（2）化学防治　初期可用 24%联苯肼酯悬浮剂 2 000~3 000 倍液叶片喷施，15d 喷 1 次，连续 2 次即可防治。红蜘蛛较重，24%联苯肼酯悬浮剂 1 500 倍液，10d 喷 1 次，均匀喷雾，2 次即可。

3. 地老虎

（1）发生规律　主要为害黄精幼苗，它们会啃食黄精嫩茎幼根，影响幼苗生长或导致幼苗死亡。

（2）化学防治　可用 70%辛硫磷乳油，按种子重量 0.1%拌种；田间发生期，用 90%敌百虫晶体 1 000 倍液浇灌。

二、黄精农药减施增效技术模式

（一）核心技术

本模式的核心内容主要包括"优良品种+配方平衡施肥+绿色防控+机械化采收"。

1. 优良品种

在适推地区重点推广表现较好的鸡头黄精、姜形黄精等品种，特点是高产，抗旱，耐寒，高抗根腐病。

2. 配方平衡施肥

施用专用无机有机配方肥，总养分含量分别≥51%，其中，$N+P_2O_5+K_2O≥$ 30%；有机肥比重≥20%，原料为秸秆、豆粕等农业废弃物和鸡粪、牛羊粪等畜禽粪便；水分≤30%，pH值为6.5。使用时间为每年4—7月黄精生长前期施入；使用方法为结合中耕除草，于雨前将肥料在行间或株间开小沟施入，并培土掩埋。使用量为将无机肥与有机肥按照1:5的比例混合均匀后施入，每亩施入无机肥500kg、有机肥2 500kg。

3. 蚜虫绿色防控

（1）黄蓝板诱蚜　制作15cm×20cm大小的黄色纸板，并在纸板上涂上1层10号机油或治蚜常用的农药，将黄纸板插或挂在黄精行间与黄精植株顶端持平；机油黄板诱满蚜虫后要及时更换，药物黄板可使蚜虫触药即死。

（2）植物灭蚜　将烟叶、辣椒或苦皮藤磨成细粉，加少量石灰粉撒施。

（3）尿洗合剂灭蚜　将尿素、洗衣粉、清水按照4:1:400的比例制成尿洗合剂，均匀、细致地喷于叶片正反两面，每亩喷药液60kg，连喷2~3次。喷施尿洗合剂不仅对蚜虫有较好的防治效果，而且具有叶面施肥促生长的功效。

4. 机械化采收

主要采用黄精简易分段挖掘机进行采挖收获，在平坦地块或坡度小于6°的地块，以拖拉机深挖、振动筛除杂、履带传输、人工捡拾的方法实现快速采收。

（二）生产管理

1. 播前准备

选湿润和有充分荫蔽的地块，结合整地施入专用有机无机配方肥，深耕20~30cm，翻入土中作基肥，然后耙细整平做畦。

2. 组织播种

在整好的种植地块上按行距30cm、株距15cm挖穴，然后将育成苗栽入穴内，每穴2株，覆土压紧，浇透水1次。

3. 培土追肥

结合中耕除草，于雨前在行间或株间开小沟，将无机肥与有机肥按照1：5的比例混合均匀后施入，每亩施入无机肥500kg、有机肥2 500kg，培土覆盖。

4. 适时排灌

经常保持湿润状态，遇干旱及时浇水，雨季防止积水，及时排涝，以免导致烂根。

5. 病虫防治

黄精叶斑病用40%多·福可湿性粉剂500倍液喷施防治；黑斑病用40%多·福可湿性粉剂或1：1：120波尔多液喷洒防治；蚜虫采取设置黄板、喷撒植物粉末、喷施尿洗合剂等方法防治。

6. 组织收获

黄精根茎繁殖的于栽后3~4年、种子繁殖的于栽后4~5年春、秋两季采收。

（三）应用效果

1. 减药效果

本模式与周边常规生产模式相比，减少化学农药防治次数2次，减少化学农药用量16%，农药利用率提高27%，蚜虫为害率控制在93%以下。

2. 成本效益分析

每亩种子成本4 800元、人工成本600元，综合每亩生产成本5 400元，4年后亩产量可达3~4t，亩收入50 000余元，亩纯收入30 000~40 000元，以范里镇、文峪乡等为中心，适合发展的适度经营规模20 000亩。

3. 促进品质提升

本模式下生产的黄精，平均黄精多糖、氨基酸、甾体皂苷、木脂素、黄酮类物质等有效成分比常规模式高2个百分点左右，药用价值更高；食用口感微具甘甜，香味浓郁。

（四）适宜区域

卢氏县及栾川、洛宁、灵宝、西峡等周边产区。

（李兵）

河南省光山县南苍术农药减施
增效仿生种植模式

一、光山县南苍术种植农药施用现状

河南省信阳市光山县属大别山区，是南苍术的传统产区，也是优质品产区。2019年，全市种植面积为1.2万亩。近年来，病虫害的发生造成南苍术品质和产量下降，给种植户带来严重损失。目前，在南苍术病虫害防治过程中，对常见病害和地上害虫防治主要是药剂防治，对地下害虫防治除农药拌种和灌根外仍缺少其他有效的方法。由于病害的日益严重和害虫抗药性的不断增强，用药剂量逐年提高，农药残留也愈来愈严重，造成苍术品质和等级下降，严重影响了当地南苍术产业的绿色高质量发展。

光山县农业农村部门从生物防治与生境仿生的整体观点出发，本着预防为主的指导思想和安全、高效、经济、简便的原则，因地制宜，合理运用生物、农业的方法及其他有效生态手段，把病虫的为害控制在一定程度以内，以达到提高经济效益和生态效益的目的。

（一）常见病害及防治方法

1. 根腐病

（1）症状　主要为害茎基和根部。发病初期，先是须根变成褐色干枯，后逐渐蔓延至根茎，使整个茎秆变成褐色，阻止养分的输送，使地上茎叶坏死。

（2）发生规律　该病是一种真菌性病害，主要在4月下旬至5月上旬发病，6—8月发病严重，病菌通过根部伤口或直接从叉根分枝裂缝及老化幼苗茎部裂口处侵入。

（3）化学防治　术苗栽种前用50%多菌灵可湿性粉剂800倍液浸泡3~5h，晾干后栽种。发病初期及高峰期来临之前，用50%多菌灵可湿性粉剂800倍液，或70%甲基硫菌灵可湿性粉剂500倍液灌蔸，也可用波尔多液灌蔸。

2. 白绢病

（1）症状　又名根茎腐烂病。为害根茎及茎基，发病初期，地上部分无明显症状,随着温度和湿度的提高,根茎内白色菌丝穿出土层,向土表伸展,形成乳白色或米黄色最后呈茶褐色似油菜籽状的菌核,在高温、高湿条件下,蔓延很快,最后根茎溃烂,有臭味,植株枯萎死亡。

(2)发生规律 该病主要集中4月下旬至5月上旬发病,6—8月发病严重。

(3)化学防治 挑选无病术苗,并用50%多菌灵可湿性粉剂800倍液浸渍3~5min,晾干后栽种。后期管理中,选用10%三唑酮可湿性粉剂1 000倍液或70%代森锰锌可湿性粉剂800倍液喷雾防治。

(二)常见虫害及防治方法

1. 长管蚜虫

(1)发生规律 从出苗后的整个生育期均可受到蚜虫为害,但以花期为害最为严重。蚜虫多集中在植株幼茎、嫩叶及顶端幼嫩部位,造成植株生长停滞,减产。

(2)化学防治 为害严重时可选用70%吡虫啉水分散粒剂8 000倍液,或50%抗蚜威可湿性粉剂3 000倍液喷雾。

2. 地老虎

(1)发生规律 从出苗后的整个生育期均可受到地老虎为害,但以生长初期为害最为严重。啃食叶片、咬食生长点、啃食根茎等部位,造成植株生长停滞,甚至死亡。

(2)化学防治 用80%敌百虫可溶粉剂1 000倍液灌溉被害地;用80%敌百虫可溶粉剂与炒香的菜籽或菜饼制成毒饵,撒施行间诱杀。

二、光山县南苍术农药减施增效技术模式

(一)核心技术

本模式的核心内容主要包括"优良原种+配方施肥+仿生林药套种+绿色防控"。

1. 优良品种

品种选择在适宜推广地区表现较好的"大别山苍术1号",特点是耐旱耐寒耐贫瘠,高抗根腐病,高产。

2. 配方平衡施肥

(1)施用专用有机配方肥 每亩用1 000kg有机肥(含水量70%左右)与

50kg 过磷酸钙混合拌匀，草木灰适量。混匀后均匀撒施。

（2）追肥　选用 45% 复合肥（15-15-15），施用量为 50kg/亩。追肥时间和比例主要结合土壤状况，如土壤质地偏沙，应增加追肥次数，并相应降低每次追肥数量，做到"少量多餐"。

3. 蚜虫绿色防控

通过自主研究开发的"韭菜汁"制剂进行蚜虫喷雾消杀，可降低蚜虫发生率 37.5%。配套应用传统的黄蓝板和杀虫灯技术，降低蚜虫发生率 21%～23%。通过以上 3 项绿色防控技术的综合使用，蚜虫发生率可降低 60.5% 左右，从而实现南苍术当年产籽率可提升 25.6%，促进地下部分根茎的丰产增收效果。

4. 仿野生林药配套种技术

主要采取"林药套种"技术，在南苍术地块配套种植苦楝树、马尾松等"相生"树种生物防治，达到地上防虫害效果。同时，利用松针覆盖南苍术技术，达到地下保肥防病害效果。通过仿野生模式的种植与管理，利用"植物生化"技术达到防草、防虫、防病害的"三防"目标，从而提高药材的产量，生产出的药材品质达到或远远超过野生生境的南苍术质量标准。

（二）生产管理

1. 播前准备

在选好的地块上，将地表杂物堆积起来，或铺上 1 层杂草，加入菌种"堆肥"腐熟，等待返田。

2. 组织播种

在田块处理好并均匀施肥后，进行翻耕，耕层至少 30cm，耙平耙细后作厢。根据地块的大小做成宽 1.2m，长度 10m 以内的厢，厢沟宽 30～40cm，深 15cm 左右，厢面成龟背形，做到雨停后厢面和沟中无积水为度。开行沟点种，栽种时要将种苗出芽部分朝上，然后盖细土，上面再薄薄地盖 1 层松针。

3. 培土追肥

选用 45% 复合肥（15-15-15），施用量为 50kg/亩。第 1 次，第 2 年年底结合培土施入复合肥 25kg/亩。第 2 次，第 3 年苗出齐后结合第 4 次除草施入复合肥 25kg/亩。减少每次追肥数量，做到"少量多餐"。

4. 病虫防治

选用无病健壮的种苗或根茎种植。在冬季清园时，病枝枯叶集中烧毁达到预防效果。发病初期，叶面喷施70%代森锰锌可湿性粉剂或70%甲基硫菌灵可湿性粉剂。并综合使用生物防治技术，利用草木灰和"韭菜汁"防治，降低病菌浸染的基数。

5. 组织收获

在10月底至12月底。选晴天用挖锄逐行挖出，尽量避免挖断根茎或擦破根茎的表皮。在大田里应边挖边撞去可撞掉的泥沙。挖出后，可就地晾晒0.5~1d，待水汽基本去净后运回，进行后期的杀青、晾晒或烘制。

（三）应用效果

1. 减药效果

本模式与周边常规生产模式相比，减少化学农药防治次数4次，减少化学农药用量41.5%，农药利用率提高29.7%，蚜虫为害率控制在39.5%以下。

2. 成本效益分析

亩生产成本3 250元，亩产量1 126.3kg，亩收入18 020元，亩纯收入14 770元，适合发展的适度经营规模2万亩。

3. 促进品质提升

本模式下生产的南苍术，平均苍术素含量在0.35%以上，比常规模式高0.05个百分点。

4. 社会效益分析

在进行示范集成的同时，将依托河南省中药材技术推广中心，通过开展职业农民技术培训，把培养的新型经营主体作为技术的示范推广点，建立完善一套完整的新技术模式，指导中药材产业的绿色发展。

（四）适宜区域

该模式已被光山县淮河源林药种植专业合作社等10家新型经营主体所采用。实践证明，本仿生种植模式不仅适宜光山县适宜种植南苍术的乡镇，也适用于大别山区相似生态环境的地区规模化发展南苍术产业。

（李兵）

湖南省玉竹化肥农药减施增效技术模式

一、玉竹生产化肥施用现状

玉竹是湖南的"湘九味"品牌药材之一，是公认质地优良的湖南大宗道地药材，产量占全国生产总量的70%，湖南"邵东玉竹"已列入农业农村部农产品地理标志产品保护目录。玉竹单位产量高，3年产玉竹亩产可达4 000kg以上，市场行情好时，亩产值可突破10万元，能较好地促进当地药农增加收入和扩大就业，是助力当地脱贫攻坚和乡村振兴的优势中药材产业。然而，玉竹生长期长，一般播种后2~3年才能采收，且老产区连作障碍严重。目前，当地玉竹生产化肥施用方面存在的问题主要表现为以下几个方面。

（一）化肥完全替代有机肥现象普遍

由于当前农村农家有机肥少，收集运输不方便，有些规模化养殖畜粪存在重金属超标等多方面原因，存在部分药农栽培玉竹时，完全使用化学肥料替代有机肥的现象，常年施用会导致土壤板结，不利于土壤团粒结构形成，从而导致减产和品质变劣。

（二）化肥施用量过大

由于玉竹生长期长，生长过程需要施用基肥和追肥，有些药农为了获得高产，常常通过加大化肥的施用量和增加化肥追肥的次数来促进玉竹的生长，这不仅增加了种植成本，还会引发环境污染。

（三）化肥施用时期不当

玉竹大都在8—10月进行播种，一般采用随采随播，有些种植户为了赶时间，播种前不施基肥，而是播种后待春季出苗后，再进行追肥，常常导致既增加追肥劳动力成本，又因为基肥不足而影响玉竹生长，从而导致减产。

（四）化肥种类选择不当

玉竹属于地下根茎类药材，适当增施磷素、钾素营养肥料，有利于增加产量。玉竹生长对土壤氯离子比较敏感，施用复合肥时宜选择低氯或硫酸钾形态的复合肥为好。特别是有些叶面施肥时，追施氨态氮肥如氨水，也会导致烧苗现象。

（五）播种后不地表覆盖

湖南春季雨水多，玉竹种植地块大都为丘陵山坡地，水土肥力流失严重。有些玉竹药农播种后不进行地表茅草或稻草覆盖，既破坏土壤结构，造成肥料流失浪费，又易导致杂草发生，常常需要通过增施化肥来补充，同时又增加人工除草成本。

二、玉竹生产农药施用现状

湖南玉竹生产中的主要病害是根腐病，这是导致玉竹减产甚至绝收的主要原因。玉竹生产中虫害主要是蛴螬和小地老虎地下害虫为害。目前，玉竹生产病虫害化学防治中导致农药用药量增加的主要原因有以下几个方面。

（一）选择连作地块种植

玉竹根腐病属于土壤传播真菌类病害，连作地块残留严重。受新选种植地块限制或自身种植水平局限，有些药农种植玉竹时，选择前作种过玉竹或百合等其他百合科药用植物的地块，生长期玉竹根腐病发生严重，常常导致农药用量剧增。

（二）种茎未消毒或消毒不彻底

生产上，玉竹种茎随采随播，有些药农播种时并未进行种茎选择和消毒处理，将带病的种茎种植在大田，特别是种茎经过长途运输和长时间堆放后，机械损伤和堆积接触更易造成病菌传播，这些带病的种茎种植到大田很容易形成中心病株，加上湖南春夏季雨水多的自然气候条件，常常导致玉竹根腐病大面积发生，这是造成农药用药量增加的又一主要原因。

（三）农药施用方法不当

玉竹根腐病以为害地下根茎为主，蛴螬与小地老虎也以幼虫咬食地表幼苗根茎且潜伏在地下为害为主，相当部分药农喷药时，采用常规的喷洒到植物地上部分，这样既达不到药效，又造成农药的过量浪费施用。

三、玉竹化肥农药减施增效技术模式

（一）核心技术

本模式的核心内容主要包括"优良品种与种茎选择+轮作选址+种茎消毒与无菌临培+配方平衡施肥+地表茅草覆盖+宽窄行高畦种植+防控中心病株+全程机械化"。

1. 优良品种与种茎选择

品种选择宜选主产区表现好的猪屎尾参。特点是出苗早、出苗整齐度高、植株生长势强、根茎增生能力强、根茎粗大、分枝数多、抗逆性强、抗病性强、根茎产量高、水溶性多糖含量高。

种茎宜选择 2~3 年生玉竹植株上的当年生地下根茎，要求根茎顶芽粗壮，无病虫斑和机械损伤，个体大小均匀，重量在 10g 以上，带有部分须根。

2. 轮作选址

选择前作未种过玉竹或其他百合科植物的沙质壤土或壤土，要求背风向阳、排水良好、土壤疏松、土层深厚、富含有机质，丘陵坡地栽培时，宜从坡下开始逐年往坡上移栽。不宜选用黑色土壤，忌在土质黏重、地势低洼、易积水的地块栽培。同一块地，新区最少 3~5 年轮作 1 次，老区 7~8 年轮作 1 次。一般新种植区比老种植区产量高。

3. 种茎消毒与无菌临培

将采收的根茎用 70% 甲基托布津 800 倍液或 50% 多菌灵 500 倍液浸种 20~30min，对种茎进行消毒处理，阴干待种。为了种茎消毒更彻底，可用河沙作为栽培基质，再用上述甲基托布津或多菌灵杀菌剂喷洒消毒，然后将消毒后的种茎摊开临时培养 10~15d，检查临时苗床种茎发病情况，发现感病的种茎挑出或进行再消毒处理，确保播种种茎不带病。

4. 配方平衡施肥

按照增施有机肥、减施化肥、测土配方平衡施肥的原则施足基肥。玉竹基肥可以亩施商品有机肥 250~350kg+复合肥 50kg+磷肥 20kg，有条件的可以选择玉竹专用配方肥；生长期间可以根据长势适当追肥，追肥可以有机冲施肥为主，减少化肥施用量；待第 1 个生长年冬季地上部枯萎时，可以结合培土，追施 1 次基肥。

5. 地表茅草覆盖

播种后进行玉竹地表覆盖是实现化肥农药减施、夺取高产的关键一环，可采用茅草、稻草、秸秆等进行覆盖，覆盖厚度以 6~7cm 为宜，生产上尤以茅草覆盖效果好，既可保水保肥，又能较好地控制杂草生长。

6. 宽窄行高畦种植

玉竹生长期长，一般到了第 2 个生长年植株都会封行，且一般都在第 1 个生长年结束后，冬季进行 1 次培土施基肥，以加强通风和排水，方便培土操作，达到减少病虫害发生，降低施药量和劳动力成本。

7. 防控中心病株

玉竹根腐病防治是影响产量、控制农药施用量的关键，生产上一定要抓住中心病株防控的关键环节。除了进行种茎消毒与无菌临培防控种茎带毒外，一般在第 1 个生长年春夏生长季，特别是雨后高温晴天，带病植株很快会表现出发病症状，生产者应及早发现中心病株并抓紧防治。

8. 全程机械化

主要包括机械整地、机械喷药、轻轨田间运送、机械采收。

（二）生产管理

1. 播前准备

事先选择生长良好、根腐病发生少、品种纯正的生产大田做留种田。选择前作未种过玉竹或其他百合科植物的地块做生产田。对玉竹种茎进行消毒处理，并进行无菌临时培养。提前准备好玉竹栽培地表覆盖材料。如果采用当地农家肥的，需提前进行充分腐熟发酵处理。提前准备好整地施肥，宁让地等苗，而不让苗等地。

2. 组织播种

确定播种适宜时期为 8—10 月，最迟不超过 11 月底。采挖种茎宜选晴天或阴天土壤干燥时进行，不要淋雨，也不能积水。尽量随时采收随时处理种茎，种茎装载运输时，要选用塑料筐而不用尼龙网袋，尽量避免机械损伤，要摊开晾放而避免集中堆放。播种时可按预定株行距斜排或平排，避免整畦撒播。播后及时覆土并进行地表覆盖。

3. 田间管理

出苗后，及时检查出苗率，对于缺株的可以通过分株、调整株距等方式进行补栽。玉竹生长第 1 年杂草易发生，应及时清除田间杂草。出苗后，根据长势及时进行追肥，有条件的可以追施 1 次叶面肥。及时检查田间中心病株发生情况，并尽早采取相应防控措施。及时防治地下害虫。加强生长期田间肥水管理，及时清沟排水。第 1 个生长年冬季，待玉竹植株地上部枯萎后，进行 1 次培土施基肥。

4. 组织收获

玉竹一般播后 3 年采收，根据市场行情，也可提前到播后 2 年采收。采收以机械采收为宜。待秋季地上部分开始枯萎时，选择晴天，土壤湿度适宜时收获。收获时将商品根茎运至产地加工厂，按照特定的加工工艺及时加工成玉竹条或玉竹片。同时，将当年生的芽头饱满、健壮、无病虫害的子芽头掰下留作种茎用，未及时下种的种茎可用湿润的黄土或河沙覆盖贮存。

（三）应用效果

本模式与周边常规生产模式相比，可减少化肥用量 20%～30%，化肥利用率提高 10% 以上；减少化学农药防治次数 2 次，减少化学农药用量 20%，农药利用率提高 10%。根腐病发生率控制在 10% 以下。可以有效降低产品农药残留，提升产品品质，生产出肉质肥壮、质优、丰产的玉竹产品。

（四）适宜区域

湖南玉竹主产区。

（巩养仓、杨子墨）

四川省达川区乌梅化肥农药减施增效技术模式

一、乌梅化肥施用现状

达川区是乌梅的原生资源地，据《达州市达川区志》记载，距今已有 600 余年的栽培历史。所产乌梅基原纯正，品种优良，是乌梅 GAP 标准制标品种，有效枸橼酸含量 29.4%，高出《中华人民共和国药典》标准近 1 倍，居全国之首。达川乌梅于 2010 年获得全国地理标志保护产品，2017 年获得生态原产地保护产品，2014 年达川区被命名为"中国乌梅之乡"。截至 2019 年年底，全区乌梅总面积达 10 余万亩。乌梅生产管理以传统习惯方式为主，肥料使用以农家肥为主，化肥为辅，但当地农民为了获得更高的产量，还是存在一些错误的施肥习惯和方法，这些措施不仅增加种植成本，还影响了周边环境，甚至也对乌梅产量和品质造成了一点影响。具体情况如下。

（一）施肥量普遍较少，乌梅园施肥低于其他农作物

根据达川区土肥站调查汇总，本地乌梅种植园施肥情况如下：农家肥 4 400 kg/hm²，为复混肥（15-15-15）施用量 146.5kg/hm²，过磷酸钙 240kg/hm²、尿素 152kg/hm²，碳酸氢铵 305kg/hm² 折合为纯 N143.7kg/hm²、$P_2O_5$50.8kg/hm²、K_2O 102.6kg/hm²，合计化肥用量折纯 216.49kg/hm²，折氮磷钾亩用量为 14.43kg/hm²，远低于当地柑橘、桃树等其他水果施肥量，也低于全国化肥施用量 244.55kg/hm²（按照种植面积计算）。

（二）化肥利用率较低

乌梅施肥过程中总体施肥水平较低，但也还是存在表施、撒施化肥的情况，致使化肥当季利用率较低，不足 30%，低于 2019 年全国化肥利用率水平的 39.2%，氮肥利用率相对较高，导致化肥利用率低的原因，除了表施、撒施等不合理施肥方式和施肥时间不当外，该区域地形地貌也是重要因素，该区域主要是低山为主，种植基地地面坡度普遍在 15°以上，水土流失导致化肥淋失，如遇暴雨更加剧了化肥的流失。同时，由于施肥方式主要是撒施，也易导致氮素肥料的挥发。

二、乌梅农药施用现状

目前，在当地乌梅生产中，农药施用较少，在施用农药的乌梅园中，防治措施有化学防治、物理防治、生物防治和农业防治等，但是以农业、生物防治为主，存在零星化学防治现象。农药使用过程中，还存在一些问题，主要表现如下。

（一）部分农药施用单一，害虫产生抗药性提高

当地农民对化学农药的品种使用单一，造成部分害虫产生抗药性，导致用药剂量上升，防治效果却下降甚至失效，形成"虫害重—用药多"的恶性循环。

（二）农药使用对天敌伤害较大

目前，当地防治乌梅地下害虫等主要用辛硫磷、毒死蜱、杀单·毒死蜱等化学农药，即乌梅害虫防治措施单一化现象严重，部分农药在杀灭害虫的同时杀灭大量乌梅园区有益生物，导致园区生物多样性遭到破坏，自我调节能力降低，出现病害虫年年为害的恶性循环。

（三）施用技术及药械落后

作为乌梅的原生资源地，在长期种植乌梅的过程中虽然总结出一些施药经验和办法，但与其他地方一样，施药方式不够科学合理。同时，当地个体农民主要采用一家一户的分散式防治手段进行病虫草害防治，且多选用小型手动喷雾器等传统药械，因药械设备简陋、使用可靠性差等，"跑""冒""滴""漏"等情况非常普遍，农药利用率低，且对周边环境及生物影响较大。

三、乌梅化肥农药减施增效技术模式

（一）核心技术

近年来，当地农业技术推广部门结合当地的自然条件、气候条件，探索出了适合本地乌梅标准化生产的栽培种植模式，本模式的核心内容主要包括"优良品种+配方施肥+绿色防控+病虫害综合防治"。

1. 优良品种

主要选择通过审定的本地优良品种达梅 1 号、达梅 2 号等，其特点是产量高，抗病性强，道地性纯正，品质优良。

2. 配方施肥+水肥一体化

根据达川区土肥站在乌梅产区土壤采集分析的结果，结合产区普遍土壤有机质偏低的状况，决定采用有机肥+复混肥+中微量元素叶面肥为主的乌梅测土配方施肥技术，其中，有机肥 5 200kg/hm²，复混肥中氮磷钾养分含量分别为 20：8：12，用量 480kg/hm²，按照底肥、壮果肥、还阳肥 50：30：20 的比例施用。

施肥方法：有机肥在 12 月上旬至 1 月中旬前和 50% 复混肥作为底肥一起施用；壮果肥、还阳肥使用水溶性肥，采用水肥一体化施用，在浇水、施药时一并施入，其中壮果肥在 4 月上旬施入，还阳肥在 5 月下旬施入，此外，在开花前后结合病虫防治施用微量元素及生长调节剂等。

3. 绿色防控

本地区乌梅生产采用农业、物理、生物等为主的综合防控措施：一是加强乌梅园冬季修剪和清园工作，改善周边环境，增强树体通气透光条件，搞好整形修剪，剪除病虫枝、瘦弱枝、交叉枝、重叠枝，并集中烧毁。二是安装太阳能杀虫灯、悬挂色板，按照每 30 亩左右安 1 盏频振式杀虫灯，诱杀同翅目、鳞翅目等的迁飞性害虫，在乌梅花期和坐果期按照每亩 25 张的密度悬挂色板，利用害虫的趋光性诱集并消灭害虫，从而防治虫害和虫媒病害。三是实行生物防治，在标准园通过人工释放捕食螨、寄生蜂、瓢虫、草蛉等天敌，控制乌梅园红蜘蛛、小卷叶娥、叶蝉、蚜虫等害虫，保护调节生态平衡；选用微生物源、植物源农药如Bt、苦参碱、印楝素等防治乌梅病虫害；推广鸡园共育，在乌梅园放养成年鸡，通过鸡的脚刨、爪抓和啄食，消灭部分李小实心虫、李实蜂和一些地下休眠的害虫。

4. 病虫害综合防治

一是加强冬季清园力度，修剪后采用矿物源农药石硫合剂 1∶100 倍液喷施，减少乌梅树体病虫害基数。二是实行病虫害以预防为主的方针，在乌梅开花前用用 70%甲基硫菌灵可湿性粉剂 500~700 倍液加毒死蜱 40%乳油 1 000~2 000倍液喷雾防治炭疽病、细菌性穿孔病、白粉病等病害和蚜虫、花蕾蛆、蓟马、蜡象、叶蝉、红蜘蛛等虫害；在幼果期用安泰生 70%可湿性粉剂 500~700 倍液加 5%高效氯氰菊酯 1 500~2 000倍液防治幼果期的炭疽病等病害和蚜虫、李小食心虫等虫害。三是其他偶发性病虫害针对性用药，对于乌梅生长过程中发生的缩叶病、刺蛾等，根据需要进行针对性用药，乌梅采收后特别是后期发生的对乌梅树生长影响不大的病虫害，不需用药。

（二）生产管理

1. 冬季清园

加强冬季修剪和清园工作同时，乌梅园区冬季必须全盘翻挖，以改善土壤通透条件和杀灭部分地下害虫。

2. 科学施肥

采用有机肥与化肥、底肥与追肥、根际施肥与叶面施肥相结合的方式科学施肥，有机肥和 50%复混肥采用根际施肥底肥方式进行，采用滴水线挖环形、槽沟或放射沟施入，深度一般 20cm 左右，滴水线附近深，近树盘浅，但施肥后必须覆土，不允许撒施；壮果肥、还阳肥采用水肥一体化方式结合灌溉、施药一并进行；叶面施肥可以结合乌梅生长期防虫治病进行，对挂果多、树势弱的乌梅树，除可适施追施速效氮肥，还可采用追施叶面肥的办法进行根外追肥，一般可每隔1周，叶面喷1次0.3%的磷酸二氢钾+0.3%的尿素，连续喷3~4次。

3. 及时防治病虫害

一是按照乌梅生长季节时间节点的要求进行病虫害防治，并且正确使用农药浓度、施药时间、施药方法。二是鉴于乌梅树体较大、较高，建议使用电动喷雾器或机动喷雾器喷施，同时应喷尽喷。

（三）应用效果

1. 减肥减药效果

本模式与大面积乌梅生产区常规生产模式相比，平均减少化肥用量24.5kg/km²，减少11.31%，化肥利用率提高5.6%；减少化学农药防治次数2~3次，减少化学农药用量4.6%，农药利用率提高4.3%。

2. 成本效益分析

按照本模式，每公顷平均肥料农药生产成本可减少420元，公顷产量可增加2.2t，即使按照群收购价2800元/t计算，每公顷可节本增效6580元，亩纯可增加收入438.7元。

3. 促进品质提升

本模式下生产的乌梅，平均乌梅鲜果可达15g以上，有效枸橼酸也有一定程度提高，病虫果率大幅度减少，大大提高乌梅的商品价值。

（四）适宜区域

达川区乌梅主产区。

（梅国富、向彬）

甘 蔗

化肥农药施用现状及减施增效技术模式

广西壮族自治区甘蔗化肥农药
减施增效技术模式

甘蔗是最重要的糖料经济作物，产糖量占全球糖产量的 2/3，也是我国最主要的糖料作物之一，在促进农业供给侧结构性改革、产业扶贫和实施乡村振兴战略中具有重要的作用。但由于生境复杂、病虫草害频发和有害生物防控难度大等原因，导致化肥农药使用不科学，过量和盲目施用化肥农药的问题突出，不仅引发了严峻的环境污染问题，还制约了甘蔗产业的健康发展。

一、甘蔗化肥施用现状

（一）化肥施用量大

目前，甘蔗生产上普遍采取增施化肥的方式以获得高产、高糖和高收益。广西壮族自治区（以下简称广西）蔗区多数化肥施用量为尿素 $900 \sim 1\,200kg/hm^2$，钙镁磷 $1\,500 \sim 1\,800kg/hm^2$，氯化钾 $450 \sim 600kg/hm^2$，高浓度复合肥（$N-P-K=15-15-15$）$1\,200 \sim 1\,500kg/hm^2$；甘蔗施肥折合 N $594 \sim 777kg/hm^2$，P_2O_5 $465 \sim 513kg/hm^2$，K_2O $495 \sim 585kg/hm^2$。在甘蔗生产中，化肥尤其是氮肥的过量施用不仅造成蔗田土壤质量和甘蔗品质的逐渐下降，盈余肥料流失引起的水体污染和富营养化等还对生态环境构成巨大威胁。

（二）化肥利用率低

在甘蔗生产中，化肥当季利用率较低，不足 27%，而部分甘蔗生产水平较先进国家的甘蔗氮肥利用率相对较高，其中，美国为 40%、巴西为 60%、阿根廷为 70%。分析导致广西甘蔗化肥利用率低的原因，主要包括：一是施肥结构不合理，N、P、K 比例失调，甘蔗对氮、磷、钾的吸收量以钾最多，其次是氮，磷最少，而传统施肥是氮肥施用量最大，其次为磷，钾最少，过量氮肥损失浪费。二是施肥方法不科学，有些蔗农在新植蔗和宿根蔗追肥时，不及时培土或不培土，导致化肥随水流失、挥发严重。三是有机肥施用严重不足，有机肥肥效虽慢，但营养全面，富含微量元素以及大量元素，且施用有机肥能够改良土壤理化性状，提高肥料利用率和甘蔗品质。

（三）化肥施用成本高

2019/2020 榨季，广西普通品种糖料蔗收购价为 490 元/t，已连续 3 年未超过 500 元/t，按 75t/hm² 的平均产量计，即每公顷的糖料蔗毛收入不足 37 500元。相关调查显示，每公顷甘蔗的平均生产成本为 21 000多元，其中，肥料成本就达 7 300多元，占总成本的 35%以上，蔗农利润空间非常小。据相关调查结果，广西甘蔗化肥施用成本，每千克氮 4.3 元，施氮肥 2 554.2～3 341.1元/hm²；磷 5 元/kg，施磷肥 2 325～2 565元/hm²；钾 5 元/kg，施钾肥 2 475～2 925 元/hm²；化肥投入 7 354.2～8 831.1元/hm²。化肥过量施用导致生产成本增加，打击蔗农的生产积极性，影响甘蔗产业的健康可持续发展。

二、甘蔗农药施用现状

在甘蔗生产中，病虫草害是导致甘蔗减产和糖分下降的重要原因。目前，防治甘蔗病虫草害的措施有化学防治、物理防治、生物防治和农业防治等，其中，化学防治因高效便捷、省时省力仍是广西当前的主要防治手段。但甘蔗生产过程中化学农药滥用、乱用现象十分普遍且长期存在，不仅带来了严峻的环境问题，还制约了蔗糖产业的健康发展。

（一）农药施用量大

在甘蔗害虫防治中，当地蔗农对化学农药的长期单一、大剂量和大面积施用，极易造成害虫抗药性，导致防治效果下降甚至失效，继而导致用药剂量逐渐增加，形成"虫害重—用药多"的恶性循环。同时，过量农药在土壤中残留能造成土壤污染，进入水体后扩散造成水体污染，或通过漂移和挥发造成大气污染，严重威胁生态环境安全。

（二）农药依赖度高

在桂中南蔗区，20 世纪80—90 年代防治甘蔗害虫主要是使用呋喃丹、甲拌磷、甲基异柳磷和特丁磷等多种药剂，随着一些高毒高残留的药剂被禁用，近些年来防治甘蔗螟虫主要依赖毒·辛、毒死蜱、杀虫双、丁硫克百威、吡虫啉等化学农药，这些药剂长期大量施用使害虫产生抗药性，并同时杀灭了大量蔗田有益生物，导致蔗田生物多样性遭到破坏，自我调节能力降低，致使甘蔗螟虫及甘蔗白蚁的为害也越来越严重，而对于甘蔗白蚁，目前很多农民认识不足而没有进行防治，而认识到白蚁为害严重性的种植大户在防治上主要喷施 5%联苯菊酯乳油 7 500ml/（hm²·次），每年防治 2～3 次；而甘蔗螟虫在防治上目前很多农民利用甘蔗种植或培土时撒施 3.6%杀虫双颗粒或 2%吡虫啉 5kg/亩，中后期视虫害情况再撒施喷施 1 次化学农药。

（三）施用技术及药械落后

桂中南蔗区作为传统的蔗区，农民在长期种植甘蔗过程中虽然总结出一些施药经验和方法，但由于经济水平及环境条件的限制，当地个体蔗农主要采用一家一户的分散式防治手段进行病虫草害防治，药械上多选用小型手动喷雾器等传统药械，导致药液在喷施过程中常出现滴漏、飘失等情况，药液利用率降低，或用药不科学等原因，致使甘蔗病虫草害防治效果不理想。

三、甘蔗化肥农药减施增效技术模式

（一）核心技术

本模式的核心技术内容主要包括"优良品种+健康种茎+配方平衡施肥+螟虫绿色防控+全程机械化"。

1. 优良品种

选择高产、高糖、抗逆性强、宿根性好、高抗黑穗病的甘蔗优良品种，例如桂糖 42 号、桂糖 44 号、桂糖 46 号、桂糖 49 号、桂糖 55 号、桂糖 58 号、中蔗 1 号、中蔗 6 号、中蔗 9 号等。

2. 健康种茎

新植种茎选用标准健康种苗繁育基地生产的种苗（茎）。

3. 配方平衡施肥

配方平衡施肥是根据甘蔗达到一定产量所需要吸收的氮磷钾养分数量和种植甘蔗的土壤中所含有的氮磷钾养分可供数量两者综合平衡之后，提出的氮磷钾肥料需要量及养分最佳比例的技术，使甘蔗各种营养元素的供应平衡且协调，以满足甘蔗生长发育的需要，使甘蔗优质、高产，并且提高肥料的利用效率。目标产量推荐施肥量如下。

（1）原料蔗 80～100t/hm² 蔗区推荐施肥量　施用配有缓释和增效技术的复合（混）肥每公顷施 N 300～450kg，P_2O_5 200～225kg，K_2O 225～270kg。

（2）原料蔗 90~120t/hm² 蔗区推荐施肥量　施用配有缓释和增效技术的有机无机复合（混）肥，每公顷施 N 270~300kg，P_2O_5 90~105kg，K_2O 240~270kg（折有机—无机复合肥 2 250~2 400kg/hm²）。

种植期及施用时间：冬植或春植蔗，基肥占 10%，施于甘蔗种植前 1d；追肥占 90%，苗齐后施用；宿根蔗苗齐后一次性施用。

4. 螟虫绿色防控

每亩施用药度锐 50mL，新植蔗在种植时将拌匀后的药与肥混合物均匀撒施在摆好的蔗种上，然后盖土；宿根蔗在破垄施肥时将拌匀后的药与肥混合物均匀撒施在蔗蔸上，然后培上 1 层薄土；该药主要防治甘蔗螟虫并具有兼防治甘蔗棉蚜虫的作用。后期在甘蔗螟虫性诱测报的基础上进行赤眼蜂释放，防治甘蔗螟虫。

5. 全程机械化

主要包括机械种植、机械平茬、机械破垄蔗蔸、机械培土、机械收获等。

（二）生产管理

1. 种植准备

采用 120 匹马力以上的大型拖拉机配套铧式犁等机具进行耕翻、疏松土壤作业，深耕 40~50cm，精细整地，增强土壤保水保肥能力，为甘蔗播种发芽、生长发育创造良好的土壤环境。

2. 组织种植

选用新鲜、蔗芽饱满健壮的种茎，公顷下种量 9 000~10 500 芽，2 行对空方式下种，盖土覆膜，以提高甘蔗萌芽率和促进蔗苗早生快长。

3. 机械平茬（宿根蔗）

甘蔗收获后 1 星期左右采用机械平茬，去除高出地面蔗蔸，促进宿根低位芽萌动。

4. 机械破垄蔗蔸（宿根蔗）

平茬后及时采用机械破垄蔗蔸（越早越好），促进蔗芽提早萌发出土，提高宿根蔗出苗率，同时利于土壤风化，加速养分分解，增加土壤肥力，促进蔗苗生长。

5. 施肥培土

肥料施于蔗苗旁 5~10cm，机械培土高度 20cm 以上。

6. 机械收获

甘蔗成熟期的晴天天气，使用甘蔗联合收获机械入土 1~3cm 切割收获，减少蔗蔸损伤，利于宿根蔗芽萌发生长。

（三）应用效果

1. 减肥减药效果

本模式与周边常规生产模式相比，减少化肥用量 20% 以上，提高化肥利用率 12.4%~24.6%；减少化学农药防治次数 1 次，减少化学农药用量 85%；甘蔗螟虫为害枯心率控制在 5% 以下。

2. 成本效益分析

本模式每公顷生产成本 20 000~36 000 元，产量 80~120t，收入 39 200~58 800 元，纯收入 19 200~22 800 元。适合发展的适度经营规模 133hm² 左右。

3. 促进品质提升

本模式生产的甘蔗平均蔗糖分在 14.51% 以上，较常规模式高 0.4 个百分点（绝对值）。

（四）适宜区域

本模式适宜广西壮族自治区蔗区。

（谭宏伟）

云南省甘蔗化肥农药减施增效技术模式

甘蔗是云南省重要的经济作物，作为重要的脱贫长效产业，在促进当地边疆多民族欠发达地区农民增加收入和扩大就业方面发挥着重要作用。

一、甘蔗化肥施用现状

（一）追求高产导致施用量偏大

甘蔗生长期长、生物量大，当地蔗农为了获得更高的产量，在甘蔗生产上普遍采取增施化肥以获得高产、高糖和高收益。云南多数蔗区化肥施用量为尿素 600~750kg/hm²、普钙 750~900kg/hm²、硫酸钾 300~450kg/hm²、高浓度复合肥 1 200~1 500kg/hm²，折纯后为 N 456~570kg/hm²、P_2O_5 300~369kg/hm²、K_2O 330~450kg/hm²。其中，氮肥施用量是最大甘蔗种植国巴西蔗区的 6~8 倍。化肥的过量施用，不仅增加植蔗成本，还引发环境污染，甚至造成甘蔗产量和品质的"双降"。

（二）施用不合理导致利用率偏低

甘蔗生产中的化肥当季利用率，明显低于国外甘蔗生产先进国家。分析导致云南甘蔗化肥利用率低的原因，主要包括：一是施肥技术不当。部分蔗区常施"露天"肥，即施肥不覆土，风吹日晒雨淋等导致肥料挥发流失严重。二是施肥结构不合理。甘蔗对氮、磷、钾的吸收量以钾最多，其次是氮磷，而生产中习惯是氮肥施用量最大，导致氮磷钾比例失调，影响甘蔗对养分的吸收。三是未按甘蔗需肥规律精准施肥。甘蔗不同生育期对养分的需求不同，总的来说是苗期和成熟期少、伸长期多，但部分蔗农在种植甘蔗时基肥通常一次性施用大量速效肥，中后期不追肥或追肥不及时，导致化肥供应和蔗株吸收不吻合。

（三）偏高施用成本压缩蔗农利润

云南省 2018/2019 榨季普通品种甘蔗收购价为 420 元/t，优良品种价为 450 元/t，按 75t/hm² 的平均产量计算，即每公顷的原料蔗毛收入在 31 500~33 750 元。相关调查显示，每公顷甘蔗的平均生产成本为 21 000 元左右，其中，肥料成本就达 7 500 多元，占总成本的 35% 以上，蔗农利润空间非常小。化肥的过量施用导致的生产成本持续增长，必然在一定程度上打击蔗农的种植积极性，进而阻碍甘蔗产业的持续健康发展。

二、甘蔗农药施用现状

（一）防控精准度低

云南蔗区病虫害种类多样，其发生、为害与防控技术差异较大。虽在部分蔗区已形成"无药不下种"的传统，但对于农药与防治对象的契合度考虑得较少，常导致农药的无效施用。其次，由于缺乏对甘蔗病虫害发生与为害规律的认识，造成施药时期选择不当，影响防控效果。第三，蔗区主要采用一家一户的分散式防治手段进行病虫草害防治，较难实现针对某一病虫害的大面积精准防控。

（二）农药依赖度高

在云南蔗区，目前防治甘蔗螟虫、地下害虫等主要依赖杀单·毒死蜱、杀虫双、毒·辛等化学农药，即甘蔗害虫防治措施单一化现象严重，由于选择性差，部分农药在杀灭害虫的同时杀灭大量蔗田有益生物，导致蔗田生物多样性遭到破坏，自我调节能力降低，病虫害继而再度暴发，导致用药剂量逐渐增加，进而形成恶性循环。

（三）农药利用率低

云南作为传统蔗区，农民在长期种植甘蔗过程中虽然总结出一些施药经验和办法，但施药方式不够科学合理。其次，蔗农主要采用小型手动喷雾器等传统药械，因药械设备简陋、使用可靠性差等，导致药液在喷施过程中常出现滴漏、漂移等情况，其利用率降低。再次，甘蔗生长中后期由于植株高大，难以开展防治作业，通常采取撒施颗粒剂农药进行防治，农药挥发、流失严重。

三、甘蔗化肥农药减施增效技术模式

（一）核心技术

本模式的核心内容主要包括"优良品种+配方平衡施肥+绿色防控+全膜覆盖"。

1. 优良品种

甘蔗品种应选择适宜当地推广应用的云蔗05-51、云蔗08-1609、云蔗05-49、桂柳05-136、桂柳03-1137等优良健康品种。

2. 配方平衡施肥

施用甘蔗专用配方肥，有条件的蔗区提倡施用配方缓释肥。下种期或宿根蔗管理期施用，施用配方肥 900~1 200kg/hm^2，增施糖厂滤泥有机肥 1 200~1 800 kg/hm^2，增施酒精废液 75~150t/hm^2。如临沧耿马宿根蔗区推广施用 1 200kg/hm^{2}甘蔗专业配方复合肥（氮磷钾养分比例为 26：12：6）+增施酒精废液150t/hm^2；普洱澜沧新植蔗区推广施用 900kg/hm^{2}甘蔗专业配方复合肥（氮磷钾养分比例为 24：6：10）+增施滤泥有机肥 1 800 kg/hm^2+配施酒精废液75t/hm^2。

3. 病虫草害绿色防控

（1）甘蔗害虫　甘蔗螟虫：田间布设诱捕器诱杀成虫、释放赤眼蜂寄生螟卵、田边种植香根草诱杀大螟、二点螟等，同时关键时期选择生物农药（苏云金杆菌等）或高效低风险农药（氯虫苯甲酰胺、甲维盐等）防控幼虫；甘蔗棉蚜或蓟马：根施噻虫嗪、吡虫啉等农药防控、保护和利用蔗田优势天敌（瓢虫等）；甘蔗金龟子：选择生物农药（白僵菌、绿僵菌等）或高效低风险农药（辛硫磷、毒·辛等）根施防控。

（2）甘蔗病害　以抗病品种为优选。同时，种传病害（甘蔗花叶病、宿根矮化病等）采用种植脱毒健康种苗来降低其为害，叶部病害（锈病、褐条病等）则适期选择化学杀菌剂进行叶面喷防。

（3）蔗田杂草　采用除草（除草降解）地膜，通过全膜覆盖防控草害。

4. 全膜覆盖

采用除草（除草降解）地膜，在蔗沟潮湿的时期及时进行覆盖，地膜要求膜宽 1.5~2.8m，沿蔗沟垂直起伏方向（横向）或与蔗沟平行方向（纵向，便于人工回收地膜）覆盖蔗沟，利用后面蔗垄上的细土进行压实。地膜与地膜搭口时，要求搭口在 10cm 左右。在雨季来临时，及时揭膜，回收并科学处理地膜。

（二）生产管理

1. 新植蔗

（1）种植时期　选择冬植或春植，在立冬后至翌年清明前种植。

（2）蔗地整理　沿等高线开挖植蔗沟，要求土块细碎，有条件的地块，最好采用机械开沟，深 30~35cm，行距 90~110cm。

（3）施用配方肥　采用甘蔗配方肥，提倡一次性施足底肥，保证全生育期的甘蔗营养需求。每亩施用配方肥 900~1 200kg/hm²，增施糖厂滤泥有机肥 1 200~1 800kg/hm²，增施酒精废液 75~150t/hm²。均匀施于蔗沟。

（4）及时下种　趁蔗沟潮湿，及时下种栽培，对于行距 90~100cm 的蔗沟，采用 2 行对空的方式进行下种，每公顷下种量 150 000 芽；对于 100~110cm 的蔗沟，采用 3 行对空的方式下种，每公顷下种量约 135 000 芽；甘蔗下种后，及时覆土，厚度 8~15cm。

（5）全膜覆盖　按要求及时覆膜，以利于出苗并防控杂草。

（6）虫害防控　根据当地害虫发生类型选择适宜措施进行，需要喷雾防治的最好采用无人机高效喷防。螟虫、棉蚜发生严重蔗田可选高效低风险农药与种肥混匀后一起施用；金龟子发生严重蔗地则于甘蔗拔节前（5月底至6月初）选择适宜药剂与干细土混匀后施于甘蔗根部后覆土。

（7）病害防控　对甘蔗中后期叶部病害发生严重的田块，根据病害发生的种类，于发病初期采用多菌灵、托布津、百菌清等药剂进行无人机喷防，连喷2~3次。

（8）甘蔗收砍　11月后，根据甘蔗成熟情况，即可收砍甘蔗，入土3~5cm收砍。有条件的蔗区可采用机械化收获。

2. 宿根蔗

（1）蔗园清理　铲除过高蔗桩利于覆膜。同时，上年病虫害发生严重田块应清除蔗叶、病残株等。

（2）施肥施药　肥料、农药及施用方式同新植蔗。施肥药后进行小培土。

（3）全膜覆盖　根据土壤墒情及时覆膜，方法同新植蔗。

病虫害防治、甘蔗收砍等同新植蔗管理。

（三）适宜区域

云南旱地蔗区或类似蔗区。

（邓军）

广东省甘蔗化肥农药减施增效技术模式

甘蔗是 C_4 作物，生物量大、生长周期长，病虫害高发、频发、重发，肥料需求量巨大。化学肥料的大量施用给甘蔗生产带来了巨大的变化，不仅在实现增产增收的同时，也带来了不少的负面效应，而且问题日益严重。

一、甘蔗化肥施用现状

1. 施肥结构不合理，养分比例失衡

使用单一化肥养分的单一性无法弥补土壤中微量元素养分的亏缺，化肥高含量中量元素无法得到有效补充。化肥投入养分比例失调，重氮轻钾、重大量元素轻中微量元素、过量偏施氮肥现象尤为突出。

2. 化肥施用量大，利用率低

当前，我国甘蔗生产主要以化肥施肥，但普遍存在过量和偏施的现象。调查结果显示，肥料占总成本的35%，达到7 500元/hm²。在广东蔗区，氯化钾、过磷酸钙、尿素的施用量分别约50～750kg/hm²、1 500～2 250kg/hm²、750～900kg/hm²。不仅造成了甘蔗生产的投入增加，也加重了化肥对土壤的污染。

3. 肥料施用技术不合理

肥料施用技术不合理主要是人为因素造成的，主要表现在施肥未开沟、施肥后不盖土等，造成肥料在施用后肥效流失、施肥效率下降、肥料浪费等问题，不仅造成了甘蔗生产的投入增加，也加重了化肥对土壤的污染。

二、甘蔗农药施用现状

1. 农药施用量大，利用率低，依赖度高

一方面，甘蔗有害生物发生的种类、数量、频次以及为害造成的损失都很严重，造成了对化学农药的高度依赖；另一方面，化学农药的长期单一、大剂量和大面积施用，极易促使害虫产生抗药性，导致防治效果下降甚至失效，继而导致用药剂量逐渐增加，造成虫害重用药多的恶性循环。目前，广东蔗区主要依赖毒·辛、毒死蜱、杀单·毒死蜱、丁硫克百威等化学农药。

2. 植保机械及施药技术的滞后性都比较明显

大部分都是手动机具及小型机具，无人机飞防还不普遍；植保机械的类型相对比较少；操作人员专业化水平低下。

三、甘蔗化肥农药减施增效技术模式

针对广东蔗区甘蔗生产中化肥农药施用不合理现状，集成了一套甘蔗化肥农药减施增效技术模式。

（一）核心内容

本模式的核心内容主要包括"蔗田收获剩余物腐熟有机肥还田+药肥多功能生态调控剂+绿色防控+全程机械化"技术模式。

1. 蔗田收获剩余物腐熟有机肥还田

甘蔗收获后，以蔗叶、蔗梢等蔗田收获剩余物为主要原料，以农田物质能量循环和减少蔗田病虫草害为目的在田头进行集中堆沤。在地头挖一大小适合的基坑，分层堆积秸秆等有机物材料，每层厚约20cm，并逐层浇入高效腐熟微生物菌剂，也可加入人畜粪尿、淤泥等有机肥，搭配适量尿素，加入适量水分，水分含量一般以占最大持水量的60%~75%为宜，用手紧握剩余物，挤出水滴时最合适。堆宽一般要求为1~3m，堆高1~1.5m，长度以材料多少和场地大小而定，堆好后用泥（或薄膜）封严。30~40d即可腐烂使用。

2. 施用药肥多功能生态调控剂

施用兼具药效和肥效的药肥多功能生态制剂，主要包括吡虫啉、噻虫胺、噻虫嗪以及呋虫胺等具有内吸性的药肥产品，有效含量施用量一般在30~100g/亩，新植蔗下种时随种沟施，宿根蔗可在苗期开沟施用，覆土。

3. 绿色防控

以性诱剂预测预报为指导，结合赤眼蜂绿色防控技术，分别对螟虫成虫和卵两种不同虫态进行防控。

（1）螟虫性预测预报 诱剂诱捕器宜于在3月初安装，试验期间及时清理诱捕器，15~20d更换1次诱芯。

（2）释放赤眼蜂 根据虫情测报，一般在3月下旬和4月上中旬分别释放赤眼蜂1次；5月下旬针对条螟第1代成虫，在成虫羽化始盛日前2~3d，利用性诱剂迷向防治，在插迷向管约7~10d后释放赤眼蜂1次；针对第2代条螟卵在6月中旬释放赤眼蜂1次。释放赤眼蜂的数量约15万头/（hm²·次）。放蜂时将蜂卡折叠向内，避免雨水直接淋或太阳照射。蜂卡可固定在蔗叶片靠近梢部处。应选择无雨、无大风的天气放蜂。

（3）性诱剂迷向 分别在5月下旬、7月中旬和8月底条螟第1代、第2代、第3代成虫羽化始盛日前，插性诱剂迷向管进行迷向法防治，插管密度为100支/亩。

（4）性诱剂诱杀 从越冬代开始，在条螟成虫羽化始盛日前2~3d开始布设性诱剂诱杀器。诱杀盆布设在蔗地的上风处，每0.5~0.6hm²蔗田设1个。

4. 全程机械化

全程使用机械化耕作平台进行机械化耕地、播种、施肥、覆膜、秸秆还田以及收获等。

（二）生产管理

1. 播前准备

及时收集蔗田剩余物腐熟有机肥，犁耙前将腐熟的有机肥按照每亩100~

300kg 量施用下去并撒施均匀。选择合适的甘蔗品种，将剥好叶的种苗进行砍伐要从甘蔗茎出发，进行横切，减少砍成斜面的情况出现，同时还需要有效去除病虫害的芽节，尽可能选用健康的种苗。

2. 组织播种

机械化播种，行距 120cm，种植时开沟深度在 40cm 左右，种植的深度控制在 25~30cm，培土高度需要保持一致，通常控制在 10cm 左右，甘蔗种植所在地控制为龟背形，控制好种植密度。

3. 培土施肥

在甘蔗种植的过程中，对于宿根蔗一定要在 6 月初左右做好埋肥施工；而对于春植蔗，需要在 6 月中旬左右进行埋肥。在埋肥的过程中要科学地施用复合肥，确保能够充分发挥肥料的作用，以提高肥料利用率。

4. 病虫害防控

病虫害防控贯彻整个甘蔗的生育期。

（1）甘蔗种植时　通过选种抗性品种或健康种茎减少病虫害发生，施用药肥防治甘蔗螟虫和地下害虫。

（2）甘蔗苗期　以化学防治和生物防治结合控制螟虫为害，及时拔除黑穗病发病植株。

（3）甘蔗分蘖期、伸长期　以化学防治、生物防治和物理防治结合防治螟虫、棉蚜、蓟马、粉蚧、地下害虫和梢腐病等。

（4）甘蔗成熟期　以生物防治和物理防治结合控制螟虫和地下害虫等。甘蔗生产后期可采用无人机飞防的形式防治，提高效率。

（三）应用效果

1. 减肥减药效果

多年大田调查数据表明，本模式示范区与常规生产管理相比，可减少化学肥料施用量 25%，减少化学农药施用量 30%，利用率分别提高 12% 和 10%，螟虫为害率控制在 5% 以下。

2. 成本效益分析

亩生产成本 1 000 元，亩产量 6t，亩收入约为 2 400 元，亩纯收入 1400 元。

3. 促进品质提升

甘蔗单产增加 5% 以上，蔗糖分增加 0.2 个百分点。

（四）适宜区域

广东省蔗区。

（安玉兴）

海南省甘蔗化肥农药减施增效技术模式

甘蔗是海南省传统的重要经济作物，作为重要农业支柱产业，在促进当地蔗区农民增加收入和扩大就业方面发挥着重要作用。近年来，化肥和农药的持续投入有效促进了甘蔗产量的增加，但伴随着大量甚至过量施用，也带来了种植成本增加和环境污染等一系列严峻问题。

一、甘蔗化肥施用现状

目前，海南省多数蔗区化肥施用量为尿素 $900\sim1\,200kg/hm^2$、普通过磷酸钙 $1\,200\sim1\,500kg/hm^2$、氯化钾 $300\sim450kg/hm^2$、高浓度复合肥（15-15-15）$900\sim1\,200kg/hm^2$，折纯后为 N $549\sim732kg/hm^2$、P_2O_5 $327\sim420kg/hm^2$、K_2O $315\sim450kg/hm^2$。用量较大的同时，其利用率又较低。究其原因，一是蔗区土壤的有机质含量普遍偏低。甘蔗施肥过程中很少注重有机肥施用，偏重化学无机肥料，加上持续连作，土壤肥力持续下降。蔗区土壤有机质含量大多处于 $1\%\sim2\%$ 的低位水平，土壤保水保肥能力不足。二是氮素偏施严重使养分施用比例不平衡。由于甘蔗种植普遍较为分散，生产规模较小，缺乏测土配方施肥，主要凭经验和习惯进行施肥，很难做到合理、平衡施用，习惯性偏爱重施氮肥，钾肥施用量不足，土壤部分中量元素、微量元素基本得不到补充。肥料养分的供给失衡限制了甘蔗对养分的吸收利用。三是施肥方法不当造成肥料大量损失。蔗农习惯施肥方式中，新植蔗有 2/3 的肥料用于在分蘖或者拔节期时进行追肥，主要通过雨后蔗地表面撒施的方式施用。而宿根甘蔗几乎所有肥料都是通过地表撒施的方式施用，基本不进行盖土或者盖土很浅，这样就会导致肥料中由尿素转化而来的碳酸氢铵大量分解挥发，温度越高氮肥损失越大。海南省 2018/2019 榨季普通品种甘蔗收购价为 500 元/t，已连续 3 年未超过 500 元/t，按 $60t/hm^2$ 的平均产量计算，即每公顷的原料蔗毛收入不足 30 000 元。据相关调查显示，每公顷甘蔗的平均生产成本为 20 000 多元，其中，肥料成本就达 7 500 多元，占总成本的 35% 以上，蔗农利润空间非常小。

二、甘蔗农药施用现状

海南省作为传统蔗区，农民在长期种植甘蔗过程中虽然总结出一些施药经验和办法，但施药方式不够科学合理，往往通过大量甚至过量施用化学农药以提高防治效果。同时，当地个体蔗农主要采用一家一户的分散式防治手段进行病虫草害防治，且多选用小型手动喷雾器等传统药械，因药械设备简陋、使用可靠性差等，导致药液在喷施过程中常出现滴漏、飘失等情况，不仅导致其利用率降低，也对生态环境安全构成了威胁。

三、甘蔗化肥农药减施技术模式

（一）核心技术

本模式的核心内容主要包括"蔗叶还田+良种脱毒健康种苗+真菌病害生物防治+水肥药一体化管理+全程机械化"。

1. 蔗叶还田

在整耕地前使用蔗叶粉碎机，对收获后的残余蔗梢和蔗叶进行粉碎还田。

2. 良种脱毒健康种苗

品种选择在海南、广西、广东等蔗区表现较好，产量和蔗糖分均优于新台糖 22 号的桂糖 42 号、桂柳 05-136 等品种的脱毒健康种苗及部分具有高抗黑穗病的中糖 2 号等品种的脱毒健康种苗。

3. 真菌病害生物防治

利用生防菌株 HAS 研制的甘蔗黑穗病生防制剂，与良种甘蔗脱毒种苗推广应用相结合，在脱毒种苗繁育过程中使用 HAS 菌株生防制剂进行处理，可减少利用后代种茎种植甘蔗黑穗病发病率。

4. 水肥药一体化管理

利用膜下滴灌系统分别在甘蔗苗期、分蘖期、拔节期、茎伸长期等多个时期将适宜不同发育时期的水溶肥定时定量施用。在甘蔗螟虫和地上害虫、地下害虫防治的靶标时期，滴施适宜滴灌的内吸性防虫药剂，如40%杀虫单水剂、30%毒死蜱悬浮剂、70%噻虫嗪分散剂等。

5. 全程机械化

甘蔗生产全程机械化主要包括：机械化蔗叶粉碎还田、机械整耕地、机械化种植、机械化中耕、机械化收获。

（二）生产模式

1. 种植前准备

蔗地整耕前，使用中大型拖拉机配套悬挂蔗叶粉碎机，对收获后的蔗地残留的蔗梢和蔗叶就地粉碎，然后均匀铺撒在蔗地表面。然后，再将粉碎的蔗叶通过耕整地，翻埋进入土层中。蔗叶还田可以为甘蔗补充相当数量的养分，尤以钾素最多，可以减少部分化学肥料的施用。此外，蔗叶还田还可以增加土壤有机质含量，改善土壤结构，使土质疏松，保水保肥能力显著增加。

2. 种植过程

可以选用在海南、广西、广东等蔗区表现较好的桂糖42号、桂柳05-136等品种或高抗黑穗病品种中糖2号等品种的良种脱毒健康种苗进行种植。种植行距可采用大小行种植，行距为1.8m（大行1.4m+小行0.4m），采用脱毒种苗的双芽段种植时，亩用种量在1 900~2 100段双芽段（3 800~4 200芽）。具备滴灌条件蔗地，种植时可在0.4m小行间铺设滴灌带，并用地膜覆盖小行，以提高后期滴施的水、肥、药利用率。

3. 真菌病害生物防治防控

利用生防菌株HAS在甘蔗体内具有的较强的定殖能力，将其与良种甘蔗脱毒种苗推广应用相结合，通过在脱毒健康种苗假植和移栽过程中使用HAS菌株生防制剂，随定根水浇灌进行处理，可以显著减少甘蔗脱毒原种苗及其宿根蔗、一代种茎种植甘蔗黑穗病等真菌病害发生。

4. 水肥药一体化管理

对于有灌溉条件的蔗地，可以利用膜下滴灌系统分别在甘蔗苗期、分蘖期、拔节期、茎伸长期等多个时期将适宜不同发育时期的水溶肥定时定量施用，以满足甘蔗不同生长发育时期水肥需求，提高肥料利用率。在甘蔗螟虫和地上害虫、地下害虫防治的靶标时期，滴施适宜滴灌的内吸性防虫药剂，以提高农药利用率和防治效率。

5. 机械化收获

机械化收获以切段式联合收获机为主，小型收获机为辅，如洛阳辰汉农业 4GQ-130 收获机，行距在 1.4m 以上可使用凯斯系列中大型收获机。

（三）应用效果

1. 减肥减药效果

本模式与周边常规生产模式相比，水肥药一体化可减少化肥用量 15%，化肥利用率提高 24%；减少化学农药用量 20%，螟虫枯心率控制在 2.5% 以下。良种脱毒种苗和黑穗病生防制剂的应用，可以替代主要病害化学药剂喷施防治，新植蔗黑穗病发生率控制在 0.3% 以下，宿根蔗在 2.7% 以下。

2. 成本效益分析

（1）新植蔗成本不含地租 亩生产成本 2 400 元，亩产量 8t，亩收入 4 000 元，亩纯收入 1 600 元，适合发展的适度经营规模 15 万亩。

（2）宿根蔗成本不含地租 亩生产成本 1 600 元，亩产量 8t，亩收入 4 000 元，亩纯收入 2 400 元，适合发展的适度经营规模 15 万亩。

3. 促进品质提升

本模式下生产的甘蔗，平均糖分在 13.4% 以上，比常规模式高 0.3 个百分点。

（四）适宜区域

海南省等蔗区。

（熊国如）

浙江省温岭市甘蔗（果蔗）化肥农药减施增效技术模式

甘蔗（果蔗）是浙江省传统的经济作物，作为重要特色农业支柱产业，在促进当地蔗区农民增加收入和扩大就业方面发挥着重要作用。

一、果蔗化肥施用现状

浙江温岭蔗区化肥施用量为高浓度复合肥（15-15-15）3 000kg/hm²，折合纯 N 450kg/hm²、P_2O_5 450kg/hm²、K_2O 450kg/hm²。在甘蔗生产中，由于长年单施化肥，尤其是磷肥的过量施用，不仅造成蔗田土壤质量和甘蔗品质的逐渐下降，盈余肥料流失引起的水体污染和富营养化等还对生态环境构成巨大威胁。与此同时，也抬高了当地植蔗的生产成本。当地甘蔗（果蔗）的收购价为 1 000 元/t，已连续 3 年未超过 1 200 元/t，按 75t/hm² 的平均产量计算，即每公顷的果蔗毛收入不足 75 000 元。而据相关调查，浙江每公顷甘蔗的平均生产成本为 70 000 元，其中，肥料成本就达 22 500 多元，占总成本的 32.14% 以上，蔗农利润空间非常小。每公顷甘蔗的平均收入在 5 000 元左右。

二、果蔗农药施用现状

浙江温岭地区蔗区的农药施用量普遍较大，特别是近年来由于蔗农盲目引进不经检疫的广东黄皮果蔗种蔗，造成甘蔗赤腐病和白条病在本地大面积暴发，大大增加了农药防治的次数和用药量。与此同时，目前浙江省甘蔗害虫防治措施单一化现象严重，甘蔗螟虫、地下害虫等的防治主要依赖辛硫磷颗粒剂、杀单·毒死蜱等化学农药，由于选择性差，部分农药在杀灭害虫的同时杀灭大量蔗田有益生物，导致蔗田生物多样性遭到破坏，自我调节能力降低，病害虫继而再度暴发。如 2017 年赤腐病大暴发，主要蔗区每隔 10d 喷药防治 1 次，每次每公顷用药费用高达 500 元，全年每公顷用药费用高达 5 000 元。

三、果蔗化肥农药减施增效技术模式

（一）核心技术

本模式为西瓜—果蔗"设施共享"轮作栽培技术，核心内容主要包括"无病（脱毒组培苗）种苗+平衡施肥+绿色防控+设施轮作"。

1. 无病种苗

选择优良品种，如温联 2 号、广东黄皮等优质高产品种；选蔗芽饱满健壮，无病虫蔗茎做种蔗；大力推广甘蔗脱毒组培苗，改传统蔗茎留种技术为脱毒种苗扩繁技术，实现了良种快速扩繁。2006年开始研究并应用果蔗脱毒种苗，近年来脱毒种苗应用率快速提高。

2. 平衡施肥

增施有机肥，合理配施化学肥料；老蔗地酌减化肥用量，特别是磷肥用量；提倡基肥施用复混肥、有机无机复混肥、缓释肥料或果蔗专用肥料，追肥施用优质复合肥并配施单质肥。

施肥建议：蔗区青紫泥田、黄斑田，目标产量8 000 kg/亩，施氮肥总量（N）29~31 kg/亩、磷肥（P_2O_5）5~10 kg/亩、钾肥（K_2O）10~15 kg/亩，其中基肥40%，追肥60%。

3. 病虫绿色防控

（1）农业防治 深耕、灌水，预防病害。

（2）物理、生物防治 设施薄膜防虫；机械除杀（频振式杀虫灯应用面积30~50亩/盏）；灌水捕捉地下害虫成虫，杀死幼虫；性诱除杀（大螟、二点螟2个/亩，4—8月每20d更换1次）。

（3）合理选用高效低毒农药 其中，螟虫：杀虫单、阿维菌素、氯虫苯甲酰胺、氟虫双酰胺；蚜虫：吡虫啉、啶虫脒；红蜘蛛：氟虫脲；锈螨：阿维菌素、氟虫脲；地下害虫：辛硫磷颗粒剂；梢腐病等：硫菌灵、多菌灵、代森锰锌。

4. 设施轮作栽培

西瓜和果蔗是温岭两大主要经济作物，西瓜和果蔗产业是温岭市农业增效、农民增收的支柱产业。近10年来，全市设施西瓜年种植面积稳定在2 333 hm²，果蔗稳定在1 000 hm²。为克服果蔗连作障碍，减少用肥用药，大力推广设施西瓜—设施果蔗轮作模式，在西瓜收获后，不拆大棚设施和薄膜，在原有西瓜大棚设施内继续进行果蔗种植。采用设施西瓜种植之后轮作果蔗，实施水旱轮作，减轻果蔗病害发生，既能充分提高设施的利用率，又能充分利用西瓜种植后土壤中的多余肥料，实现果蔗减肥减药，减少面源污染，保护了农业生态环境，有效提升生态效益。

（二）生产管理

1. 播前准备

前作西瓜采收后，每亩用草铵膦150ml和二甲四氯50ml加水20kg喷施除棚内杂草。翻耕后整畦，1 棚 2 畦，1 畦双行种植，挖种植沟 4 条，每亩施商品有机肥 250kg、三元复合肥（N：P_2O_5：K_2O 为 21：8：11）25kg，然后将畦整成屋脊形，待种。选用脱毒组培苗，将种蔗截成段，种段应无病虫，蔗芽饱满健壮，每种段要有 3~5 个芽。每亩需备足 1 000~1 100 个种段。10 月中下旬播种，条播，播后每亩施三元复合肥 15kg，然后用脚踩种段使其与土壤紧密接触，再每亩施 3% 辛硫磷颗粒剂 4kg，覆土 1.5~2cm，喷除草剂防治杂草，覆盖地膜，11 月底搭建小拱棚，覆膜，达到 3 膜覆盖。

2. 播后管理

果蔗出苗后，每隔 1~2d 破地膜露苗 1 次，避免幼苗烧伤。长到 6 片真叶时开始分蘖，采用主茎留苗为主，预留定苗 2 500 株/亩，并去掉无效分蘖。2 月底揭去拱棚膜。5 月底，当平均最低气温稳定在 20℃ 以上，揭去大棚膜，最迟在 5 月 25 日前完成，6 月底前揭去地膜。

期间为防大棚果蔗高温烧苗，3 月下旬可在顶膜一边开通风洞，也可在两边开通风洞。通风洞成半圆形，直径 10cm 左右，洞间距 2.5~3m。两边开洞间距可增 1 倍，洞口要相对错开。开通风洞要依据当天预报温度，并在上午 9 时完成，控制棚温不超过 38℃。4 月中旬当最高气温 26℃，应增加洞数 1 倍，即采用两边开洞。4 月下旬当最高气温 29℃ 时，加大通风洞口径至 20cm 左右。5 月要依据植株长势再增加开洞数，当蔗叶与薄膜贴在一起时要通过洞取出叶片。

大棚果蔗长势较好的，4 月上旬在畦中间对开地膜，将地膜用竹片撑起，清理杂草，并施三元复合肥 30kg/亩，施肥后将畦中间的土培向植株根部至 6cm，再用蔗草净 300ml 加水 300kg/亩喷施杂草，注意不要喷到蔗叶上，然后重新盖好地膜，6 月中旬果蔗拔节伸长时，结合清沟施三元复合肥 30kg/亩，加宽沟面至 50cm，沟加深 5cm，向植株根部培土 6cm。当果蔗伸长到 50cm 以上，加深沟底 5cm 并粉碎泥土，施三元复合肥 25kg/亩混在沟泥中再用力甩在植株根部。

果蔗拔节后要经常清理老叶，一般 15d 剥叶 1 次，留上部 8~9 片叶，最后 1 次剥叶留 6 片叶，最后定株 2 200 株/亩。果蔗前期应干湿适度，以土壤持水量 60% 左右为宜。伸长旺盛期，以土壤持水量 80% 为宜。成熟期，使土壤持水量逐渐下降到 40%，以利于糖分积累。大棚果蔗最早采收在 9 月下旬，最迟采收在第 1 次霜冻来临前。

3. 病虫防治

果蔗生长前期，要注意地下害虫对果蔗的为害。12 月至翌年 4 月注意蓟马、红蜘蛛、蚜虫的为害。蓟马用6%乙基多杀菌素2 000倍液、50%苯丁锡4 000倍液喷雾。红蜘蛛用1%阿维菌素1 000～1 500倍液喷雾。蚜虫用22%氟啶虫胺腈3 000倍液喷雾。5—9月要及时防治螟虫，在防治适期，每亩用20%氯虫苯甲酰胺悬浮剂15～20ml或20%氟虫双酰胺15ml，加水60kg喷雾。

（三）应用效果

1. 减肥减药效果

本模式与周边常规生产模式相比，减少化肥用量37.5%，化肥利用率提高5%；减少化学农药防治次数2次，减少化学农药用量25%，农药利用率提高12%。螟虫为害率控制在0.5%以下。

2. 成本效益分析

亩生产成本7 860元，亩产量8 060kg，亩收入11 125元，亩纯收入3 265元，适合发展的适度经营规模1万亩。

3. 促进品质提升

本模式下生产的甘蔗，平均糖锤度增1%，产量比常规（非设施）模式高38.49%。

（四）适宜区域

浙江省蔗区。

（陆中华）

麻　类

化肥农药施用现状及减施增效技术模式

苎麻主产区化肥农药减施增效技术模式

一、苎麻化肥农药施用现状

苎麻主要种植地区为四川、湖南、湖北、江西和重庆等地，四川种植面积最大，约3.5万hm^2，其他省（市）平均约0.7万/hm^2，苎麻是多年生作物，随种植时间增加，"一病一虫"（根褐腐病、夜蛾）越严重，随病虫害发生的高频率增加了化学农药的使用次数。生产上普遍采取增施尿素以获得纤维高产和高收益。多数麻区化肥施用量为尿素375~600kg/hm^2、高浓度复合肥（15-15-15）750~900kg/hm^2（冬培施用），折合N 284~411kg/hm^2、P_2O_5 112~135kg/hm^2、K_2O 112~135kg/hm^2。苎麻生产中普遍存在过量施氮的现象，氮肥利用率逐年降低，生态环境逐渐恶化，不利于苎麻的可持续发展。

（一）主要病害及防治方法

1. 根褐腐病

根褐腐病是由线虫和钟器腐霉等微生物引起的主要病害，在我国苎麻种植区都有分布，以长江流域和滨湖地区发生最重。特别是老龄麻园，有随麻龄延长而加重的趋势，发病率可高达80%以上，常造成减产20%~30%，重者50%以上甚至绝收。

（1）症状　受害初期根部常出现黑褐色不规则病斑，稍凹陷，后渐扩大为黑褐色大病斑，并深入木质部使之变黑褐色海绵状朽腐，质地疏松似糠状，病灶交接处常见黑绿色病变。而地上部分常表现出麻株减少且矮化，叶片发黄，干旱时凋萎。发病严重时整根腐烂，麻株枯死。

（2）发生规律　病原线虫生活的适宜温度为25~28℃，田间土壤温度是影响其孵化和繁殖的重要条件，温度高于33℃时繁殖量大大下降，温度高于40℃或低于4℃时就很少活动，65℃下10min可导致死亡。苎麻根腐线虫在干燥或过湿土壤中，活动受到抑制，而地势高燥、土壤质地疏松、盐分低土壤适宜线虫活动，所以沙土土壤往往发病较重。由于根腐线虫的入侵，引起根部皮层细胞产生坏死伤痕，从而极易遭受其他病原菌如镰刀菌属、腐霉属以及黑腐霉等真菌的侵害，形成复合感染，加重对苎麻的为害。

（3）化学防治　一般选用噻唑膦、辛硫磷、氯唑磷等化学农药进行开沟施药，或是在苎麻移植前利用棉隆或威百亩进行土壤熏蒸。

2. 花叶病

苎麻花叶病在各麻区都有发生，尤其在长江流域麻区为害较重，病害由湖南扩展到浙江、江苏和江西，严重为害苎麻的产量和品质，损失率达28.5%。

（1）症状　花叶病症状有3种类型：第1种为花叶型，叶上呈现相同褪绿或黄绿斑驳，严重时产生疮斑；第2种为络缩型，叶变络缩不平，叶变短小，叶缘微上卷；第3种是畸型，叶片扭曲，形成一缺刻或叶片变窄。上述3种类型均表现为系统症状，以顶部嫩叶和腋芽抽生的叶片症状表现最明显，且植株矮小，其中以花叶型最普遍。

（2）发生规律　头麻、二麻、三麻均有花叶病发生，头麻、二麻重于三麻，其发病程度与苎麻生育期密切相关。各季麻出土后即可显症，发病盛期头麻在4月中旬至5月上旬；二麻在6月下旬至7月上旬；三麻在8月中旬。以后随麻株增高，病情逐渐减轻，一般株高70cm以后病情减轻，至收获时，症状几乎消失。结合气象资料分析，此病以15～26℃症状最明显，28℃以上开始隐症。

（3）化学防治　在新扩麻园连续5年采用速灭杀丁乳剂4 000倍液于二麻、三麻防治传病媒介粉虱。

3. 苎麻白纹羽病

（1）症状　感病麻株矮小、叶片畸形，根群腐烂，败蔸、缺蔸严重。病菌主要为害麻蔸，发病初期在麻蔸上产生白色棉絮状菌丝体，逐渐侵入根茎内吸收养分，使蔸的皮层变黑，肉质变红，根群呈糠心状腐烂，严重时病部发生软腐，木质部完全消失形成空腔，且有白色纹羽状菌丝。

（2）发生规律　根腐线虫和地下害虫的为害是促进和加重病害发生的关键因子。土壤黏重、板结，低洼积水，杂草多，肥力不足及施用未腐熟的有机肥料的麻田发病较重。

（3）化学防治　移栽前麻蔸用20%石灰水浸泡1h，或用稀释100倍的硫酸铜溶液与2%福尔马林液浸渍10min，洗净后栽种。发病初期用2%福尔马林溶液，或五氯酚钠150～300倍液浇施病株周围，或用50%硫菌灵1 000倍液淋洒病株穴。重病蔸需挖掉烧毁，并用生石灰消毒土壤。

（二）主要虫害及防治方法

1. 苎麻夜蛾

（1）发生规律　苎麻夜蛾在长江流域1年发生4代。越冬代成虫于4月中旬开始产卵，4月下旬为产卵盛期，第1代幼虫于4月下旬初发，5月上旬、中旬盛发，为害头麻；第2代卵于6月中旬、下旬孵化，7月上旬、中旬为第2代幼虫盛发期，为害二麻；7月中旬幼虫陆续化蛹；7月底至8月上旬为成虫羽化盛期，8月上旬、中旬为第3代幼虫盛发期，8月底幼虫陆续化蛹，9月上旬、中旬为第4代幼虫盛发期，为害三麻；9月下旬为盛蛹期，10—11月成虫陆续羽化，该虫以成虫在草棚及房屋、屋舍缝隙等处越冬。年发生代数的增加可能与全球气候变化有关。

（2）化学防治　抓住幼虫3龄前群集为害这段时期，趁早晨露水未干前进行检查，发现群集幼虫即用草木灰或2.5%敌百虫粉撒于叶片，把幼虫消灭在分散为害之前；3龄后的幼虫以敌百虫、中科美玲或拟除虫菊酯类等化学农药为主。每亩可用25%杀虫双水剂200g或拟除虫菊酯类农药20~25ml，兑水40~50kg喷雾。

2. 苎麻天牛

（1）发生规律　苎麻天牛1年发生1代，以幼虫在麻蔸内越冬。越冬幼虫次年3—4月开始化蛹，化蛹及羽化随地区气候不同而有差异。在湖北麻区，越冬幼虫3月上旬至5月上旬化蛹，化蛹高峰期在4月上旬、中旬，成虫在4月下旬至5月上旬羽化，羽化高峰期为5月中旬、下旬，6月上旬至7月孵化幼虫。在湖南麻区，越冬幼虫3月陆续化蛹，成虫在4月下旬出现，5月上旬为成虫盛发期。四川达州麻区于4月中旬初见成虫，4月下旬至5月底为成虫盛发期。

（2）化学防治　头麻收获后结合中耕除草，或氯唑磷颗粒剂有效成分0.9~2.7kg/hm^2（二嗪磷颗粒剂有效成分0.75kg/hm^2）按照1∶750比例和细沙土拌匀撒在土表，毒杀幼虫。在5月上旬、中旬成虫羽化盛期后约1周，成虫尚未产卵前喷药防治，注意上午喷药，先喷四周，后向中央围喷，7d后再喷1次。使用药剂有氯氰·毒死蜱乳油总有效成分0.3~0.45kg/hm^2，或阿维菌素有效成分5.4~810g/hm^2，或灭幼脲3号可湿性粉剂有效成分112.5~150kg/hm^2，兑水40~50kg喷雾。

二、苎麻化肥农药减施增效技术模式

(一) 核心技术

本模式的核心内容主要包括"优良品种+化肥减施(绿肥套种、有机肥替代)+绿色防控"。

1. 优良品种

大面积推广苎麻,一般采用种子繁殖。在适推地区表现较好的华苎4号、中苎1号、湘苎二号和川苎11号等,特点是高产优质,种子繁殖后代变异小,抗病性较好。

2. 化肥减施(绿肥套种、有机肥替代)

常规施肥量为尿素390kg/hm^2,可在以施用化肥为主的产区,实行氮肥减施,减少氮肥20%对苎麻产量和品质影响不大。若采用冬季套种紫云英,可减少氮肥30%。湖北省现主要推广有机肥替代技术。有机质含量≥45%,总养分(N+P$_2$O$_5$+K$_2$O)≥5%,水分≤30%,pH值为5.5~8.5,原料为猪粪、牛粪和鸡粪等。使用时间为冬培(小雪后),使用方法为条施,施用量7.5t/hm^2。若采用鲜畜禽粪便,务必腐熟后施用。开春后头麻施用尿素提苗肥,结合中耕除草,采用机械深施,用量为不超过150kg/hm^2。

3. 病害绿色防控

(1) 农艺措施 选用抗病品种或采用无病种苋繁殖,适时开沟排水,降低地下水位,可有效降低虫口密度,抑制病害发生。重病麻田应先改种玉米、水稻或红麻等非寄主作物进行轮作。发现病株和病死株时,及时挖掉,集中烧毁,并在病穴与周围土壤浇灌药剂消毒。

(2) 生物防治 通过生物农药或微生物肥料抑制苎麻根腐线虫病的发生为害。如利用阿维菌素(乳油或颗粒剂)对苎麻根腐线虫病有较好的防治效果。

4. 虫害绿色防控

通过物理防治摘除卵块及群集幼虫,集中烧毁或深埋。中耕松土、消灭虫蛹。

生物防治选用苏云金杆菌可湿性粉剂500倍液喷雾可达到很好的防效。绿僵菌粉剂30kg/hm^{2}按1∶25比例和细沙土拌匀,制成药土,中耕时施入。通过黑光灯或频振式杀虫灯诱杀成虫。通过诱抗技术，每茬苎麻长至约20cm时使用浓度为75~90g/hm²壳寡糖喷施植株地上部分；并用木霉菌培养物400倍稀释液（405~450g/hm²）浇灌根部每蔸约100ml。

（二）生产管理

1. 移栽前准备

新建麻园栽培前施有机肥7.5~10t/hm²，深耕麻地30cm左右，开浅沟40~50cm，厢宽3~6m，开腰沟和围沟利于排水，宽窄行种植。

2. 病害防控

尽量选择轮作地块，及时清除病残体。

3. 深翻改土，破畦换沟

将病原线虫及病原菌较多的表层土壤翻到深层。生长期重点防控根腐病、白纹羽病、花叶病等。

4. 草害防控

苎麻出苗后，杂草3~5叶期进行喷雾处理。每亩可选用90%乙草胺乳油4.5ml或10.8%高效盖草能乳油30ml兑水喷雾，或采用无人机进行飞防。课题组研发的一种新型除草剂C6 50%可湿性粉剂（105~225g/hm²），对所有的苎麻田中杂草均具有一定的防治效果（蕨类、法国飞蓬草、水花生、野地瓜、猫爪刺等杂草防治效果较好）。

5. 冬培管理

冬季进行培土、施有机肥7.5t/hm²，同时施用生物农药防控苎麻根腐线虫控制越冬虫口基数。

（三）应用效果

1. 减肥减药效果

本模式与周边常规生产模式相比，减少肥料施用次数2~3次，减少化肥施用20%~30%；减少化学农药防治次数2~5次，减少苎麻根腐线虫化学农药用量30%以上。农药利用率提高10%，苎麻根腐线虫为害率控制在70%以上。在减少苎麻根褐腐病和苎麻夜蛾为害的化学农药用量分别为34%和20%。根褐腐病发病率控制在10%以下（相对常规防治发病率25%）明显降低。苎麻夜蛾为害程度保持与常规化学农药防控的水平。

2. 成本效益分析

生产成本3.6万~4.5万元，产量3~3.75t/hm²，收入5.4万~6.75万

元/hm²，原麻纯收入 2.25 万~3 万元/hm²，适合发展的适度经营规模 300hm²，即家庭农场 4~7hm²，专业合作社 40~70hm²，以乡镇为单位 300hm²。

3. 促进品质提升

本模式下生产的苎麻，产量提高 15% 以上，纤维细度增加 5%。

4. 生态与社会效益分析

（1）生态效益　通过实施该生产模式，有机肥施入土壤后，土壤 pH 值得到有效调节，土壤的缓冲能力和保肥特性得到增强，在增加种植效益的同时在化学农药用量明显减少，减轻了环境对化学农药的负荷。

（2）社会效益　在进行示范集成的同时，进行产业扶贫，通过开展种植大户技术培训，建立了一套技术培训推广模式，有利于苎麻产业健康绿色和可持续发展。

（四）适宜地区

湖南省、江西省、湖北省、四川省、重庆市等苎麻产区。

（刘立军、龙松华）

剑麻化肥减施增效技术模式
——无损诊断精准施肥技术

一、剑麻化肥施用现状

剑麻作为华南重要的经济作物之一，为促进当地农民增收、农业增效和扩大城乡居民就业作出了积极贡献。随着科学的不断发展，剑麻作为绿色天然产品的用途变得更加宽广，其纤维需求却表现出供不应求。合理的化肥施用对剑麻生长发育和产量形成具有重要影响，随着剑麻产业不断发展，化肥用量也不断增加以提高产量，而盲目施肥现象严重，不仅导致土壤性状恶化，土壤污染严重，甚至影响了施肥经济效益，降低剑麻的产量和质量。

（一）化肥施用量大

长期以来，我国剑麻叶片收购制度是根据叶片的刀次或麻龄而进行叶片重量定价，这就导致麻农偏施氮肥以片面追求叶片重量，多数麻区也都存在过量施用氮肥的状况。氮肥的过量施用对土壤有明显的酸化作用，造成土壤的污染，同时土壤中残余氮肥经雨水淋洗和地表径流进入地下水、湖泊等，成为水体富营养化污染的元凶之一。

（二）化肥利用率低

在剑麻生产中，化肥当季利用率较低，分析导致剑麻化肥利用率低的主要原因如下。

当前，剑麻生产分布比较零散，除少数农垦农场外，基本为一家一户式分散种植，且大多数农户缺乏相关的施肥知识和技术，在生产栽培技术上普遍采用常规的传统耕作方式，在施肥配比上没有注重氮磷钾的合理投入量，导致化肥利用率低，形成徒长降低了生产纤维含量。配方施肥是提高化肥利用率的重要措施之一，广西山圩农场从 1986 年以来对麻园的施肥不断探索，每年坚持送样化验，根据剑麻叶片营养诊断结果分析配方施肥。根据分析，确定各大元素的配方，即氮为 8%，磷为 11%，钾为 20%，硼为 1%。然而，由于技术服务不到位，信息不流畅，技术措施无法及时普及麻农，因此无法确保多数麻农按质按量按时投入各种肥料。

麻园多为丘陵地形，具有一定坡度，雨季造成肥水流失严重。由于山路狭窄崎岖，交通不方便，难以大量运输肥料至剑麻田间，导致丘陵地剑麻田肥料用量减少，严重影响了土壤改良和肥力提升。同时，麻园管理粗放，多数麻农施肥管理措施不到位，无法保证剑麻营养供应的及时补充。

钙是剑麻纤维素形成及生长发育的重要营养元素之一，钙（石灰）的适量合理施用对麻株生长、增强抗逆力、提高纤维产量和质量有极其明显的效果。华南土壤 pH 值普遍为 4.5~6，对于喜钙作物剑麻是不足的。以往我们只认识石灰对土壤酸性的中和作用，而忽视了剑麻对钙元素的大量营养成分的补给作用，因而没有把石灰当作肥料来使用，只是用来拌麻渣。施用石灰不但能改良土壤，增强抗逆力，更重要的是能使麻叶增重，提高纤维的含量及增强硬度，确保原材料的优势。

（三）化肥施用成本高

剑麻生产化肥施用成本高主要有 3 方面原因：首先，当前，剑麻施肥仍以手工为主，剑麻生产面积广，施肥效率低，人工成本高。其次，麻区多为丘陵，化肥运输不便，成本高。再次，麻户追求产麻量，化肥需求量大。然而，剑麻叶片收购价格对比化肥施用成本，明显较低。刀麻收购价 110~130 元/t，二刀麻叶片长度 100cm 以下为 150 元/t，100cm 以上为 180 元/t，三刀麻 100cm 以下为 220 元/t，100~110cm 为 230 元/t，110cm 以上为 250 元/t，2019 年鲜叶平均价格 420 元/t，总体来看，由于施肥量大，施肥成本高，麻农的利润空间小。

二、剑麻化肥减施增效技术模式

（一）核心技术

本模式的核心内容主要包括"优良品种+营养无损诊断+精准施肥+麻渣还田"。

1. 优良品种

在品种选择上，选择粤西 114 号。剑麻粤西 114 号是根据剑麻近期选育种的目标培育出的抗病高产新品种，该品种是以 H. 11648 为母本，剑麻为父本杂交进一步筛选培育出来的。粤西 114 号株型高大，单叶重，叶基较厚，叶色深绿，耐瘦瘠。其纤维质量优良，纤维拉力强。在抗逆性上，粤西 114 号具有较强的抗斑马纹病、抗寒力和抗风力。粤西 114 号平均亩产鲜叶 6223kg，纤维产量平均亩产 259.05kg。

2. 营养无损诊断

剑麻营养无损诊断主要包括数据获取、图像分析、建立图像数据库 3 个环节。

（1）数据获取　进行剑麻营养无损诊断的关键是及时获取剑麻营养状况相关数据。选用大疆悟 2 四旋翼无人机采集剑麻冠层的数字图像，无人机飞行高度为 20m，高清数码相机选用 zenmusex5s 35mm，拍摄影像最大分辨率为 5280×3956；利用光谱仪和 SPAD 仪测定不同氮、钾素水平麻叶片的光谱参数及叶片的叶绿素浓度；随机取样剑麻，利用凯氏定氮法分析养分含量，将测完 SPAD 值的样品洗净、擦干，置于烘箱中 105℃ 杀青 1h 后，80℃ 烘干 48h 至恒重，用微型植物粉样机将叶片干样粉碎，然后过筛混匀，以 $H_2SO_4 - H_2O_2$ 消煮后，利用流动注射分析仪测定全氮含量。

（2）图像分析　基于 HSV、RGB 色彩空间，提取剑麻冠层图像的数字图像特征，包括绿光与红光比值（G/R）、绿光与蓝光比值（G/B）、红光与蓝光比值（R/B）、红光标准化值 NRI＝[$R/(R+G+B)$]、绿光标准化值 NGI＝[$G/(R+G+B)$]、蓝光标准化值 NBI＝[$B/(R+G+B)$]、红绿蓝植被指数 RGBVI＝($G×G-R×B$)/($G×G+R×B$)、可见光大气阻抗植被指数 VARI＝($G-R$)/($G+R-B$)、过红指数 ExR＝$1.4*r-g$、过绿指数 ExG＝$1.4*g-r-b$、超红绿指数 ExGR＝$ExG-1.4*r-g$、沃贝克指数 WI＝($g-b$)/($r-g$) 共 15 个色彩参数，利用后向逐步线性回归评估 15 个变量因子，建立图像特征与作物养分之间的关联模型，实现利用图像数据对剑麻的营养状况进行无损定性定量估测。

（3）图像数据库　基于多年获取的剑麻冠层图像资料，将作物样本的光谱信息和生化参量等放入库中建立剑麻无人机图像数据库。基于剑麻冠层图像数据库，运用回归分析反演方法可以得到待测剑麻的生化参量。例如，在通过无人机遥感技术监控剑麻含氮量的研究中，首先需要设定主题，即叶片含氮量与光谱反射率的相关关系，根据指定条件（作物已知生化参量值）检索得到的作物样本光谱反射率和叶片含氮量，进行线性回归分析，得到有关方程，基于方程可以得到新测作物植株光谱反射率对应的叶片含氮量。

考虑到剑麻为多年生纤维作物，为加快本项目研发进度，拟主要选择现有麻类作物基地对不同生育期和不同氮素水平下的麻类作物进行无人机图像、人工图片及高光谱的采集与处理、植株样品养分分析等。

3. 精准施肥

根据每个小区平均氮素含量，遵循"缺者多补，肥者少补"的原则，以三个梯度"含氮量较低区域过量追肥，含氮量正常区域正常追肥，含氮量较高区域少量追肥"进行追肥工作见下表。

表　不同营养状况下施肥量一览表

营养状况	施肥量
含氮量较低	尿素 600kg/hm^2、过磷酸钙 750kg/hm^2、氯化钾 675kg/hm^2
含氮量正常	尿素 525kg/hm^2、过磷酸钙 675kg/hm^2、氯化钾 525kg/hm^2
含氮量较高	尿素 450kg/hm^2、过磷酸钙 600kg/hm^2、氯化钾 450kg/hm^2

（二）生产管理

1. 播前准备

剑麻为多年生作物，具有生长迅速，适应性强，收益快等优势，广西现有麻园大多为多年老麻园。

2. 培土追肥

根据无人机遥感获取的实时影像数据，基于图像特征与作物养分之间的关联模型进行剑麻作物营养的无损诊断。依据分析结果科学搭配施肥量，定性定量精准施肥。通常沟施规格为深20~25cm，长45~70cm，位置应在麻株叶片投影处即白色营养根外围处，使麻株充分吸收到养分，减少肥料流失以达到更佳施肥效果。

3. 组织收获

剑麻收割期间，割叶过多或留叶过少都会对剑麻生长造成影响，从而也就对第二年剑麻生产产量造成影响，当前采用比较普遍的收割方案为"双百方案"，即当麻株生长长度超过100cm时，对麻片进行收割。同时，工作收割后还要注意麻渣还田，麻渣是一种肥效高的有机质肥料，一般在加工后10d内麻渣堆未干燥前沟施较好。

（三）应用效果

1. 减肥效果

本模式先监控后防治，利用遥感技术快速获取麻田信息，通过计算分析制定化肥施用计划，与传统盲目施肥相比，能更合理配置化肥施用。常规剑麻每亩需要尿素30kg，氯化钾30kg，复合肥100kg，硼砂3kg，石灰150kg。采用该减肥增效模式后，约减少化肥用量20%~30%，另外，每亩施麻渣约4~5t，麻渣可提供总氮含量为0.46%，有效磷含量为80mg/kg，速效钾含量为222mg/kg，有机质含量为9%。

2. 成本效益分析

本模式避免化肥农药的盲目施加，降低了的施用成本，科学合理的生产管理有利于剑麻数量和品质的提升，提高麻农收入，同时无人机遥感技术的引用也满足了剑麻大面积规模种植的需要，有利于推动规模化生产。

采用本模式通过精准施肥减少化肥使用，结合热带作物所"麻渣、麻水还田"技术每亩生产成本减少约40%，较常规剑麻种植栽培技术提前2年收回投资。

3. 生态效益分析

通过实施本模式，能够因土施肥、看地定量，精准快速对剑麻进行化肥施用，减少土壤中的化肥残余，改良土壤养分结构，有效调整土壤环境。同时也防止大量化肥残余被蒸发、渗入地下或河流，造成水体富营养化和大气污染，保护生态环境。种植剑麻可以固水保土，剑麻间种植花草可显著减轻水土流失，增加土壤有机质，培肥地力。

4. 社会效益分析

在进行示范集成的同时，通过开展职业农民技术培训，把培育的新型经营主体作为技术的示范推广点，建立一套技术培训推广新模式，实现剑麻生产过程中的自动化、数字化，推进剑麻全程机械化生产。加强小麻户和农垦剑麻企业（广东农垦东方剑麻集团、广西农垦广西剑麻集团等）之间的技术交流，利用无人机遥感技术，充分发挥剑麻种植土地集约化的优势，根据市场需求，生产高纤维高品质剑麻。

5. 促进品质提升

多年剑麻栽培实践表明，剑麻要保证高产高质，必须要合理投入肥料，改善土壤。利用无人机遥感新技术对剑麻营养进行快速无损诊断，准确判断植株生长所缺乏和需要的肥料，使得氮、磷、钾、钙、镁等主要元素和有关微肥协调平衡，生产高纤维含量的优质剑麻叶片。

（四）适宜区域

广西、广东和海南等剑麻种植区。

（崔国贤、龙松华、习金根）

亚麻化肥农药减施增效技术模式

一、亚麻化肥施用现状

我国是亚麻主要的种植地区，主要分布在黑龙江省、新疆维吾尔自治区（以下简称新疆）及内蒙古自治区（以下简称内蒙古）等地。亚麻的原茎质量要求其工艺长度长，又要粗细均匀适中，理想的亚麻原茎茎粗为 1~1.5mm，根据亚麻在生长发育过程中对养分的需求，结合土壤的供肥性能和肥料效应而采取合理的施肥技术。需肥特性：纤维用亚麻为 1 年生草本植物，其经济产品为韧皮纤维。亚麻植株的根系发育较弱，生育期较短，生长前期和中期需肥较多。亚麻每生产 100kg 原茎需氮（N）1.42kg，磷（P_2O_5）0.26kg 和钾（K_2O）1.87kg，$N : P_2O_5 : K_2O$ 约为 1 : 0.2 : 1。

近年来，随着我国化肥生产的发展，亚麻施肥水平也逐步有了提高，这对进一步发展我国亚麻生产，提高纤维产量和品质将起到促进作用。但是目前我国亚麻施肥存在着有了化肥，忽视农家肥，施用化肥不够合理，与其他大田作物一样存在"高投入、低效益"等问题。

二、亚麻农药施用现状

（一）病害

亚麻苗期病害主要为立枯病、炭疽病和枯萎病及生长中后期的白粉病，苗期病害主要采用种子重量的 0.2%~0.3% 的硫酸锌（炭疽福美或多菌灵）拌种防治，或苗期发病初期喷 70% 甲基硫菌灵可湿性粉剂 1 000 倍液，或 50% 多菌灵可湿性粉剂 1 000 倍液，或 50% 苯菌灵可湿性粉剂 1 500 倍液，或 20% 三唑酮丁乳油 2 000 倍液，或 12%% 三唑醇可湿性粉剂 2 000 倍液，隔 10~15d 喷 1 次，连续 1~2 次。生长后期遇高湿、高温易发白粉病，一般不处理。

（二）虫害

亚麻花期易有草地螟或黏虫为害发生，在 2~3 龄前要及时喷洒敌杀死、溴氰菊酯或敌敌畏 1 000~1 500 倍液进行药剂防治和灭掉。

（三）草害

亚麻田用药量最高的是除草剂。一般选用 12.5% 拿捕净有机乳油每亩 100ml 加水 40~50kg 喷施，或采用 24% 烯草酮乳油等除草剂按药品说明剂量进行亚麻田中禾本科杂草的防除；用 56% 二甲四氯钠可湿性粉剂每亩 50g，兑水 50kg 喷施，或视田间双子叶杂草种类（如龙葵、鸭跖草、田旋花等）不同选用复配苯达松、25% 辛酰溴苯腈乳油每亩 120ml 兑水 50kg 喷施防除双子叶杂草。亚麻田除草多采用拿扑净与二甲四氯钠复合配方，亩用 12.5% 拿扑净 75~100ml 和 56% 二甲四氯钠 40~50g，兑水 40~50L。南方亚麻田的杂草种类比较多，芽前封土处理以 72% 都尔乳油亩施用量为 2.13L 效果较好；苗后防治的药剂可选择 10.8% 高效盖草能乳油、5% 禾草杀星及 17.5% 快刀乳油，亩用药量为 260ml，亚麻出苗 20~30d（杂草 2~3 叶期）兑水 50L 喷雾。

亚麻田除草剂用量大，目前很难找到生物类除草剂取代。

三、亚麻化肥农药减施增效技术模式

（一）核心技术

本模式的核心内容主要包括"亚麻养分高效利用品种+播种前晾晒或紫外杀菌+播耙结合+适当密播+生物肥或缓释肥+适时机械除草+生物防虫+收获铺麻+撒喷果胶酶高效沤麻+复种牧草"的集成技术模式。

1. 亚麻养分高效利用品种

通过钾肥高效利用试验，筛选出亚麻品种 Sofie 和华亚 4 号为钾肥高效利用品种，田间钾肥最适施肥量为 40kg/hm² K_2SO_4，较生产上正常钾肥施用量 50kg/hm² K_2SO_4 降低 20%。特点是，两个品种麻率高，都在 30% 以上，纤维产量高，钾肥减施 20%，纤维产量未降低，有所增加。黑亚 19 号为氮素高效利用品种，选用该品种时，氮肥可适当减施。

2. 播种前晾晒或紫外杀菌

亚麻播前种子进行暴晒或用紫外灯光照射杀菌，结合整地清理病残组织等，取代药剂拌种，以减少苗期病害发生。

3. 播耙结合

整地标准为秋季旋耕灭茬 15cm，翻地 20~25cm；春季耙深 12~15cm，耖细耙平，整地后要达到地表平整、土质细碎、深度一致。播种耙地同时进行，可有效防除早起杂草，或 15cm 行距重复播种，也可起到机械除草耙草效果。注意播后必须镇压。

4. 适当密播

播种量为 135~150kg/hm²，播种密度在 1 950 万~2 250万株/hm²。

5. 生物肥或缓释肥

6. 适时机械除草

亚麻出苗后苗高 5~10cm 时，采用亚麻专用除草机械设备进行除草，田间杂草略多于化学除草区，收获株数略少（101 株/m²）；亚麻原茎产量略低于化学除草不足 1%，种子增产 30%，亚麻籽秆加工综合效益提升 10% 以上。

7. 生物防虫

采用投放赤眼蜂的方法取代喷施杀虫剂。以每亩地投放 20 000 头为宜，每次投放 10 000 头，投放 2 次，间隔 5~7d。亚麻田一般都为连片地，适合放蜂防虫。第一次放蜂在亚麻现蕾期，螟或黏虫产卵初期开始投放，封卡均匀分开（约 50 粒），固定于麻秆中部背光侧。放蜂时避开中午或大风天。

8. 收获拔麻铺麻

（1）采麻田适期拔麻　当全田有 1/3 的蒴果呈黄褐色，1/3 的麻茎呈浅黄色，麻茎下部 1/3 的叶片脱落即达工艺成熟期（3 个 1/3），是采麻田收获的最佳时期。拔麻收获应选连续 3d 或以上无雨情况下进行，机械收获直接脱粒晾晒，人工拔麻后晾晒 1~2d 及时脱粒，脱粒后的原茎要及时铺沤。

（2）采种田适期收获　采种田或油纤兼用型亚麻田在蒴果有 2/3 成熟呈黄褐色，麻叶全部脱落，茎秆整株变黄，摇晃蒴果有声响的种子成熟期及时进行收获。

9. 撒喷果胶酶高效沤麻

拔麻，将收获脱粒后的麻茎直接铺于田间，厚度 1~5cm，每隔 1~3d 向麻茎喷施碱性果胶酶溶液或酸性果胶酶溶液，碱性果胶酶溶液的浓度为 0.05g/100ml，酸性果胶酶溶液的浓度为 5g/100ml，使地面表土层湿土达 1~3cm，定期翻麻，隔 5d 翻麻 1 次，待沤制完成，晾晒并打捆，养生 30d，打麻梳麻，完成亚麻沤制。

10. 复种牧草

亚麻在东北地区属于早春作物，4 月下旬至 5 月初播种，7 月下旬至 8 月初收获，从播种到纤维工艺成熟期一般要求有效积温 1 500~1 700℃，生育期较短。亚麻收获后，黑龙江省除第六积温带外，其余地区剩余有效积温 400~1 200℃，可以满足牧草、绿肥作物等的生长需求。草田轮作技术可充分利用水、光、热以及土地资源，提高农业系统的生产力，进而提高农业系统的生产效率，抑制农田杂草发生的同时可减少土壤中杂草种子数量。提高土地利用率，降低化肥用量。

提高麻农和养殖户的经济收入，并解决农区大力发展草食畜牧业饲草不足、缺少放牧场地、人畜争地、人畜争粮等大农业发展中的突出问题。

牧草选择一年生根系、分蘖多的品种，包括莜麦、燕麦、大麦和小黑麦中的一种或多种，播种前对牧草种子进行包衣处理，播种前晒种 1~3d。牧草播种时间为亚麻花期后期、绿熟期前，播种量比正常种植牧草的播种量增加 10%~15%，大面积种植时使用高脚车进行撒播，小面积种植时使用人工进行撒播。

（二）生产管理

1. 播前准备
种子、化肥、耙地、播种、镇压机械。

2. 组织播种
播期适宜，一般 4 月 15 日至 5 月 10 日，播深 3cm；播、耙同时进行，播后镇压。

3. 培土施肥
秋整地时施入底肥，播种同时播入基肥。

4. 病虫草害防治
种子暴晒灭菌或紫外杀菌防病，田间放蜂灭虫，机械灭草。

5. 组织收获
准备拔麻脱粒机械和晾晒场，选连续晴天拔麻收获，脱粒清选种子，铺麻沤麻，翻麻，打捆出地，入库养生，碎茎打麻。

（三）应用效果

1. 减肥减药效果
本模式与常规生产模式相比，减少钾肥用量 20%；减少化学农药用量 50% 以上，病虫草害率控制在 30% 以下。

2. 成本效益分析
（1）经统计，所种植亚麻的纤维产量达到 1 155kg/hm²，按 2019 年纤维市场价格 12 000 元/t 计算，纤维收入为 13 860 元/hm²；种子产量 975kg/亩，市场价 8 元/kg，亚麻籽收入 7 800 元/亩。亚麻综合收入 21 660 元/hm²。

（2）种植牧草的经济效益 经统计，所种植的牧草产干草 4.5t/hm²，按市场干草价格 1 500 元/t 计算，牧草收入 6 750 元/亩。

（3）麻草套种综合效益　亚麻田套种牧草的综合效益为28 410元/hm²，比种植大豆、玉米等大田作物增加经济效益15 000~1 8 000元。

3. 促进品质提升

可使长麻率提高0.9%~3.4%，纤维号增加2号，纤维强度提高2~5kg，喷水辅助鲜茎雨露沤麻可提高出麻率0.5%~1%，纤维强度增加1.2~2.7kg。

4. 生态与社会效益分析

运用现有的技术优势进行大规模的经济作物种植及深加工，不仅拓宽了农民的增收渠道，还能提高植被覆盖率，符合可持续发展的要求。可以提升自然与土地资源综合利用效率，带动多产业发展。不仅可以使农民增收，还能够保证产品无公害，具有极佳的生态效益。

（四）适宜区域

适宜黑龙江、新疆等亚麻主产区。

（王玉富、康庆华）

橡　胶

化肥农药施用现状及减施增效技术模式

海南省天然橡胶化肥农药减施增效技术模式

橡胶树是多年生经济作物，一般定植 7~9 年后投产，经济寿命可达 30 年以上。主要收获产物天然橡胶是重要的战略资源和工业原料，因其优良的弹性、绝缘、防水、可塑、耐疲劳、耐老化等特性，广泛应用于国防军工、交通运输、医疗卫生、建筑工程等领域。目前，我国天然橡胶种植面积 115.7 万 hm^2（其中开割面积 80 万 hm^2），年产干胶约 80 万 t，分别位列世界第 3 位和第 4 位，跻身世界产胶大国行列，建立了海南、云南、广东三大植胶优势区，其中，海南种植面积 52.7 万 hm^2，年产量 35 万 t，均占全国的 40% 以上。

一、橡胶化肥施用现状

合理施肥是保持我国天然橡胶高产稳产的重要措施。橡胶树经过几十年的耕作，橡胶园土壤会出现明显酸化、有机质下降、有效养分降低、缺素和营养失调等问题。根据调查，海南垦区 36 年的肥力指标有机质质量分数下降约 1 个百分点，幅度为 25%~44%，相当于每公顷土地损失约 300t 有机肥，全氮质量分数下降约 0.05 个百分点，幅度为 22%~40%，速效钾含量质量分数下降幅度为 54.8%。引起胶园土壤肥力大幅下降的原因主要包括橡胶树的吸收和固定、割胶取走的养分、胶园水土流失、淋溶损失、施肥不足等。另外，橡胶树生长周期长、生物量大，胶农为了获得更高的产量，往往盲目施用肥料，肥料利用率低，不仅增加种植成本，还引发环境污染，甚至造成干胶产量和胶乳品质的"双降"。

（一）有机肥施用不足

天然橡胶市场价格长期低迷，生产效益不佳，海南胶农对胶园管理的积极性下降，生产投入普遍不足，存在用地多养地少，有机肥料施用不高等现象，导致土壤板结酸化、质量下降，橡胶树生长不健壮、抗逆性抗风性下滑、病虫害加重等问题。根据对海南省农垦胶园土壤中有机质含量的统计，胶园土壤中的有机质含量在 1% 以下的约占 50%，而橡胶树健康生长和产胶的胶园土有机质含量为 2%~2.5%，在所调查的土样中，能达到这一标准的仅占 5.8%，因此绝大多数胶园的土壤有机质含量状况达不到丰产胶园的指标。

（二）肥料利用率低

部分胶农由于传统施肥观念的影响，配方施肥意识淡薄，盲目购肥、施肥，既造成肥料浪费，又未达到平衡施肥的效果；部分胶农对土壤肥力状况不清，凭经验确定施肥量，施肥过量和不足现象同时存在；橡胶施用基肥和追肥的比例不合理，轻基肥、重追肥，不按照橡胶需求用肥；肥料施用方法不合理，橡胶施肥应以沟施或穴施为主，但目前撒施现象普遍，未考虑到橡胶树深根性的特点。另外，海南植胶区多酸性土壤，容易造成氮的淋溶挥发流失，降低磷的生物有效性。这些都导致了海南胶园施肥的肥料利用率低，一定程度上制约橡胶生产效益的提高。

（三）化肥施用成本高

全国 2018/2019 年橡胶干胶收购价仅为 1.1 万元/t，已连续 3 年低于 1.2 万元/t，按 $1t/hm^2$ 的平均干胶产量计算，即每公顷的干胶收入不足 1.2 万元。相关调查显示，目前，海南橡胶专用肥价格为 2 500 元/t，按开割树施用 2kg/株橡胶专用肥，每公顷胶树 375 株计算，开割胶园施用量为 $750kg/hm^2$，则每公顷橡胶园肥料成本就达 1875 元，占干胶售价的 17%以上，胶农利润空间非常小，导致胶园投入积极性下降。

二、橡胶农药施用现状

海南为高温高湿热带地区，病虫害呈现出多发频发重发态势。近年来，受全球气候变暖、外来生物入侵、种苗跨区域流动等因素影响，为害橡胶树的病虫害种类呈现增长态势，目前主要有白粉病、炭疽病、介壳虫、六点始叶螨等，为害程度越来越严重，生产面临很大风险。其中，橡胶树"两病"（即白粉病、炭疽病）为害最重，基本每年都有发生，且为害面积较广，易造成较大经济损失。近5 年，海南"两病"年均发生面积达 550 万亩以上，约占胶园面积的 70%，若防治不及时，年产量将损失 1/3 以上。介壳虫、六点始叶螨等病虫害暴发流行频率加快，并有不断蔓延的趋势。当前，我国在天然橡胶病虫害防治方面已经具有较好的技术基础，但由于缺乏高效率低成本的防治药剂、新发生病虫害缺乏有效防治技术、防治措施过分依赖化学农药、缺乏高扬程施药技术、病害产生抗药性等问题，制约了病虫害防治技术的发挥和农药利用率水平的提升，给生态环境带来了一定污染问题。

（一）常见病虫害为害症状、特点及防治方法

1. 白粉病

病菌只为害嫩叶、嫩芽、嫩梢和花序，不侵染老叶。白粉病最显著的症状特点是叶面或叶背上有辐射状的银白色菌丝，病斑上有1层白色粉末。嫩叶感病初期若遇高温，病斑上的菌丝生长受到抑制而变为红褐色。发病严重时，病叶布满白粉，甚至皱缩畸形、变黄，最后脱落。花序感病后出现1层白粉，病害严重时花蕾全部脱落，只留下光秃秃的花轴。当前防治常用药剂为91%硫磺粉、15%粉锈宁油烟剂、12.5%腈菌唑乳油、20%三唑酮腈菌唑等。施药方法如下：①325筛目的91%细硫磺粉，每亩每次用0.8~1kg进行喷粉；②15%粉锈宁油烟剂，每亩每次用40~60g进行喷烟；③高扬程机动喷机喷雾可选用12.5%腈菌2 000~2 500倍液或20%三唑酮可湿性粉剂1 000~1 500倍液喷雾。④烟雾机喷烟可选用腈菌唑乳油或三唑酮乳油与柴油按1：（4~6）混成药液喷烟，亩喷药液量200~250ml。

2. 炭疽病

病菌主要侵染胶树的叶片、叶柄、嫩梢和果实，严重时引起嫩叶脱落、嫩梢回枯和果实腐烂。新抽嫩叶受害后，首先在叶尖、叶缘出现黑褐色小斑，随病斑扩展，叶缘和叶尖变黑、干枯，叶片向内卷曲。叶柄、叶脉感病后，出现黑色下陷小点或黑色条斑。感病的嫩梢有时会爆皮凝胶，芽接苗感病后，嫩茎一旦被病斑环绕，顶芽便会发生回枯。若病菌继续向下蔓延，可使整株枯死。绿果感病后，病斑暗绿色，水渍状腐烂。在高湿条件下病组织上长出1层粉红色黏稠的孢子堆。目前常用药剂为2.5%百菌清烟剂、3%多菌灵烟剂、70%甲基硫菌灵可湿性粉剂、80%代森锰锌可湿性粉剂、咪鲜胺、松脂酸铜等。施药方法如下：①每10亩点2.5%百菌清烟剂或3%多菌灵烟剂1包（500g）。每7~10d点烟1次，连点2~3次。②高扬程机动喷雾可选用7%甲基硫菌灵可湿性粉剂500倍液或80%代森锰锌可湿性粉剂500倍液喷雾。③烟雾机喷烟可选用咪鲜胺或松脂酸铜乳油剂与柴油按1：（4~6）混药喷烟，亩喷药液量200~250ml。

3. 橡胶介壳虫

主要是成虫和若虫用口针刺吸取食橡胶幼嫩枝叶的营养物质而形成为害，影响胶树的生长，造成枯枝、落叶，严重时整株枯死；其次，该虫分泌大量蜜露，

诱发煤烟病。一般选择在大量低龄若虫期进行防治，目前常用的化学防治方法为①喷雾法（主要用于中、幼林及苗圃）：可选用爱本（氟啶虫胺·氰毒死蜱）、噻虫嗪、丁烯氟虫腈、高效氯氰菊酯、噻嗪酮、毒死蜱等进行防治，药后7~10d观察，如果仍有大量若虫，再第2次施药，一般施药2~3次。②烟雾法（主要用于开割林）：用15%噻·高氯热雾剂、介螨灵等药剂进行防治，于晴天的凌晨3—4时开始施药，在第1次施药后4~5d观察，如果仍有大量若虫时要施第2次药，一般施药3次。

4. 六点始叶螨

主要是以口针刺入植物组织吸取细胞液和叶绿体。其症状表现为开始时沿主脉两侧基部为害，并呈黄色斑块，然后继续扩展至侧脉间，甚至整个叶片；轻则使叶片失去叶绿素，影响光合作用，重则使叶片局部出现坏死斑，严重时叶片枯黄脱落，并形成枯枝，致使个别胶园当年停割一段时间，减少产量。目前常用的化学防治方法为：①喷雾法，可选用1.8%阿维菌素（2 500~3 000倍液）、15%哒螨灵（1 500倍液）、73%克螨特（2 000~2 500倍液）、5%尼索朗（2 000倍液）等低毒药剂进行喷雾防治。第1次施药后6~7d观察虫口数量决定是否再次防治。②烟雾法，选用15%的哒螨灵热雾剂按200ml/亩的用量于晴天的凌晨3—4时开始施药防治。第1次施药后6~7d观察虫口数量决定是否再次防治。

（二）病虫害防控存在的主要问题

1. 农药施用量大

植胶农户普遍缺乏橡胶树病虫害防治的基本知识，对药剂使用方法、用量、浓度和喷药时机缺乏科学认识，导致在实际操作中用药量往往过大。另外，病虫害防治长期以化学防治为主，药剂使用单一，易造成病原菌及害虫产生抗药性，导致药剂浓度和用量不断加大。以橡胶树白粉病的防治用药方面为例，部分基地常年大量单一使用有机农药三唑酮，造成该地区白粉病病原菌对三唑酮产生抗性，防治效果大打折扣。再有一些原来为次要病虫害的炭疽病、麻点病、六点始叶螨等上升为主要病虫害，增加了防治工作难度的同时，也增加了农药的使用量和防治成本。

2. 农药依赖程度高

为尽快有效控制病虫害发生，将灾害损失降至最低限度，生产上已习惯使用化学农药来防治橡胶病虫害，产生了路径依赖，长此以往，既容易导致防治药剂用量和次数加大，防治成本增加，也存在劳动强度加大和药剂环境污染的巨大风险。同时，由于成本问题，高效低毒的新型防治药剂应用推广滞后，物理防治、生物防治、农业防治等绿色防治手段应用不足，绿色防控体系尚未建立，缺乏多种防治方式有机结合的长效机制。

3. 病虫害监测预报体系不完善

海南橡胶种植分布区域广，不同橡胶种植区的生态环境差异比较大，病虫害发生为害也有其规律性，其发生发展过程与气候、环境、病虫害本身的生物学特性等因素密切相关，由于缺少及时准确的橡胶树全产业区域监测预报信息，往往错过大面积、经常性为害病虫害防治的最佳时机，错失科学用药时间，只能通过增加用药次数和用药量来弥补，导致病虫害防治难度加大，经济损失加重。同时，目前橡胶病虫害监测缺失现代化设施设备，以人工踏查、分析的传统方式为主，基本依靠个人经验，主观性强，导致病虫害监测预报不准确、不及时。

4. 施用技术及药械落后

橡胶树属于高大作物，当前病虫害防治主要是人工背负式机械从地面往上喷药防治，不仅防控劳动强度大，对职工身体有损害，而且喷药普遍存在扬程不足、随意性大，药物难以精准有效送达树冠顶部，导致多数药物洒落地面造成浪费和污染等问题，成为一直困扰橡胶树化学防治工作的难题，迄今为止还没有彻底解决。

三、橡胶化肥农药减施增效技术模式

近年来，随着农业供给侧结构性改革的深入推进，对天然橡胶产业也提出了新的要求，迫切需要绿色生产、节本增效。为此，在海南试验基地开展了多年的天然橡胶化肥农药减施增效技术试验示范基础上，总结形成了一套较为成熟的生产技术模式，能够在保证较高产量和品质的同时，有效降低化肥农药的投入量，实现了天然橡胶种植的节本降耗、提质增效。现将适用于海南植胶区的天然橡胶化肥农药减施增效技术模式介绍如下。

（一）核心技术

核心内容为"优良品种+有机肥替代+绿肥覆盖+精准测报+无人机高空防控"。

1. 优良品种

主推品种选择热研 7-33-97，该品种以高产的 RRIM600 和抗风的 PR107 为亲本选育，具有速生高产、抗性强、产胶潜力大、干胶性能好等优良特点。生长速度快，开割前年均茎围增长 7.51cm，开割后年均茎围增长 1.94cm，均显著高于对照 RRIM600。植后 7~8 年开割，抗风能力较强，平均风害累计断倒率为 2.23%，比 RRIM600 低 3.6 个百分点，抗白粉病能力强于 RRIM600，死皮率低于 RRIM600，抗寒力中等至较强。1995 年全国橡胶树品种汇评晋升为大规模推广级，目前种植面积已占全省植胶面积的 30% 以上。

2. 有机肥替代化肥

为有效保持胶园肥力和橡胶产业的可持续发展，胶园施肥不宜单施化肥，应重施有机肥。该施肥方法具有明显的优越性，相关研究表明，有机肥料能改善土壤结构，形成微团聚体，从而提高土壤肥力。另外，有机肥与无机磷配合施用也能提高磷的有效性，活化土壤中的磷，有机肥中钾有效性较高，利于植物吸收利用，有机肥料含有各种微量元素与螯合剂结合形成螯合物，可避免在土壤中被固定，提高了有效性。当前该项技术主要进行了 15% 和 25% 两个梯度的有机肥替代化肥，并在海南垦区进行了试验推广，面积达 200 万亩，干胶产量提高了 5%，化肥成本降低了 8%。

3. 绿肥覆盖及压青

3—4 月在橡胶中小苗萌生带进行整地，并种植豆科植物葛藤；5—9 月对葛藤进行日常管理，可达到覆盖地面、保持水土、培肥土壤、改善土壤物理性状、促进胶树生长、提高胶树产量和节约管理用工等目的；10—12 月对中小苗进行冬春管理，采用开通沟将葛藤等绿肥进行压青，可以改善沙土过沙，黏土过黏的缺点，豆科植物具有固氮作用，可减少氮肥施用，提高土壤肥力。该项技术在海南垦区已经熟化，应用推广面积达 350 万亩，节约劳务投入 2%~3%，减少化肥用量 20%~26%，缩短中小苗抚管期半年，增加 4% 的胶树产量，经济效果明显。

4. 白粉病精准测报农药减施技术

该技术主要是通过建立病虫害预测预报技术体系，设置监测站点，精准测报，精确防控，从而减少施药次数，实现减药控害的技术。其主要方法是：①建立精准预测预报技术体系，以生产队为单位，根据生产队面积大小设立 3~5 个监测点。②在每年 1 月底至 4 月初，根据白粉病流行特点，对橡胶树物候、白粉病越冬病菌和白粉病发病率及发病指数进行精准测报。③通过对各监测点上报数据的收集和分析，并结合后期气候条件，对是否施药防治进行综合研判，从而达到减少施药次数，实现减药控害目的。

5. 航空植保技术（橡胶白粉病防控）

该技术改变由人工背负喷粉机从地面向树冠上喷施硫磺粉的传统方式，从而达到精准防治的目的，可提高硫磺粉利用率，提高劳动生产率，安全省工，减少硫磺粉亩次施用量。其主要方法是：①飞防地理数据采集：采用小型航拍无人机采集防治胶林地理信息，根据采集信息设定飞防路径。②飞防参数设定：飞防作业高度 3~5m；作业喷幅 4~6m；飞行速度 4~8m/s。③2—4月，根据橡胶树白粉病预测预报结果，采用植保无人机进行高空喷粉防治橡胶白粉病。

（二）生产管理

1. 幼苗抚育管理

橡胶树定植后要注重头3年的抚育管理，这是保证胶园全苗和胶树速生高产的关键。定植后及时除芽，芽接桩保留1条壮芽，剪除多抽的芽片芽及砧木芽。幼树及时修枝整形，保持良好树冠，减少风、寒、病害。幼龄期胶园每年除草3次以上。要根据橡胶树营养诊断指导施肥，肥料以有机肥为主，化肥为辅，每年施肥2~3次。定植第2年起每年进行1次深翻扩穴改土。

2. 冬季管理

胶园冬管工作以"三保一护"（保土、保水、保肥和护根）为主要内容，开割橡胶树每株施用15~20kg有机肥。同时，砍除林地周边和林间杂草灌木，修剪清除林间枯枝和下垂枝，保持胶林通风透光，减轻寒害的发生。橡胶树落叶后，要加强林地防火工作，避免火灾发生。

3. 风寒害树处理

风害树在风后立即处理，树体倾倒应及时扶正，并培土施肥，修剪掉部分树冠，减轻树冠重量。枝干折断的，应及时从断口或裂开部位下方2~3cm处斜锯、修平，并涂封保护剂。寒害树处理主要是做好防虫蛀和树体处理，防虫工作应在橡胶树出现寒害症状后及时进行，将杀虫剂涂抹在寒害发生部位。树体处理应待越冬气温回升稳定后开展。

4. 病虫防治

橡胶病虫害防控要坚持"预防为主、科学防治"的方针，设立相应的病虫害监测站点，定期或不定期对监测站点病虫害进行监测预报或在监测站点外的胶园进行踏查，如发现病虫为害要及时采取有效防控措施，将为害控制在最小范围。

（三）应用效果

1. 减肥效果

绿肥覆盖及压青示范与周边常规生产模式相比，减少化肥用量 26.2%，增产 3.8%。有机肥替代化肥技术主要进行 15% 和 25% 两个梯度的替代，在海南垦区进行了试验推广，面积达 200 万亩，干胶产量提高了 5%，化肥成本降低了 8%。

2. 减药效果

白粉病精准测报减施技术，减少化学农药防治次数 1.5 次，减少化学农药用量 25.5%，增产 4%。飞防飞控技术与常规人工防治相比，可节省劳务用工，防治效率是人工的 5~10 倍，农药利用率提高 7%。

3. 成本效益分析

橡胶树化肥农药减施增效示范核心区每年可节约化肥农药成本 49.25 元/亩，其中，每亩减施化肥节约 41.25 元/亩，减施农药节约 8 元/亩。

（四）适宜区域

本模式适宜海南植胶区。

（毛新翠、王明）

云南省天然橡胶化肥农药减施增效技术模式

天然橡胶是重要的战略性资源，与煤炭、钢铁、石油并列为四大基础工业原料，也是其中唯一的可再生资源，因其优良的弹性、绝缘、防水、可塑、耐疲劳、耐老化等特性，广泛应用于国防军工、交通运输、医疗卫生、建筑工程等领域。云南自 1904 年开始引种天然橡胶至今已有 100 余年历史，是中国最早引种橡胶树的地区。当前，云南已成为我国种植面积最大、产胶最多、单产最高的优质天然橡胶生产基地，种植面积有 850 余万亩，年产量超过 45 万 t，从业人员 50 多万人，其健康持续发展对保障国民经济运行和国防战略安全，促进边疆民族地区繁荣稳定具有重要的现实意义。

一、天然橡胶化肥施用现状

近年来，天然橡胶市场价格持续低迷，云南天然橡胶产业发展遇到了一系列困难，胶园管理积极性明显下降，先进生产技术推广普及应用滞后，目前橡胶生产上仍然存在盲目施用化肥、有机肥施用量不足等问题，从而导致橡胶树营养不平衡和胶园土壤肥力下降。

（一）不对症施肥

虽然橡胶树营养诊断与配方施肥技术已推广应用多年，但盲目施肥、不对症施肥现象仍然大量存在，部分橡胶种植农场和种植户未能按照橡胶树养分需求规律进行施肥操作，仅凭经验施用尿素或氮磷钾（15-15-15）的三元复合肥，导致橡胶树营养不平衡，发生多种缺素症，树势衰弱，产胶量下滑。

（二）忽视中微量元素

云南橡胶园土壤主要由花岗岩、千枚岩、紫色砂页岩、石灰岩和老冲积物发育而成，风化作用和成土作用强，脱硅与富铝化过程强烈，部分胶园易出现缺镁黄叶病，而在常规施用的肥料中基本不含镁元素。

（三）有机肥施用不足

由于云南山地胶园坡度大，有机肥运输困难，特别是近年来胶价低迷，橡胶园有机肥使用积极性大幅下降，施用量普遍不足或甚至不施，导致胶园土壤质量和肥料利用率下降，影响橡胶树产能释放。

二、天然橡胶农药施用现状

橡胶树是多年生高大乔木，病虫害防控难度大，云南省植胶区普遍发生且为害严重的有橡胶树白粉病和橡胶树盔蚧，其中，白粉病主要为害胶树嫩叶嫩梢和花序，轻者使胶树新抽叶片绉缩，减弱光合作用，发病严重时，病叶布满白粉，甚至皱缩畸形、变黄，最后脱落；盔蚧主要以若虫在橡胶树新梢枝条、叶片上吸食汁液营养为害，寄主受害后，造成橡胶树梢枯和落叶，推迟开割时间，造成开割林地严重减产，甚至整株死亡，并导致烟煤病发生。目前云南植胶者在病虫害防治中普遍存在用药不合理、农药利用率不高、防治手段单一、生物防治不足等问题，严重威胁着全省植胶区生态环境安全。

（一）防治药剂单一

白粉病是为害云南橡胶树最为严重的、常发性叶部病害，该病害大流行可导致惨重的经济损失，2008年，云南植胶区橡胶树白粉病暴发造成近1亿元的干胶产量损失。由于云南胶园多位于偏远山区，缺乏水源，常规喷雾防治方式难以开展，目前生产中90%以上的种植户仍采用硫磺粉防治橡胶树白粉病，药剂非常单一。

（二）农药施用量大

橡胶种植户普遍缺乏病虫害防治知识，对橡胶树病虫害防治的药剂用量、使用频次和喷洒时间认识不科学，盲目施药、滥用药等现象普遍存在，农药利用率低，且耗工耗时，并给全省植胶区生态环境造成了巨大的负面影响。

（三）高度依赖化学药剂

橡胶盔蚧自2002年在云南天然橡胶树上发生以来，发病面积和为害程度持续加剧，在接下来的几年中暴发成灾，2004年全省重度发生面积68.2万亩，造成了巨大的经济损失，成为橡胶产业发展最突出的问题。对于该虫的防治，生产上过度地依赖化学防治，造成了很多负面影响，例如人畜中毒、环境污染、天敌锐减、害虫抗药性产生、害虫再猖獗等问题。

三、天然橡胶化肥农药减施增效技术模式

（一）核心技术

本模式的核心内容主要包括"橡胶树配方施肥+有机肥替代+病虫害预测预报技术+新型多组分热雾剂+生物防治"。

1. 配方施肥

施用橡胶树专用配方肥，其中氮磷钾镁养分含量分别为15：10：12：2，每年雨季来临前（4—5月）施用，每株橡胶树施用0.6kg，提高肥料养分利用率，减少不必要的浪费。

2. 有机肥替代

施用商品有机肥或腐熟农家肥，每年1月施用，每株橡胶树施15~20kg的有

机肥，改善土壤结构和质量，防治土壤板结，补充多种微量元素，增加土壤有机质含量，提高橡胶树的抗逆性，改善胶乳产出品质。

3. 病虫害预测预报技术

充分利用橡胶树病虫害监测网络，采集病虫发生信息及物候数据，掌握重要病虫害疫情动态，及时发布预测预报信息，指导胶农科学防治，确保早发现早防治，降低施药次数和农药用量，降低防治成本。在白粉病流行期间启动每周两次的密集调查，根据防治建议把握好最佳防治时机；在其他时期，重点加强苗圃、新植胶园的巡查。橡胶树盔蚧要抓好3—4月第1个繁殖高峰期的预警防治工作，对减少虫口密度、降低后面的防治难度和成本具有重要意义，最佳防治时期为1~2龄若虫的盛发期。

4. 新型多组分热雾剂

一旦橡胶树病虫害达到防治指标要求，针对性施用由不同有效成分、溶剂和表面活性剂组成的新型多组分热雾剂。热雾剂是近年来针对高大林木病虫害防治的一种较好剂型，它能较好达到作用靶标，且不用兑水使用，能克服山地施药难及水源短缺的问题，在云南山高坡陡的胶园更能发挥优势和作用，适合大面积推广应用。

5. 生物防治

在橡胶盔蚧常发林段，可应用生物多样性原理，通过释放天敌优雅岐脉跳小蜂控制橡胶盔蚧的发生与为害。在轻发生区域少施或不是农药，保护天敌。优雅岐脉跳小蜂一旦在胶园生态系统形成一定量的种群，可长期、持续地控制橡胶盔蚧暴发。

（二）生产管理

停割后在橡胶树种植带梯田内壁、两株橡胶树中间，隔株挖长、宽、深分别为100cm、40cm、40cm的培肥沟，每年轮换施肥沟的位置。挖培肥沟的泥土，放在沟下方筑成半月形土坝，同时用于维修环山行和覆盖裸露的橡胶树根系。将有机肥、化肥以及杂草、枯枝落叶施入培肥沟后，盖土。

每年病虫流行前期准备防治药剂，调试喷药机械。各监测点按要求定期观测，填报数据并及时上报中心监测站，中心监测站根据未来短期天气，结合动态预测预报技术，及时发布预警信息指导防治。

（三）应用效果

1. 减肥减药效果

本模式与常规生产模式相比，减少化肥用量25%，减少化学农药防治次数2~5次，减少化学农药用量30%，农药利用率提高25%，病虫害为害率控制在40%以下。

2. 成本效益分析

应用本模式后，减施化肥6kg/亩、农药0.34kg/亩，减少化肥农药支出20元/亩，降低劳务成本30元/亩，较常规模式增产干胶3kg/亩，节本增收80元/亩，适合发展的适度经营规模480万亩。

3. 社会与生态效益分析

天然橡胶产业是云南热区重要的支柱型产业。全省涉及天然橡胶生产县有33个，产胶农场34个，主要分布在山区和少数民族聚居的"老、少、边、穷"地区。本项模式技术的应用可提高橡胶树产量，降低生产成本，增加农民收入，提高农民生活水平，有利于边疆的稳定与发展。

应用橡胶树化肥农药减施增效技术后，改善了橡胶生产上不对症施肥、有机肥施用不足，盲目施用农药、用药量大、过度依赖化学农药等问题，化肥农药施用量减少15%~40%，提高了化肥农药利用率，减少了化肥农药对生态环境的污染，促进了我国天然橡胶产业的可持续发展。

（四）适宜区域

本模式适宜云南山地天然橡胶种植区域。

（杨春霞、蔡志英）

木 薯

化肥农药施用现状及减施增效技术模式

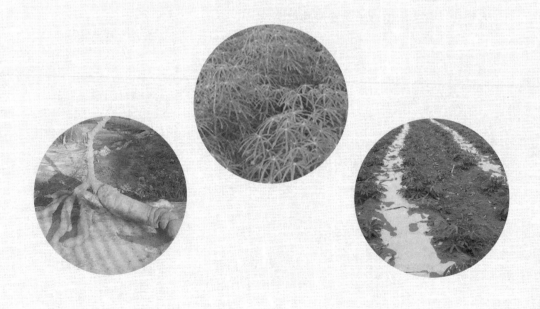

广西壮族自治区木薯化肥农药
减施增效技术模式

广西壮族自治区处于亚热带地区，气候温暖、雨量充沛，丘陵山地多，宜农荒地也多，但土地瘦瘠，多呈酸性，种植其他作物产量普遍不高，很适宜发展木薯种植业。木薯引进广西已有 200 多年历史，是重要农业支柱产业，和甘蔗并称为广西两大旱地经济作物。20 世纪 90 年代中期开始，广西取代广东成为中国最大的木薯生产省份，近年广西的木薯种植面积和年产量均占到了全国的 2/3 左右，广西的木薯主要分布在南部、中部、东部和西北部等地区，在提高地区农民的经济收入，解决农业人口就业，促进地区农业发展等方面发挥了重要作用。

一、木薯生产化肥施用现状

木薯生长期长（8~12 个月），封行前有 4 个月的时间可以间作一些短期作物，例如花生、玉米、豆类、西瓜、红瓜子等，能增加一笔额外收入，提高单位土地经济效益。目前，"木薯+花生或豆类"已成为广西农村地区在缺乏劳动力现状下普遍采用的一种农业生产模式。木薯的生物量约为甘蔗的 60%，肥料需求以氮肥和钾肥为主，但是从当前农民的施肥情况看，普遍存在着盲目施用的现象，导致土壤板结、肥料利用率低、环境污染等问题。

（一）肥料元素配比不合理

木薯的收获物是块根，钾元素需求量大，因此，土壤中需要及时补充钾肥；其次是氮，前期生长需要足够的氮，确保苗期植株生长发育，为后期的木薯丰产打基础。再就是磷，如果木薯是长期连作，那么磷在 3 年以后的重要性将非常明显。根据广西的土壤环境条件，木薯需要达到较高产量（2t/亩），氮：磷：钾（纯量）的比例以 3∶1∶3 最为合适，而目前农民使用的复合肥多为 15∶15∶15，或者 15∶10∶10 等，均不符合木薯需肥特点，既容易造成肥料浪费，破坏周边环境，而且产量难以达到理想水平。

（二）肥料施用量不恰当

根据生产调查，木薯种植者普遍的施肥水平在 50~70kg/亩（纯种木薯），多采用复合肥施用，由于通用型复合肥养分比例不符合木薯需肥特点，导致氮和钾元素实际施用量不足，磷元素则过量。根据研究人员多年试验结果分析而得出的结论，木薯 2t/亩的产量，合理的氮（尿素）、磷（钙镁磷）和钾肥施用量为 25.5kg、8.6kg 和 25.7kg。另外，农户施肥主要采用化学肥料，有机肥施用偏少。

（三）施肥时间把握不当

农民一般习惯赶在下雨之前将化肥撒施在地面上，认为下雨时化肥能够及时溶化，并被木薯植株吸收。实际上，结果经常适得其反，雨势过大时肥料会被直接冲开而造成流失。试验结果表明，这类施肥方式造成的养分流失在 30%~50% 之间，即只有 50%~70% 的肥料发挥了作用。

（四）施肥时期不恰当

根据生产调查，木薯种植户对恰当的肥料施用时期普遍没有正确的认识，目前主要采用的施肥时期如下，第 1 次是在木薯种茎下播时施放底肥；第 2 次是在植后 2~3 个月施放催苗肥；第 3 次是在木薯膨大期，即 9—10 月施放壮薯肥。但根据多年的实验室盆栽试验和大田实践结果表明，木薯从发芽至生根，需要 4 周左右的时间，这段时间所需养分主要来自木薯种段上的自身营养供应，之后才开始从外界吸收养分，以供植株生长。因此，肥料过早施用无法被木薯植株及时吸收，反而会因雨水冲刷等造成养分流失，降低肥料利用率。同样，肥料过迟施用会造成木薯吸收的关键时期无法提供足够养分，从而影响植株生长发育。因此，适时施用肥料对植株生长非常重要，尤其木薯前 4 个月生长的好坏对后期产量和质量的影响很大。

二、木薯生产农药施用现状

（一）常见病虫害

木薯茎秆和叶片上均含有毒性很强的氰酸，天生具有较强抗病抗虫能力，因此，总体上我国木薯病虫害不多，为害程度也不是特别严重。但是个别病虫为害还是时有发生，需要及时防范。我国的木薯病害主要有细菌性枯萎病和褐斑病，前者是为害木薯最严重的一种病害，较难防治，在高温高湿情况下会有大规模暴发的可能，严重影响木薯产量和质量。后者比较常见，但一般都是小规模发生，对产量影响较轻。虫害主要有螨类，近几年粉虱类虫有蔓延的趋势。

1. 细菌性枯萎病

主要为害部位为叶、叶柄、嫩茎和根系。病叶有 3 种症状类型，即斑点型、斑枯型和萎蔫型。发病时最先为害成熟的叶片，然后由下而上扩散，先侵染叶缘或叶尖，出现水渍状病斑，常溢出黄色乳状物，然后迅速扩大直至叶片枯萎脱落，严重时嫩茎嫩枝受害枯蔫枯梢，甚至全株死亡。

2. 褐斑病

主要为害部位为叶片。发病初期为褪绿的圆形斑痕，以后病斑扩大变成灰褐色，病斑边缘及中央色泽较深并有同心轮纹。潮湿时，病斑中央长出霉状物，即病原菌的孢子梗或孢子。有时病斑扩展，汇合成不规则大斑块，后期病斑中央破裂、穿孔，严重时叶片变黄，直至干枯脱落。

3. 朱砂叶螨

发生较为普遍。该虫集结于叶片背面，首先为害下层成熟叶片，沿叶脉附近吮吸汁液，使叶片呈现黄斑，以后由下而上为害上层叶片，严重时集结叶片两面为害，由于虫体的大量增加，最后斑点变成红色或锈色，造成叶片脱落。在长期干旱的条件下可使植株死亡，在雨季大部分虫体被雨水冲走，为害减轻。

4. 烟粉虱

发生较为普遍。该虫可直接刺吸植物汁液，造成寄主营养缺乏，影响正常的生理活动。若虫和成虫还可分泌蜜露，诱发煤烟病，虫口密度高时，叶片呈现黑色，严重影响光合作用和外观品质；成虫还可作为植物病毒的传播媒介，引发病毒病。该虫为害后叶正面出现褐色斑，虫口密度高时出现成片黄斑，严重时导致叶片脱落。

（二）防治方法

目前，木薯病害主要防治方法有选择抗病或耐病品种，种茎消毒灭菌处理；加强田间管理，及时拔除清理病株；喷施杀菌剂等化学防治。其中，细菌性枯萎病可采用25%噻枯唑可湿性粉剂 250～500 倍液，或45%代森铵水剂 400 倍液，也可使用72%农用硫酸链霉素可溶性粉剂 4 000 倍液，每 5～7d 喷施 1 次药，连续喷施 2～3 次。褐斑病可选用70%托布津可湿性粉剂 800～1 200 倍液，或80%代森锰锌可湿性粉剂 600～800 倍液，或 77%氢氧化铜可溶性微粒粉剂 400～500 倍液，每 7～10d 喷施 1 次药，连续喷施 2～3 次。

目前，木薯虫害主要防治方法为发现后及早治疗，综合运用物理防治、生物防治、化学防治，避免减产。朱砂叶螨防治可利用及释放天敌控制有害生物的种群数量；选择抗螨品种，加强田间管理，特别是水肥管理，适时施肥；螨株率达到25%以上时及早喷药，可选用1.8%阿维菌素乳油2 000~3 000倍液，或50%苯丁锡可湿性粉剂2 000~3 000倍液，或25%三唑锡可湿性粉剂1 000~1 500倍液，或5%噻螨酮乳油1 500~2 500倍液，或73%炔螨特乳油2 000~3 000倍液喷雾防治。烟粉虱防治可加强田间管理，及时清除残枝落叶和杂草；设置黄板诱杀成虫；选用2.5%乙基多杀菌素500倍液，或25%噻嗪酮可湿性粉剂1 000~1 500倍液，或10%吡虫啉可湿性粉剂1 000倍液喷雾防治。

在木薯实际生产中，预防病虫害发生的措施较少，防控以常规化学手段为主，通常是有病除病，有虫杀虫，主要喷施杀菌剂和杀虫剂，药剂的使用剂量不大，每亩病虫害防控成本在50元左右，但防控效果一般。物理防治、生物防治和农业防治方法应用推广不足，普及率不高。

三、木薯化肥农药减施增效技术模式

（一）核心技术

木薯化肥农药减施增效生产技术模式的核心内容为"优良品种+配方施肥+合理密植+药物浸种+秸秆还田"。

1. 优良品种

选择种植华南5号、桂热7号、南植199等优良品种，此类木薯品种的特点是高产高粉，结薯多且集中，耐瘠，水肥利用力强。

2. 配方施肥技术

根据木薯需肥吸肥特点，进行配方施肥。本模式配置的木薯专用肥氮磷钾（$N:P_2O_5:K_2O$）养分比例为（3:1:3），木薯专用肥用量为60kg/亩，即$N:P_2O_5:K_2O=25.5kg:8.6kg:25.7kg$，于木薯种下后30~45d施用，在行间开一条深7~8cm、宽20cm左右的施肥沟，将肥料均匀撒入，覆土3~4cm盖住肥料。为有效减少化肥使用对土壤造成的不良影响，改善土壤的地力条件，可尝试使用50kg/亩有机肥料（有机质>40%）全部替代化肥，将来也可根据需要配置木薯专用有机肥。

3. 合理密植技术

根据选用的品种确定合理的栽培密度。其中，华南5号适宜种植密度为700

株/亩（行株距110cm×80cm），其特点是结薯集中，薯块大小均匀，易于收获；桂热7号的栽培密度为900株/亩（行株距100cm×70cm），因植株直立，地上部分生长势极其旺盛，适当密植可以合理有效抑制地上部分的营养生长，将养分更多地转化成经济产量；南植199的栽培密度为1 100株/亩（行株距100cm×60cm），该木薯品种的植株矮小，直立且很少分枝，密植可以促进生长前期封行，有效抑制杂草的生长，减少除草剂的使用，同时降低劳动成本。

4. 病虫害防控技术

在木薯收获之后和种植之前，采用0.1%多菌灵或0.1%托布津药物对种段作浸泡处理，可有效防治螨类、蝇类和叶斑病、细菌性枯萎病等木薯主要病虫害，减少后期农药的使用，实现减药控害。由于木薯本身具有较强的抗逆性，除药液浸种外，目前没有采取其他绿色防控措施。另外，每年收获之后建议对木薯地块进行清园，即把一些受病虫侵染的茎秆清理干净并搬离销毁。

5. 秸秆还田技术

到了木薯收获期，保存次年种植所需的木薯茎秆，将其余茎秆粉碎，经过堆沤处理之后撒于地面，于次年整地时，通过拖拉机的犁和耙的作用将这些"渣"融入土壤之中。通过秸秆还田，在增加土壤中速效养分供应的同时，能加速有机质积累，有效改善土壤结构和理化性状，提高土壤贮存养分和水分能力，对促进木薯增产增效具有积极作用。

6. 间套种技术

根据木薯的生长特点，可在木薯地套种花生等短期作物，大幅提高亩产值，促进节本增效。木薯套种花生应于3月中旬花生下种，花生采用双行播种（双行间距离25cm，穴间距20cm），亩植13 000株左右为宜。3月底至4月上旬花生出齐苗后播种木薯，同时施用堆沤过的有机肥作为底肥。与单种木薯相比，套种花生时需给花生单独施用基肥，用量为30~50kg/亩复合肥，并于5月底至6月初时根据长势进行1次追肥。花生进入旺长期后，藤蔓会很快覆盖地面，从而抑制杂草生长，可减少除草用工。

（二）其他技术要点

1. 选地整地

选择在土层较为深厚、土质疏松、肥力中等、排水良好的沙壤土地块进行种植。整地时，要求全耕深犁，一犁一耙，深度30~40cm为宜。

2. 选种砍种

种茎应选择充分成熟、粗壮密节、芽点完整、不损皮芽、不干枯、无病虫害的新鲜、健壮主茎，利于植后全苗壮苗。砍种以种茎长度 10~16cm，含有 4~5 个芽点为宜。要求斜砍，边砍边种植，避免长时间搁放造成种茎失水，影响出苗。

3. 中耕除草

一般种植后 40~50d，苗高 20~25cm 时，就可结合大田间苗进行第 1 次中耕除草，促进幼苗生长。植后 70~90d 可进行第 2 次中耕除草，这时块根的数量已基本稳定并开始膨大，应结合松土追施壮薯肥。

（三）田间管理

2—3 月上中旬整地，做好播前准备；3 月下旬至 4 月下旬根据当地气候条件有序组织播种；5 月底至 10 月初适时开展除草、施肥、打药、排水等田间管理；12 月至翌年 1 月组织收获。

（四）应用效果

1. 减肥减药效果

本模式与周边常规生产模式相比，减少化肥用量 30%，减少化学农药防治次数 2 次，减少化学农药用量 50%，产量预计增加 30%。

2. 成本效益分析

生产成本约 210 元/亩。本模式下可实现亩节本 50 元，增收 200 元。

3. 促进品质提升

本模式下生产的木薯块根平均淀粉含量可达到 28% 以上，比常规生产提高 2 个百分点以上。

（五）适宜区域

本模式适宜广西、广东等木薯种植区。

（卢赛清）

咖啡

化肥农药施用现状及减施增效技术模式

云南省咖啡化肥农药减施增效技术模式

2017 年年末，云南省咖啡总面积 177.00 万亩，总产量 14.50 万 t，总产值 26 亿元，分别占全国的 98.43%、98.44% 和 98.04%，具有不可替代的优势。云南省咖啡产区地处热带亚热带地区，具有气温高、雨量大、土壤养分易流失和病虫害种类多、为害严重等特点，而咖啡生产存在盲目施用化肥农药问题突出，严重影响农产品质量安全、生态安全和农业可持续发展。为此，2018 年通过承担国家重点研发计划"咖啡化肥农药减施增效技术集成研究"课题，对云南省咖啡产区化肥农药施用现状及减施增效技术进行了系统的研究工作，并取得初步成效。

一、化肥施用现状

咖啡生长在热带亚热带地区，温度高、雨量大，土壤有机质分解快、淋溶作用强烈，养分流失严重，但盲目施用化肥问题突出，导致土壤酸化板结退化严重。

（一）肥料比例不合理

投产咖啡园多施用三元复合肥，主要肥料配方有 $N : P_2O_5 : K_2O = 15 : 15 : 15$、$18 : 5 : 15$、$22 : 8 : 10$、$11 : 7 : 18$ 等，肥料配方不合理，缺乏咖啡专用化肥或专用配方。

（二）有机肥严重不足

由于长期偏施化学肥料，对化肥依赖性强，有机肥施用少，甚至不施，导致土壤酸化板结和土壤退化，严重破坏土壤结构，连作障碍问题突出。

（三）化学肥料用量大

一般施用 $N : P_2O_5 : K_2O = 15 : 15 : 15$ 氮磷钾三元复合肥 160kg/亩，分别是国际平均用量的 1.2 倍、2 倍和 1.5 倍，化肥施用量大，肥料利用率低。

二、农药施用现状

云南省咖啡产区具有气温高、雨量大、湿度高、年温差小、病虫种类多、为害周期长和为害严重等特点，但盲目施用化学农药问题突出，对食品安全和环境安全影响大。

（一）病虫害种类较多

据国外研究资料记载，咖啡病害有 60 多种、虫害有 800 多种；据付兴飞等研究，在保山、临沧和大理 3 个产区有咖啡病害 5 种、虫害 26 种，咖啡病虫害种类多，为害规律各异，防治难度度，工作量大。

（二）为害严重周期长

周年气温高，杂草生长旺盛，一年四季均有病虫害发生，主要有锈病、炭疽病、褐斑病和天牛、蚧类等病虫害，病虫为害时间长和为害严重。

（三）偏施化学农药突出

咖啡病虫草害主要采用化学防治，没有综合应用农业防治、生物防治和物理防治等技术，由于长期施用草甘膦化学除草剂，致环境污染严重。

三、化肥农药减施增效技术模式

（一）核心技术

1. 复合栽培技术

咖啡"乔—灌—草"群落复合栽培技术，乔木层树种可因地制宜选择澳洲坚果、杧果、橡胶、黄花梨、印度黄檀等乔木作物，株行距 5m×12m 或 6m×10m（10 株/亩左右），荫蔽度控制在 30%~50%。灌木层（咖啡）株行距 1m×2m（300 株/亩左右）。草本层主要利用咖啡行间空地进行合理间作，可种植黄豆、花生、蔬菜等短期作物，不仅可以抑制杂草，增加收入，还可达到以短养长和改善生态的效果。

2. 选择抗病品种

抗锈品种有德热 132、德热 3 号、矮卡、Castillo（哥伦比亚 1 号）、萨奇莫

（Sarchimor）等卡蒂姆系列抗锈品种；咖啡锈病较轻的干热区可推广种植铁毕卡变种（*C. arabica* var. *Typica* Cramer）、波邦变种（*C. arabica* var. *bourbon* Choussy）、卡杜拉变种（*C. arabica* var. *caturra* KMG）、黄波邦（Bourbon Amarello）、瑰夏（Geisha）、卡突埃（Catuai）、伊卡图（Icatu）、维拉萨奇（Villa Sarchi）等优质品种。

3. 同步平衡营养施肥技术

根据周年气候变化规律、土壤供肥能力及咖啡生长发育规律，因地制宜实现土壤供肥与咖啡需肥同步。

（1）化肥精准施用技术　①目标产量分析：据统计，2009—2018 年云南省咖啡单位面积产量为 97.61～162.74kg/亩，平均值为 136.07kg/亩。2011 年，云南省小粒种咖啡价格达 25.29 元/kg（国际价格为 5.9 美元/kg），达到历史最高峰值，受利益驱动，农民加大肥料等投入，2012 年单产达 162.74kg/亩，此后由于价格持续下滑导致肥料投入大幅减少，2018 年云南省小粒种咖啡价格为 14.78 元/kg（国际价格为 2.68 美元/kg），已低于 15 元/kg 的成本价格，咖啡单产下降至 97.61kg/亩；2011—2014 年正常施肥管理条件下单产 149.28～162.74kg/亩，平均单产 154.84kg/亩，因此目标产量按照 150kg/亩计算，在不施化肥（对照）的情况下预估单产为 75kg/亩。②养分需求量分析：据分析，生产 1t 咖啡豆需要氮 112.1kg，磷 38.4kg，钾 149.8kg，按照 150kg/亩目标产量计算，需要氮（N）16.82kg/亩、磷（P_2O_5）5.76kg/亩、钾（K_2O）22.47kg/亩。③养分需求比例：根据咖啡不同元素需求量计算，肥料配方为 N：P_2O_5：K_2O = 112.1：38.4：149.8≈3：1：4，45% 复合肥配方 N：P_2O_5：K_2O = 17：6：22（通用型）；按照不同生长发育阶段，幼龄树或营养生长阶段配方为 N：P_2O_5：K_2O = 25：5：15，成龄树或生殖生长阶段配方为 N：P_2O_5：K_2O = 15：5：25。④肥料利用效率：一般农作物肥料利用率氮素（N）为 20%～40%，磷素（P_2O_5）为 10%～25%，钾素（K_2O）为 30%～50%，咖啡肥料利用率分别按氮（N）30%、磷（P_2O_5）20% 和钾（K_2O）40% 计算。⑤肥料施用数量：按照目标产量 150kg/亩计算，施肥量（kg/亩）=（需肥量-土壤供肥量）×100/肥料利用率，经计算需施 45% 尿素 62.29kg/亩，18% 钙镁磷 78.56kg/亩，50% 硫酸钾 56.02kg/亩，合计 196.87kg/亩≈200kg/亩（可配制为复合肥）。⑥施肥最佳时期：咖啡生长发育规律和需肥规律与周年气候变化具有密切相关性，高温高湿雨季（4—9 月）咖啡生长快养分需要多，反之低温旱季（10—12 月）和高温干旱季节（1—

3月）咖啡生长慢需肥不大（详见图1，表1至表3）。从图1看出，周年温度、雨量与养分变化曲线基本一致，因此以雨季施肥为宜。

表1　咖啡需肥量测算表（生产1 000kg咖啡豆养分需求分析）　（单位：kg）

树的部位	N	P_2O_5	K_2O	CaO	MgO
根和主杆	15.4	5.0	31.4	13.2	3.6
分枝	14.3	4.6	22.8	8.4	5.5
叶	52.9	22.9	54.2	26.3	11.3
成熟果实	29.5	5.9	41.4	4.6	5.5
合计	112.1	38.4	149.8	52.5	25.9

表2　目标亩产150kg量需肥量分析　（单位：kg）

组别	N	P_2O_5	K_2O	CaO	MgO
1kg产量养分需肥量	0.1121	0.0384	0.1498	0.0525	0.0259
150kg目标产量需肥量	16.82	5.76	22.47	7.88	3.89

表3　亩产咖啡豆150kg施肥量测算表

养分	需肥量（kg/亩）	土壤供肥量（kg/亩）	肥料利用率（%）	施肥量（kg/亩）纯养分	施肥量（kg/亩）肥料种类	施肥量（kg/亩）施肥量
氮（N）	16.82	8.41	30	28.03	45%尿素	62.29
磷（P_2O_5）	5.76	2.88	20	14.14	18钙镁磷	78.56
钾（K_2O）	22.47	11.24	40	28.01	50%硫酸钾	56.02
合计	45.05	22.53	30	70.18	—	196.87

以土壤施肥为主，有灌溉条件的3月、6月、9月各施1次，无灌溉条件的6月、9月各施肥1次，以有机肥无机肥相结合为宜。

施肥最佳方法：咖啡主根垂直分布可达70cm，但吸收根主要分布在0～30cm；根系水平分布与树冠基本一致。幼龄树施肥位置在树冠滴水线，结果成龄树可在株间或行间施用，可在根圈4个方位交替施用，上下2次施肥位置不要重复；施肥沟深度15cm，宽度20cm，长度50cm；自配三元素复合肥要拌匀，并与农家肥或生物有机肥混合施用，施肥后要盖土，以提高肥效。有条件的地块，也可采用肥水一体化施肥技术，肥料浓度不宜超过5%。10—11月花芽分化和采果前，可结合防治病虫害喷施0.2%~0.5%磷酸二氢钾或硼、锌等微肥，有利开花和坐果。肥效的发挥离不开充足的水分，施肥宜在雨季（5—9月）进行，旱季（2—4月）施肥必须具备灌溉条件，以采用水肥一体化施用技术为宜。也可加入土壤保水剂，以提高肥料的有效性。

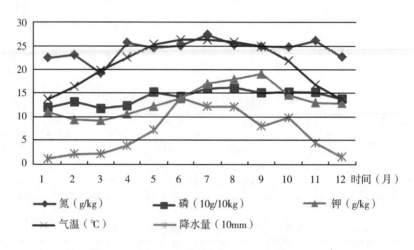

图1 咖啡叶片矿物质养分周年变化与气候相关性

（2）有机肥替代技术　有机肥含有多种有机酸、肽类及氮、磷、钾等营养元素，不仅为咖啡提供全面营养，而且肥效长，可增加土壤有机质，促进微生物繁殖，改善土壤理化性质和生物活性，对长期偏施化肥导致土壤酸化板结具有重要改良作用。①农家肥替代技术：因地制宜广辟肥源，大力倡导施农家肥，主要是人畜禽粪肥、油枯等，经堆沤腐熟后与化学肥料混合土壤施肥，每年施用不少于1 000kg/亩（3kg/株），分2次施用（1.5kg/株），以改善土壤理化性质。实行有机肥无机肥相结合。②果皮还田技术：咖啡果皮、咖啡豆壳、咖啡渣等废弃物含有丰富的有机质和矿物质，是一种很好的有机肥。研究表明，咖啡果皮含有氮11.50g/kg、磷0.99g/kg、钾43.00g/kg；咖啡豆壳3.90g/kg、磷0.08g/kg、钾1.64g/kg。实施果皮、豆壳、咖啡渣还田，不仅增加土壤有机质和矿质养分，还可改良土壤。③生物有机肥替代技术：生物有机肥一般有效养分含量≥5%，不仅可提供咖啡生长所需养分，还兼具微生物肥料和有机肥效应，每年施用不少于500kg/亩（1.5kg/株），分 2 次施用（750g/株），以改善土壤理化性质，实行有机肥无机肥相结合。

（3）土壤改良矫正技术　咖啡产区为热带气候，具有温度高、雨量大、有机质降解快、养分易流失等特点，长期耕作导致土壤酸化，通过施用石灰、土壤调理剂、碱性肥料和有机肥可改良土壤理化性质，促进土壤生态平衡。①石灰土壤改良技术：咖啡产区为热带气候，具有温度高、雨量大、养分易淋溶等特点，土壤多呈酸性，当土壤 pH 值低于 5 时，每 2 年施 1 次生石灰 100g/株，在滴水线根圈内或台面撒施，然后浅中耕，将 pH 值调至 5.5～6.5。②土壤调理剂改良技术：在施肥时配施泽土（钙镁糖醇土壤调理剂）调理剂，按照一定比例与土壤混匀配施，每株咖啡每次施用 2～3kg 有机肥、50～100g 石灰或 2～3kg 有机肥、1kg 泽土，每年施用 1～2 次可显著改善咖啡植株长势。

4. 主要病害绿色防控技术

（1）咖啡锈病（*Hemileia vastatrix*）　①推广德热 132、德热 3 号、矮卡、Castillo（哥伦比亚 1 号）、萨奇莫（Sarchimor）等抗病品种。②在 10 月中下旬监测咖啡叶片发病率，检查叶片下表面，带有锈病斑的叶片大于 5%时，进行喷药防治。③选用 50%氢氧化铜可湿性粉剂 1 000～1 500 倍液，或 25%戊唑醇乳油 1 000～1 200 倍液，或 25%吡唑醚菌酯乳油 1 500～3 000 倍液，或 25%嘧菌酯悬浮剂 1 500～2 000 倍液，或 25%丙环唑乳油 1 000～1 500 倍液，或 50%三唑酮可湿性粉剂 800～1 200 倍液等喷施叶片。每个产季喷施 2 次为宜，不同药剂交替使用。

（2）咖啡褐斑病（*Cercospora coffeicola*）　①加强咖啡园栽培管理，合理施肥特别是补充钾肥和钙肥，适度荫蔽，采果后清除枯枝。②苗圃地不宜连作，整地要细致、平整，最好高畦育苗，避免苗圃积水。③加强肥水管理，初期喷施保护性药剂。选用 80%代森锰锌 1 000～1 500 倍液，或 75%百菌清 1 000～1 500 倍液，或 0.5%半量式波尔多液，或 50%氢氧化铜 1 000～1 500 倍液等药剂喷施叶片。此外，喷施 B1171、TWC2、BS2C、gt2 生防菌。

（3）咖啡炭疽病（*Colletotrichum coffeanum*）　①要加强抚育管理，包括合理施肥、中耕除草、行间覆盖、结合修枝整形清除枯枝落叶，提供适度荫蔽条件，使咖啡植株生长旺盛，增强抗病力。②植株出现病斑时进行药剂喷施。选用 25%戊唑醇乳油 1 000～1 200 倍液，或 25%咪鲜胺乳油 800～1 000 倍液，或 25%嘧菌酯悬浮剂 1 500~2 000 倍液喷施叶片。③喷施 B800、B1171 生防菌。

5. 主要虫害绿色防控技术

（1）咖啡灭字虎天牛（*Xylotrechus quadripes*）　主要有咖啡灭字虎天牛（*Xylotrechus quadripes*）和旋皮天牛（*Dihammus cervina*）2 种。①种植抗逆性强、矮生、株型紧凑的品种，适度荫蔽，合理密植，加强水肥管理。②在 4 月和 9 月在 3 龄及以上咖啡园用 10% 的石灰水喷洒咖啡树干，同时轻微抹干，使松散的鳞片树皮和石灰粘附更好，提高防效。③在 4—6 月和 9—11 月在 3 龄及以上咖啡园进行排查，发现虫株，用力拉主干就折断具虫株，砍下折断后上下两截具虫主干集中销毁。销毁方式采用浸水、粉碎或烧毁。④对咖啡灭字脊虎天牛常发地段或为害严重的地块，加以药剂淋干防治。选用 48% 毒死蜱乳油 1 500 倍液，或 2.5% 高效氯氟氰聚酯乳油 1 000 倍液，或 16% 虫线清乳油 100~150 倍液，或白僵菌（含孢子 100 亿个/g）200 倍液等逐株淋喷树干木栓化部位。⑤在咖啡园释放管氏肿腿蜂、白僵菌等，保护黑足举腹姬蜂（*Prislauacus nigripea*）等天敌。

（2）蚧壳虫类（*Coccoidea*）　蚧类繁多，全世界已知约 6 000 种，中国已知约 500 种，为害咖啡的蚧类有绿蚧、吹棉蚧、根粉蚧、盔蚧等。①绿蚧（*Coccus viridis*）：加强水肥管理，驱除蚂蚁保护天敌。在该虫初发期进行喷施，选用 48% 毒死蜱乳油 1 000~2 000 倍液，或 10% 吡虫啉可湿性粉剂 2 000~3 000 倍液，或 2.5% 氯氟氰菊酯乳油 1 500~2 000 倍液，或 10% 高效氯氰菊酯乳油 2 000~3 000 倍液等喷施叶片和嫩枝。②根粉蚧（*Planococcus lilacinus*）：驱除蚂蚁保护天敌，选用 48% 毒死蜱乳油 1 000 倍液，或 2.5% 氯氟氰菊酯乳油 1 500 倍液或 10% 高效氯氰菊酯乳油 2 000 倍液等对逐株进行灌根，每株 100~150ml。

6. 主要杂草绿色防控技术

利用人工锄草、背负式割草机割草防控杂草。雨季结束后结合中耕进行除草，采用人工挖锄，有条件的咖啡园可采用微耕机进行。幼龄咖啡园行间进行间作玉米、黄豆及花生等短期作物进行控草。新植咖啡园定植时可采用地膜覆盖对杂草进行防控。可选用草胺膦进行化学控草。

（二）生产管理

主要加强肥水管理、病虫害防治和整形修剪等工作，促进咖啡正常生长，实现肥水供求平衡和增加对病虫抵抗力，达到减肥减药和增产提质增效目标。

（三）应用效果

本技术围绕"一控两减三基本"总体要求，以突破咖啡化肥农药减施增效关键技术为核心，按照"控、调、改、替、精、统"技术路线，以咖啡需肥规律及病虫害发生规律为主线，以高效立体复合生态栽培为统领，以营养诊断、肥效试验和药效试验为基础，建立咖啡化肥农药减施增效技术体系。

1. 减肥减药效果

通过综合措施，化学肥料和化学农药减少20%左右。

2. 成本效益分析

通过综合措施，节约成本或增收10%左右。

3. 促进品质提升

咖啡豆农残检测合格率达到100%。

(四) 适宜范围

云南、四川等小粒种咖啡产区。

（黄家雄）

烟　草

化肥农药施用现状及减施增效技术模式

安徽省烤烟化肥农药减施增效技术模式

一、烤烟化肥施用现状

烤烟是安徽省重要的经济作物,目前种植区域主要分布于皖南的宣城、芜湖、黄山、池州等地,年种植面积约为 10 余万亩。烤烟作为重要的经济作物,在促进当地烟区农民增加收入和扩大就业方面发挥着重要作用。烤烟经济价值高、生物量大,当地烟农为了获得更高的产量和经济效益,常常过量施用化肥,不仅增加了种植成本,还引起环境污染,甚至造成烟叶产量、质量下降。

(一)化肥施用量偏大

目前,生产上普遍采取增施化肥以获得高产和高收益。安徽省烤烟种植区化肥施用量为烟草专用肥(9-13.5-22.5)45~60kg/亩、钙镁磷肥 20~25kg/亩、硝酸钾 10~15kg/亩、硫酸钾 10~15kg/亩、硫酸镁 5~10kg/亩、有机肥(饼肥)25~40kg/亩,折合为:纯氮 6.53~7.53kg/亩、P_2O_5 9.7~12.9kg/亩、K_2O 22~25.6kg/亩。在烤烟生产中,化肥尤其是氮肥的过量施用不仅造成烟田土壤质量和烟叶品质的逐渐下降,盈余肥料流失引起的水体污染和富营养化等还对生态环境构成威胁。此外,皖南烟区典型的烟—稻轮作种植模式和长期大量施用化肥,造成土壤耕层变浅、耕性变差、土壤板结和养分失衡等现象,导致烟叶钾含量偏低、叶片过厚、杂气增加、品质下降。

(二)化肥利用率低

在烤烟生产中,化肥当季利用率较低,总体而言,我国烤烟氮肥利用率平均仅为 30%~40%,而在南方一些省份仅为 20% 左右。据调查统计,安徽皖南烤烟氮肥和钾肥的当季利用率普遍低于 30%,而部分生产水平较先进国家的烟草氮肥利用率相对较高。安徽省烤烟化肥利用率低的原因,主要包括:

一是皖南烟区烤烟大田生长中后期降水量大,极易产生地表径流和养分淋溶而导致氮肥大量损失,这是造成烤烟氮肥利用率低的主要原因。

二是肥料施用方法不当,肥料条施深度不够,烟田揭膜培土不规范,导致肥料养分随水向下迁移至根系活动层以下,不能被烟株根系吸收。

三是为了追求更高的产量和经济效益，生产中烟农的施肥量普遍较高，尤其氮肥过量施用。

四是水肥协同效应不够，部分烟农水分管理意识不到位，不能在烟株生长发育关键时期做到以水调肥。

（三）化肥施用成本高

安徽省 2019 年烟叶收购均价为 31.5 元/kg，按 140kg/亩的平均产量计算，即每亩的烟叶毛收入 4 400 元。相关调查显示，每亩烤烟的平均生产成本为 2 500 多元，其中，肥料和施肥成本就达 600 多元，占总成本的 30%左右，烟农利润空间非常小。目前，皖南烤烟生产肥料种类多达 6 种、用量大，不仅肥料成本较高，并且因施用多种肥料增加了拌肥、运送和施用的用工成本。因此，亟须改进配方肥料和施用模式。

二、烤烟农药施用现状

由于常年种植及受气候因素等影响，病虫害发生较为严重。目前，皖南烤烟病虫害防治中，以喷洒农药为主，由于病害为害严重和害虫抗药性增强，用药量较大，农药残留风险大，造成烟叶质量下降，影响了烤烟绿色高质量发展。

（一）常见病害及防治方法

1. 烟草普通花叶病毒病

（1）症状　烟苗发病初为心叶畸形，然后出现脉明（叶脉呈半透明状），有淡绿和深绿相间花斑的叶片，发病重者苗叶变成灰绿色并畸形呈革质条带状。大田烟株发病，初时心叶出现斑驳，重者叶片厚薄不均，皱缩畸形，或出现深绿泡斑，叶缘下卷的变态叶，烟株早期感病，呈现茎节间短、叶呈不伸长开片的缩顶状态。烟株后期发病，仅顶叶出现轻型花斑。

（2）发生规律　该病毒的传染主要为机械传染，通过农事操作，如中耕培土、打顶、抹杈、风雨引起的接触摩擦等使烟株产生微伤口侵染烟株，并相互传染；苗床上的病毒来源主要是苗盘消毒不彻底，剪叶等农事操作及其他媒介所带病毒、病毒污染过的土壤等。大田中病毒除上述原因外，还有前茬遗留的病株残体、移栽带病的烟苗。

（3）化学防治　发病前用 8%宁南霉素水剂 1 200~1 600倍液、24%混脂·

硫酸铜水乳剂600~900倍液或20%盐酸吗啉胍可湿性粉剂300~400倍液喷雾防治。

2. 烟草马铃薯Y病毒病

（1）症状　田间烟草发病初期在新叶上出现明脉，后形成系统斑驳，小叶脉间颜色变淡，叶脉两侧的组织呈深绿色带状斑，通称脉带。在病叶基部表现最为明显。如为坏死株系，在感病的烟草品种上，叶部小叶脉变成褐色，坏死常延伸到中脉，甚至进入茎部，引起全株死亡。有的品种叶脉坏死，但叶组织仍可存活一段时间，这样的烟株叶片变短，皱褶和向内卷曲。

（2）发生规律　该病毒室内易经汁液机械传播，自然条件下主要靠蚜虫介体传毒。该病一般在马铃薯块茎及茄科作物（番茄、辣椒等）及多年生杂草上越冬，这些是病害初侵染的主要毒源，田间感病的烟株是大田再侵染的毒源。该病的发病因素主要受传毒蚜虫、气候因素和烟草生育状况的影响。生产中缺乏抗病品种，气候变暖影响毒源植物的生长和传毒介体的存活，与蔬菜、马铃薯、油菜等作物连作、邻作都会加重为害。

（3）化学防治　发病前用8%宁南霉素水剂1 200~1 600倍液、24%混脂·硫酸铜水乳剂600~900倍液或20%盐酸吗啉胍可湿性粉剂300~400倍液喷雾防治。

3. 烟草青枯病

（1）症状　该病是典型的维管束病害，根、茎、叶各部位都可以受害，最明显的症状是枯萎，由于枯萎初期仍为青色，故称青枯病。烟株发病后，先是茎和叶脉里的导管变黑，随着病势的发展，病菌侵入皮层及髓部，外表出现黑色条斑，在感病初期病株常表现为半边枯萎。拔起烟株，可见烟株根部为半边坏死。发病中期，横切烟株茎部，可见菌浓渗出。

（2）发生规律　该病菌主要在土壤及残存在土壤中的病残体上越冬，因此，土壤、病残体污染的水源、带菌的粪肥以及病苗是主要初侵染源，病菌主要靠流水传播，从微伤口侵染。主要发病条件为高温高湿，病地连作，田间积水等。中耕次数过多，中耕过深都有利于病害的发生。另外，酸性土壤、烟田地下害虫发生重，也是该病发病重的因素之一。

（3）化学防治　田间发现零星青枯病病株时或移栽后15d左右，用40%噻唑锌悬浮剂600~800倍液喷淋或3%中生菌素可湿性粉剂600~800倍液灌根防治，每7d左右1次，共用药2~3次。

（二）常见虫害及防治方法

蚜虫

（1）发生规律　烟草整个生育期均可受到蚜虫为害，蚜虫多集中在烟株的幼嫩部位或叶片背面，刺吸叶片造成烟株的营养和水分丧失，烟叶产量质量下降，有翅蚜可在田间传播病毒病，造成更大为害。

（2）化学防治　在为害严重时期可选用5%吡虫啉乳油1 000倍液、3%啶虫脒乳油2 000倍液、10%吡虫啉粉剂3 000倍液等叶面喷雾防治。

三、烤烟化肥农药减施增效技术模式

（一）核心技术

本模式的核心内容主要包括"优良品种+配方平衡施肥+绿肥种植+绿色防控+全程机械化"。

1. 优良品种

选择在皖南表现较好的"云烟87""云烟97"等品种，特点是优质高产，抗黑胫病，中抗青枯病，容易烘烤。

2. 烟—稻肥料周年运筹

（1）肥料种类及配方　烟—稻轮作，磷钾肥集中在烟草季使用，后季水稻只施用化学氮肥。以合理施氮水平为核心，中等肥力烟田施用纯氮6.5~7kg/亩，化肥氮磷钾比例为1：（1.5~2）：4。化肥种类为烟草专用肥（氮磷钾养分8：12：32）。根据土壤肥力水平施用烟草专用肥80~90kg/亩，后季水稻亩施尿素20kg。

（2）肥料施用方法　在当季烤烟生产的整地起垄时条施所用肥料，较优的施肥方式是在垄体15~20cm深处段条施。全面采用机械施肥起垄，保证起垄后肥料在垄体正下方15cm处。

3. 绿肥种植

烟秆、稻草全量还田，根据皖南烟—稻周年复种模式，结合烤烟轮作，改变当前普遍采用的隔年烟—稻复种模式，采用烤烟—水稻—绿肥（紫云英）→水稻—再生稻的种植模式，实现轮作，一年种四季作物，肥料减施，提质增效。

4. 绿色防控

绿色防控主要包括"农业防治+生物防治+理化诱控+生态调控"。

（1）农业防治　包括无病壮苗培育和"三深一高一平衡"栽培。育苗前彻底清除棚内杂草、杂物等，对地表及棚壁进行消毒。育苗工场设置消毒通道，大棚设置缓冲间，剪叶工具增设消毒装置，使用 45 目以上的防虫网。育苗控制关键点是防冻、防病、防断水、防断肥、防青苔以及药后操作。实行专业化配送烟苗，装苗筐、车辆严格消毒。移栽前烟苗喷施免疫诱抗剂（超敏蛋白、香菇多糖、嘧肽霉素、氨基寡糖素等），提升烟苗抗病、抗逆能力。在栽培方面，以根系培育及保健栽培为中心开展"三深一高一平衡"栽培技术，提高烟株抗病性。深翻耕 20cm 以上，围沟、腰沟、垄沟配套，深差 10cm 以上，垄高 35cm 以上，烟穴深 15cm 以上。精准施肥，营养平衡，加强排水、排灌结合。

（2）生物防治　推广寄生性天敌蚜茧蜂防治蚜虫和捕食性天敌蠋蝽防治烟青虫/斜纹夜蛾等生物防治技术。根据蚜虫和烟青虫发生情况，每亩释放 500~1 000 头蚜茧蜂和 20~50 头蠋蝽。

（3）理化诱控　针对害虫发生特点，加强理化诱控推广应用，在田间使用性诱剂、食诱剂、太阳能杀虫灯、黄板等诱杀烟田害虫，减少化学农药使用。

（4）生态调控　烤烟生长期尽量不用或少用对天敌有杀伤力和对生态环境破坏较大的农药，首选生物源农药，为烟田及周围天敌群落营造适宜环境。严格控制使用次数、用药时间、剂量、施药方法、安全间隔期，避免大量杀伤天敌。在田头、田埂种植紫云英、向日葵等显花植物，重塑田埂，保护天敌。

（5）病残体无害化处理　早发病烟株及时拔除，打掉的烟权、底脚叶、不适宜烟叶清理干净，集中进行无害化处理。

（6）精准化、减量化施药　提前预防，减少田间操作，禁止无关人员进入烟田。3 轮次统防统治，第 1 轮次扩膜放苗前 3d 内完成，第 2 轮次揭膜前 3d 内完成，第 3 轮次根据天气与病虫害预测预报确定具体时间。化学抑芽采用抑芽剂复配浓度减半技术。

5. 全程机械化

主要包括机械播种、机械剪叶、机械耕整地、机械施肥起垄、机械覆膜、机械中耕培土、机械喷雾、智能自动化烟叶烘烤等。

（二）生产管理

1. 播前准备

上年的 11—12 月，育苗物资准备和育苗大棚消毒。

2. 组织播种

1 月上旬播种，种子包衣。

3. 深耕冻垡

通过秋冬深翻整地，打破犁底层，加深耕作层，保证翻耕深度达到 15cm 以上，烟田翻耕是只翻不耙，以促进晒垡冻垡、熟化土壤。

4. 整地起垄

在移栽前 20d 左右结合条施肥料起垄，起垄要求耙碎耙平，确定好垄向直线起垄；要求一次性成垄，垄体内疏松，表土细碎，垄型饱满，水田垄高 35 ~ 40cm，旱地垄高 30cm 左右，垄体宽 60~70cm，沟宽 40~50cm。

5. 覆膜待栽

整地串墒后培土起垄，立即将地膜盖好等待移栽。

6. 集中移栽

采用膜下深栽法，移栽前统一打移栽穴，移栽时采用细土或火烧土伴栽，移栽时用手指将烟苗根部基质抵到穴底。

7. 查苗补苗

烟苗大田移栽后，要加强地下害虫的防治，及时查苗补苗，保证全苗。

8. 揭膜培土

在皖南烤烟揭膜时间以栽后 40d 为宜。揭膜必须培土，边揭膜边中耕培土。

9. 水分管理

加强烟田"三沟清理"，做到旱灌涝排，保持前中后期田间土壤持水率 70%~75% 水平。

10. 打顶抹杈

打顶与抑芽相结合，根据土壤肥力、前期降水量和烟株大田长势情况，在花轴伸出至 50% 烟株中心花开放时进行，长势弱应早打顶少留叶，长势强应迟打顶多留叶，打顶时顶叶留叶长度应大于 25cm 或打顶 5 ~ 7d 后在抹杈后化学抑芽，留叶 18 片左右，确保顶叶开片后 ≥50cm。

11. 成熟采收

根据烟叶田间长势，下部叶适时早收，成熟标准宜从宽；中部叶适熟采收，成熟标准宜从严；上部叶充分成熟采收，宜 4~6 片叶成熟集中 1 次采收。采收时间宜在早上和上午，旱天采露水烟，以利于保湿变黄。

12. 病虫防治

根据病虫害发生时期，提前做好病虫害的绿色防控工作。进入采烤期，控制农药使用，确保烘烤质量。

(三) 应用效果

1. 减肥减药效果

本模式与周边常规生产模式相比，减少化学氮肥用量 15%~20%，氮肥利用率提高 10% 左右，钾肥利用率提高约 8%，烟叶高产稳产。减少化学农药防治次数 3~4 次，减少化学农药用量 30% 以上，农药利用率提高 5% 左右，病虫害损失率控制在 8% 以下。

2. 成本效益分析

按 140kg/亩的平均产量计算，每亩的烟叶毛收入 4 400 元，每亩烤烟的平均生产成本为 2 500 多元，折合亩纯收入 1 900 元左右，适合发展的适度经营规模 30 万亩，户均规模 70~100 亩。

3. 促进品质提升

本模式下生产的烟叶，钾含量明显提升，下部叶 2.8%~3.2%，中部叶 2.5% 左右，上部叶 1.8% 以上，钾含量比常规模式平均高 0.3 个百分点；烟叶均价提高 1.5 元/kg，比常规模式高 5 个百分点。烟叶成熟度提高，烟叶外观质量和感官质量均高于常规模式，香气质感好，烟气更加细腻、圆润，化学成分更加协调，上部叶的结构更加疏松，油分较多，刺激性和杂气减轻。

4. 生态与社会效益分析

生态效益方面，减少了化肥用量、化学农药使用次数和用量。降低了农药在烟叶中的残留，减少了对烟区土壤、水源的次生污染，皖南烟叶连续 3 年农药残留控制效果良好，样品农残超限率为 0。社会效益方面，普及了绿色生产理念，培养了一批懂绿色生产技术的生产管理、技术人员和烟农，为进一步推广绿色生产打下了良好的基础。

(四) 适宜区域

安徽宣城、芜湖、黄山、池州等烟区。

（姜超强、周本国）

山东省烟草化肥农药减施增效技术模式

一、烟草化肥施用现状

烟草是我国主要的经济作物，种植面积虽只占总耕地面积的 7‰左右，但经济价值较大，属于典型的"小作物，大产业"。烟草生长过程中通过打顶等农艺措施人为改变发育进程，导致烟草养分需求规律有别于大多数作物，烟草有悖于植物养分吸收规律的特殊要求，使烟草生产中化肥合理施用的技术要求明显提高。

（一）化肥施用量大

烟草施肥一般采用一次性基施的策略。山东省多数烟区化肥施用量为烟草专用复混肥（10-10-20）450~750kg/hm²、硫酸钾 225~450kg/hm²、磷酸二铵 45~90kg/hm²、硝酸钾 150~225kg/hm²。农户调研数据显示，山东省平均肥料用量折合为 N 90kg/hm²、P_2O_5 90kg/hm²、K_2O 240kg/hm²。在烟草生产中，氮肥的过量施用引起烟叶品质下降；钾肥用量远大于烟草需求，过量施用钾肥对提升烟叶钾含量效果不显著。与烟草行业推荐施肥用量相比，山东省烟草生产氮磷钾肥用量分别超量 19%、20% 和 28%。

（二）化肥利用率低

在烟草生产中，化肥当季利用率较低，氮磷钾肥的投入带出比分别为 29.6%、13.4% 和 10.9%。分析导致山东省烟草化肥利用率低的原因，主要包括：一是肥料施肥时期不合理，山东省烟草生产施肥均采用一次性基施的方式，与烟草实际养分需求规律存在时间差异；二是过于依赖速效化肥的使用，对稳定性肥料、控缓释肥料等肥料利用率高的新型肥料产品应用较少；三是肥料用量确定较盲目，根据经验确定肥料用量缺失科学依据，烟草生产管理部门采用"一刀切"的方式推荐用量，缺少针对不同肥力地块的具体调整方案。

二、烟草生产农药施用现状

在烟草病虫害发生日益复杂，防治愈发困难的局面下，农药仍然是防治病虫草害的重要手段，是当前乃至未来一段时期不可避免的农业投入品。农药的大量使用，为生态环境带来严峻的挑战。

（一）农药依赖度较高

在烤烟生产过程中，烟草病虫害防治主要有农业防治、物理防治、化学防治、生物防治等方式。其中，由于化学防治省时省力的特点，在烟草病虫害防治时，化学防治仍是烟农的首要选择。

（二）施药技术与装备需要进一步提高

目前在山东烟区，电动喷雾器、植保无人机等高效施药器械得到较为广泛的应用，但仍然无法满足烟草病虫害防治对施药器械多样化的需求。烟农对施药技术和植保机械的重要性认识不足，植保效率低、劳动强度大、成本高、防治效果不理想。

三、烟草化肥农药减施增效技术模式

（一）核心技术

本模式的核心内容主要包括"优良品种、推荐施肥、水肥一体化、控释肥、天敌防治、免疫诱抗、精准施药"。

1. 优良品种

品种选择在该地区表现较好的中烟 100、云烟 87、NC55 等品种。以中烟 300 等品种为后备品种，特点是高抗病毒病。

2. 应用推荐施肥模型推荐氮肥施用量

依据推荐施肥模型对不同目标产量下的氮肥施用量进行了计算。不同区域不同目标产量下的氮肥推荐用量存在显著差异。在一般肥力地块，实现 150kg/亩的目标产量时推荐氮肥用量为 1.3~4.8kg N/亩，实现 175kg/亩的目标产量时推荐氮肥用量为 5~8.3kg N/亩，而实现 200kg/亩的目标产量时推荐氮肥用量为 10~17kg N/亩。

3. 水肥一体化技术

（1）滴灌设备选择 田间主管道和支管道可选择 PVC 材质和 PE 材质两种。PVC 材质管道在田间长期浅埋敷设，适用于预期连续植烟年数较长（5 年以上）、形状规整机械化作业方便的地块。其他地块可采用带有一定柔软度的 PE 材质管道，烤烟收获后一并回收，下一季重新敷设。与单纯滴灌相比，水肥一体化条件下灌溉均匀度要求更高。在坡度大于15°，无法进行等高线铺设的地块，采用压力补偿式滴灌管。下季重新铺设新滴灌带的地块，建议采用薄壁滴灌管。不回收或回收后下季再铺设的地块，可采用寿命较长的中等壁厚/厚壁滴灌管。

（2）施肥设备选择　因地制宜地选择水肥一体化追肥设备。在动力条件满足的地块以泵吸肥法为最优，动力条件不能满足的地块以文丘里施肥器为最优。泵注肥法的水源和肥源压力分别调节，混合后肥液浓度变幅较大，为其次推荐的追肥设备。不建议使用追肥罐。追肥时严格遵守追肥前15min和追肥后15min清水冲洗管道的做法。

（3）灌溉的注意事项　根据降水量，以满足最适土壤墒情来确定灌水次数。不同生育期最低土壤墒情要求不同，伸根期和旺长期的最适土壤墒情分别为75%~85%和85%~100%相对田间持水量。灌水量以达到主要根系分布范围为宜，伸根期、旺长前期、旺长中期灌溉深度分别为20cm、40cm、50cm。在当地不同质地土壤上可用进行不同滴速和不同灌溉时间下的灌溉深度实验来指导确定灌水时间和滴速，每次灌溉以灌水量6~12m³/亩、灌溉时间2~3h为宜，超出本范围通过调节灌溉压力或者灌溉面积来调整滴速。

（4）施肥的注意事项　水肥一体化下化肥总体用量需降低。除土壤肥力较差的地块，应较常规生产减少30%以上化肥用量。追肥时期在伸根期和旺长前、中期，不同生育期施肥目的不同，伸根期以满足土壤养分供应强度为主要目标，旺长期以满足烤烟养分需求量为主要目标。建议有机肥全部基施，氮磷钾肥部分以复混肥形态基施，部分以水溶肥形态在旺长前、中期追施，追肥次数3~4次。伸根期烤烟养分需求量不大，却是养分需求的敏感期，第一次追肥时间不宜晚于移栽后2周。

4. 应用控释肥料

依据土壤类型确定是否适用控释肥，土壤较黏重的地块不使用控释肥，沙质烟田适用控释肥料。控释肥以控释氮肥为主，推荐以硝酸铵钙为原材料的控释氮肥，忌用以尿素为原材料的控释氮肥。适用的控释氮肥以控释期为30~45d为最佳，控释期长的氮肥容易引起烟草后期贪青晚熟。控释氮肥与速效氮肥的比例以（2∶8）~（3∶7）为最优，控释氮肥占比不宜超过50%。

5. 蚜茧蜂、瓢虫等天敌昆虫立体防治蚜虫技术

在烤烟团棵期和旺长期，因地制宜采用僵蚜盒、僵蚜苗、僵蚜卡、放蜂笼、移动网箱和田间小棚等释放模式，进行点状、面状、区域性放蜂。有条件地区，在烤烟团棵期和旺长期，辅助释放瓢虫等其他天敌，实现蚜虫的立体防控，提升

蚜虫防治效果。

6. "蠋蝽捕食幼虫+性诱捕杀成虫+赤眼蜂寄生卵"为主的烟青虫/棉铃虫全虫态立体化防治技术体系

在烟田烟青虫/棉铃虫第1代成虫发生前1周左右设置性诱或灯诱装置，诱捕烟青虫/棉铃虫成虫。

在烟青虫/棉铃虫卵初期—初盛期，按每处1卡的标准将赤眼蜂蜂卡置于烟田中央中部烟叶叶柄基部，每处相隔15~20cm，每亩每次释放5~10cal（1cal为4 000~5 000头），释放2次，每次间隔7d。

在团棵期前后，根据田间烟青虫/棉铃虫成虫的虫口基数，按照20~50头/亩释放蠋蝽5龄若虫，防控烟青虫/棉铃虫幼虫。当田间虫口密度达到6~8头/百株时，在卵孵盛期至幼虫三龄前，选用苏云金杆菌（Bt）、烟碱或苦参碱等药剂进行喷雾防治。

7. 减量精准施药防治地老虎技术

在移栽前10d左右平整烟田土地，完成起垄覆膜工作，起垄前将绿僵菌或白僵菌药与基肥混施，此技术需保证土壤墒情适宜。移栽当天，烟苗出棚前喷施高效氯氟氰菊酯等药剂，带药移栽，常年地老虎发生较多的田块，盖膜前可在垄体上喷施药剂防治；移栽后，田间断苗率达到1%及以上时，在烟株茎基部和周围土壤上喷施药剂防治，可选用10%高效氯氟氰菊酯水乳剂6 000~8 000倍液等药剂，对烟株及根际土壤进行喷雾或灌根防治。

8. "免疫诱抗+源头控制+途径阻断"为核心的病毒病绿色防控技术体系

（1）免疫诱抗 苗期和移栽后15d以内各喷施1次免疫诱抗剂。可选用的免疫诱抗剂有超敏蛋白、寡糖·链蛋白、氨基寡糖素、香菇多糖等。

（2）源头控制 移栽前使用病毒病快速检测试纸条（TMV）检测烟苗是否带毒，10盘取一个样品，TMV检出率超过0.5%时烟苗不能移栽到大田，同时剔除病苗、弱苗，清除烟田周边杂草。

（3）途径阻断 带药移栽，移栽前在苗床喷施噻虫嗪防治蚜虫，移栽时浇足蹲苗水。

9. "烟田轮作+多抗微生物菌剂+诱导抗性剂"为核心的青枯病/黑胫病防控技术体系

将土传病害防控关口前移，全面推行烟田轮作，规划烟田时，根据土壤化验检测结果，结合往年病害发生情况，淘汰病害较重、不适宜种烟的地块。在农业防控的基础上，采用"多抗微生物菌剂+诱导抗性"，控制青枯病、黑胫病的发生。

在青枯病发病区域，采用3 000亿个/g荧光假单孢杆菌粉剂0.5kg/亩，苗床浇泼或1kg/亩移栽时穴施；也可采用0.1亿cfu/g多粘类芽孢杆菌1kg/亩，苗床浇泼或2kg/亩移栽时穴施；在黑胫病发病区域：采用10亿/g枯草芽孢杆菌粉剂250~500g/亩移栽时穴施，或在发病初期喷淋茎基部。

10. 波尔多液和生物菌剂联控赤星病/野火病技术

打顶前15d左右，均匀喷施波尔多液预防病害发生。烟叶旺长前期喷施1~2次多粘类芽孢杆菌或联合使用枯草芽孢杆菌等微生态制剂，形成有利于有益微生物生长、不利于病原菌生长的良好叶际微生态环境。

初现病斑时，如发生赤星病，叶面喷施1~2次多抗霉素进行防控；如发生野火病、角斑病，依据气候预测预报，在风雨天气前期叶面喷施中生菌素或春雷霉素进行防控。

（二）应用效果

本模式与周边常规生产模式相比，节约用肥25%，增产1.4%，氮、磷、钾肥农学利用率分别提高68%、23%、25%；本模式与常规生产模式相比，减少化学农药用量50%以上。在蚜虫、病毒病防治方面，实现防治蚜虫、病毒病的化学农药零施用。

（三）适宜区域

山东潍坊、临沂、日照等烟区。

（闫慧峰、陈丹、王树声）

豫中平原区烤烟化肥减施增效技术模式

一、烤烟化肥施用现状

烤烟是豫中平原区重要的经济作物之一，常年种植面积基本稳定在28万亩左右，主要分布在河南的许昌、平顶山、漯河等产区。烟叶是特殊的农产品，优质适产是永恒的生产目标，既要满足卷烟工业原料质量要求，又要以适当产量保证烟农获得较高效益。但是,在实际生产中,烟农常常把提高烟叶单产与追求效益放在第一位,在能把烟叶销售出的前提下尽量提高单产以增加收入。因此,化学肥料使用量不断增加,造成土壤板结、土壤盐渍化,碳氮比降低,不仅增加成本、污染土壤环境,还造成叶片"大深厚",单叶重偏高,杂色增加、糖碱比降低、刺激性增大、浓香型特色弱化。

(一)化肥施用量偏大

豫中平原区目前主栽烤烟品种为中烟100,该品种耐水肥,丰产性良好,开片较大、增产优势突出,在施肥量偏大的情况下烟叶也能正常烘烤,是烟农喜爱种植的烤烟品种。生产中烟农为增加产量,在氮肥施用量增大同时,为保证烟叶落黄又大量施用硫酸钾肥。施用的主要肥料为烟草专用复合肥(氮磷钾配比为10-10-20 或 10-12-18)225~825kg/hm²,硫酸钾 225~600kg/hm²,硝酸钾 45~75kg/hm²,过磷酸钙 150~225kg/hm²,折合纯 N 量 28.5~94.5kg/hm²,平均 57kg/hm²,P_2O_5 量 40.5~109.5kg/hm²,平均 61.5kg/hm²,K_2O 量 172.5~498kg/hm²,平均262.5kg/hm²,氮磷钾养分总量平均381kg/hm²。

(二)化肥利用率较低

根据试验与多点调查,豫中平原区烤烟当季施用的氮素利用率平均为31.8%,P_2O_5利用率平均19.2%,K_2O利用率平均34.2%,投入的化学肥料主要养分利用率远低于津巴布韦、美国等主要烟叶生产国家;化学肥料养分利用率较低主要原因是土壤 C/N 比低,容重增加,土壤板结,土壤固定,基肥追肥比例较高以及旺长期大水漫灌肥料淋溶等。

(三)肥料投入成本状况

根据 2018—2019 年豫中主要产区烟叶生产调查,肥料投入成本(含化学肥料与有机肥)平均5 130元/hm²,占烟用物质总投入的42.8%,占烟叶生产总成本3.96 万元/hm²(含烟用物质、燃料动力、土地租赁及用工)的12.8%,肥料投入产出比为10.2%。

二、烤烟化肥减施增效技术模式

(一)核心技术

根据国家研发计划子课题"黄淮平原丘陵区烟草化肥农药减施增效技术集成

与示范"研究与生产示范验证，该技术模式的核心是"绿肥掩青+深耕活化土壤+测土配方确定常规施肥量+适量有机肥（腐熟芝麻饼肥等）集中深施+滴灌水肥一体化"，此模式的关键是通过土壤培育，改善土壤供肥能力，根据常规施肥量确定水溶肥用量，并根据烟株长势长相及烤烟需水需肥特点，水肥一体化精准供水供肥。

1. 绿肥掩青

利用烟田冬闲，秋作物收获后 9 月底到 10 月上中旬播种绿肥（大麦、冬牧 70、油菜等），冬季与开春，加强绿肥管理，在第 2 年的 3 月上中旬以不低于干生物量 4 500kg/hm^2，掩青并深翻压埋；无种植绿肥烟田在冬季 11 月到 12 月 10 日使用机械动力牵引翻转型深耕 30cm 左右，冻铧活化土壤，改善土壤通透性，促进有机养分矿化。

2. 适量有机肥集中深施

在 3—4 月起垄施肥时，腐熟芝麻饼肥 300~525kg/hm^2（肥力高烟田用量适当减少，肥力低或重茬烟田适当增加），按照行距 1.2m，人工划线开沟 12~15cm 后或采用施肥起垄机，集中条施深施机械起垄。

3. 测土配方确定常规施肥量

豫中烟叶产区中烟 100 品种不同地力常规施肥推荐量：有机质含量 10~12g/kg，碱解氮含量 45~65mg/kg 中等肥力，施氮 60~75kg/hm^{2}亩，氮磷钾比例 1∶（1.2~1.6）∶3；有机质含量 12~15g/kg，碱解氮含量 65~80mg/kg 中等偏高肥力，施氮 45~60kg/hm^2，氮磷钾比例 1∶（1.2~1.6）∶（3~4）；有机质含量 15.0g/kg 以上，碱解氮含量 80~100mg/kg 高肥力，施氮 22.5~37.5kg/hm^2，氮磷钾比例 1∶（1~1.5）∶（4~5）。

4. 滴灌水肥一体化

为保证烤烟苗期养分需要，在起垄时条施过磷酸钙 225~300kg/hm^2，腐熟芝麻饼肥 300~525kg/hm^2，在烟苗移栽时穴施烟草专用复合肥（氮磷钾配比为 10-10-20 或 10-12-18）75kg/hm^2 左右，在此基础上不再施用任何固态肥料，完全以水肥一体化方式供水供肥。一是合理滴灌，以水调肥，水肥耦合提高肥料利用率，减少肥料淋溶，根据土壤水分适量滴灌，团棵前滴灌 0~1 次，每次单株滴水定额 0.5~1kg，团棵到旺长前，滴灌 1~2 次，每次单株滴水定额 1.5kg 左右，旺长期滴灌 3~4 次，每次单株滴水定额 4~5kg；二是及时精量追肥水溶肥，水溶肥氮素用量在常规肥料用量的基础上减少 20%~40%，钾素用量减少 25%~30%；

追肥一般在移栽后 30d、40d、50d 施用含氮磷钾配比 14-0-28 的烟草专用水溶肥，在移栽后 40d、50d、60d 施用含氮磷钾配比 0-0-40 的烟草专用水溶性钾肥。

（二）配套生产管理

该技术模式需要在烟叶生产过程中统筹组织实施，一是确定烟田后及时抢墒种植绿肥，播种期不晚于 10 月 15 日，加强绿肥冬春季管理，保证有足够掩青生物量，如果没有种植绿肥，要在冬前深耕深翻。二是有机肥提前发酵或提前采购，根据土壤肥力及前茬情况确定不同用量并保证及时供应，确保提前条施集中深施。三是根据烟叶不同生育期及土壤含水量及时合理的滴灌灌水，促进养分释放；四是根据测土配方确定的常规施肥量，扣减氮钾素后提出水溶肥采购量，水溶肥追肥时，根据烟叶生长发育状况，及时调整水溶肥用量及滴灌时期，保证烟叶开片良好，发育正常，及时圆顶，营养充足，及时落黄成熟。

三、技术模式应用效果

（一）减肥效果

应用该技术模式，化学肥料 N 量投入平均 36kg/hm^2，P$_2$O$_5$ 量投入平均 39kg/hm^2，K$_2$O 量投入平均 162kg/hm^2，比常规烟叶生产化学氮素投入减少 36.8%，化学磷素投入减少 36.5%，化学钾素投入减少 38.2%，化学肥料总养分用量减少 9.6kg/亩，化学肥料节肥效果达到 37.8%。

（二）经济效益分析

应用该技术模式，芝麻饼肥投入平均成本 1 270.5 元/hm^2，基肥磷肥与穴肥复合肥化学肥料投入平均成本 544.5 元/hm^2，水溶肥投入平均成本 3 900 元/hm^2，肥料总成本 5 715 元/hm^2，常规烟叶生产使用的各种肥料总成本平均 5 130 元/hm^2（含有机肥），该技术模式肥料投入成本比常规烟叶生产肥料投入成本增加了 585 元/hm^2。种植绿肥增加成本平均按 900 元/hm^2（含绿肥种子及绿肥翻压，油菜种子成本低于大麦、冬牧 70 等），灌溉设施增加成本 1 500 元/hm^2，应用该技术模式比常规烟叶生产增加成本合计 2 985 元/hm^2。

烟叶收获时单产增加 189kg/hm^2，均价提高 1.3 元/kg，因此，平均增收 5 858.7 元/hm^2，增加纯收入 2 873.6 元/hm^2。

（三）烟叶品质提高

烟叶外观质量油分增加，颜色橘黄，结构疏松，色度较强，成熟度提高，中部烟叶单叶重平均 15~18g，比常规烟叶生产平均减少 1.3~2.6g/片；化学成分中还原糖含量增加 0.7~1.9%，上部烟叶烟碱含量 2.8%~3.4%，烟碱含量减少 0.08%~0.25%，烟叶钾含量 1.2%~1.5%，钾含量提高了 0.1%~0.2%，钾氯比、氮碱比、糖碱比趋于协调；感官质量提高，香气量增加，浓香型风格明显。

（吴照辉、郭芳阳、李淑君、刘巧真）

湖南省烟稻轮作区烟草化肥
农药减施增效技术模式

一、烟草化肥施用现状

烟草是湖南省传统的重要经济作物，在提高地方政府财政收入及促进农民增收上发挥了重要作用。湖南省植烟历史悠久，全省烟叶生产基地达 38 个，面积 145 万亩左右，其中，郴州市、永州市、衡阳市、长沙市等常见的种植模式为烟—稻轮作，并且存在周年化肥和农药用量偏大，利用率偏低等问题。因为降雨集中、茬口紧，烟草生长期短，为了烟株快发旺长，常过量施用化肥。

（一）化肥施用量大

目前，湖南省多数植烟区均采取标准化生产，肥料包括烟草专用基肥、专用提苗肥和专用追肥，折合 N 为 120~240kg/hm^2、P$_2$O$_5$ 135~240kg/hm^2、K$_2$O 160~720kg/hm^2。实际生产中，普遍增施化肥以获得高产和高收益。因为降水量分布年际变化，降水多的年份，养分流失多，为了促进烟草生长，不得不增施化肥保障养分供应充足；降水少的年份，肥料养分未被及时吸收，烟农误以为肥料不够，往往在浇灌时加大化肥用量。化学氮肥的过量施用不仅造成植烟田土壤酸化，结构性变差，肥力下降，而且养分流失引起的生态环境问题也不容忽视。

（二）化肥利用率低

烟草生产中，化肥当季利用率较低，不足 30%。主要有 3 个原因：一是降雨集中，径流大，肥料养分流失多；二是茬口紧，需要烟株早发旺长快速落黄，否则影响晚稻种植，因此烟草氮肥多为硝态氮型，如硝酸铵钙、硝酸钾，容易流失；三是生长时间短，肥料养分利用不充分，如郴州市烤烟大田生长期只有 120d 左右。

（三）化肥施用成本高

按湖南省 2018/2019 普通品种烟草收购价为 32.5~34.5 元/kg，烟叶平均产量 2 250kg/hm² 计算，每公顷烟叶毛收入为 7.3 万~7.8 万元。根据农情调查结果，平均每公顷烟叶生产成本为 19 500 元，用工 450d，其中，肥料成本 6 600 元，约占总成本的 34%，施肥用工约 120d，占总用工的 27%。

二、烟草农药施用现状

根据调查资料，烟草生产中发生的害虫种类达 200 多种，细菌性病害、真菌性病害和病毒病均有发生，是导致烟叶减收甚至绝收的重要原因。防治烟草病虫草害的主要措施有化学防治、物理防治、生物防治和农业防治等。其中，化学防治因高效便捷、省时省力，仍是湖南省当前的主要手段。由于烟草生产过程大量使用化学农药，造成杀虫剂、杀菌剂和除草剂的残留为害，如土壤中草甘膦、烟叶中甲基对硫磷和二氯喹啉酸不时有检出超标的现象，影响烟草产业的绿色发展。

（一）使用农药种类多、次数多

根据调查，湖南省烟稻轮作区病虫害防治对象主要有"五病四虫"，即病毒病（普通花叶病与黄瓜花叶病）、青枯病、黑胫病、赤星病、蛙眼病和地老虎、烟青虫（含棉铃虫）、烟蚜、斜纹夜蛾，烟草部门推荐的农药超过 80 种、禁用农药 44 种。使用化学药剂仍是防治病虫害的主要措施，虫害防治在虫口密度达到一定数量时进行，每年施药次数达 6~8 次。化学药剂多次和大面积使用，极易引起害虫产生抗药性，导致药效下降，形成"虫害重—用药多"的恶性循环。过量使用农药在土壤残留形成污染，流进水体造成水体污染或通过漂移挥发造成大气污染。

（二）药械及用药方式有待改进

湖南省烟草种植目前仍以散户或小规模种植合作社为主，烟农主要采用一家一户的分散式进行病、虫、草害防治，并且多选用小型手动喷雾器等设备简陋的药械，农药用量、均匀性、天气的影响等因素很难精准把握，导致喷施过程中常出现药液滴漏、飘失损失，降低农药利用率。

（三）绿色防控理念亟须深入

湖南省烟稻轮作区烟草病虫害防治的农药主要有啶虫脒、氯氟腈菊酯、甲霜灵、氯虫苯甲酰胺、多抗霉素、链霉菌素、吗啉胍等品种，存在单一化突出、农药选择性差的问题。虽然各级烟草公司对烟田农药的种类和用量做出了推荐（规定），但都没有涉及稻田病虫草害用药，不时出现水稻田除草剂、杀虫剂致使烟株生长畸形、烟叶农残超标的现象。与美国、墨西哥等利用植物本身的特殊性能、害虫天敌和微生物农药等综合防治病虫害的先进经验相比，存在明显的差距。

三、烟稻轮作区化肥农药减施增效技术模式

（一）核心技术

本模式的核心内容包括"三调"技术（有机肥替代、绿肥种植、覆盖栽培）和"三控"措施（生态调控、生物防控、理化诱控），结合水旱轮作、土壤调酸等配套技术。

1. 有机肥替代

考虑一般的有机肥养分释放慢、肥效时间长，对烟叶后期落黄有明显的影响，将有机肥前移至前茬作物（水稻）施用。烟稻轮作模式中，以商品有机肥替代水稻的基肥复合肥，减少追肥的尿素用量，即水稻移栽前施 $1\,500\sim3\,000kg/hm^2$ 有机肥，替代 $150kg/hm^2$ 复合肥，之后视水稻苗情追施 $30\sim75kg/hm^2$ 尿素即可。这充分利用了烟田的残余肥料，特别是磷钾养分。

植烟季以腐熟菜籽饼肥替代部分化肥，增加追肥比例，同样减少了周年化肥用量。烟苗移栽时，腐熟的菜籽饼肥 $225\sim450kg/hm^2$，与 $750kg/hm^2$ 烟草专用基肥，混合穴施或条施。移栽后，分 $2\sim3$ 次共施用 $112.5kg/hm^2$ 专用提苗肥；$15\sim20d$ 后，分 $2\sim3$ 次施用专用追肥 $450\sim750kg/hm^2$ 和硫酸钾 $225kg/hm^2$。肥料总量控制为氮肥 $150kg/hm^2$，$N : P_2O_5 : K_2O = 1 : (0.9\sim1.2) : (2.7\sim3)$。

2. 种植绿肥

水稻收获后撒播绿肥，品种为油肥 1 号的油菜种子与肥田萝卜种子（比例为 1:1），用量为 15~30kg/hm²，注意开好腰沟、厢沟和围沟，保持排水通畅。烟秆和稻草还田、施用有机肥、种植绿肥的目的是提高烟田土壤有机质水平和前期供氮能力，活化土壤养分，增加土壤保水保肥性能。

3. 覆盖栽培

采用稻草覆盖、薄膜覆盖或双覆盖，目的是减少肥料养分流失，提高土壤有机质和烟草前期的土壤温度，促进根系发育，减少杂草，有利于烟苗早期生长。研究表明，稻草覆盖在改善中后期烟田温度、湿度，提高上部烟叶可用性方面也有积极作用。

（1）稻草覆盖　水稻收获时，所有稻草集中堆置在田边，在烟田施基肥、移栽后，用稻草覆盖烟垄，保证垄面全部铺盖均匀，适度压实，注意烟株周围盖好稻草。

（2）薄膜覆盖　有膜下移栽和膜上移栽两种方法。①膜下移栽：烟稻轮作模式下，烤烟生长前期温度较低，推荐膜下移栽。烤烟移栽后，土壤足够湿润时盖膜，地膜要拉紧铺平，烟苗距地膜 3~4cm，烟垄四周用土封严压实，有保温保湿和抑草的效果；当膜内温度超过 30℃，在烟苗上方膜面开 2cm 的缺口，以利通风降温。移栽后 10~15d，有一半的烟苗 1~2 片叶尖已经顶膜，且再没有明显的降温天气时，应及时破膜，破膜口径 10cm 左右。掏苗时，用手平坎垄兜小培土，使整个垄体饱满不积水，膜口封严。移栽后 35~40d，当大田烟株进入团棵期，日平均气温稳定通过 20℃ 时，选择晴朗天气揭膜，同时进行中耕、追肥和大培土。②膜上移栽：种烟规模较大的农户推荐采用膜上移栽。烟田起垄开穴施完基肥后，当土壤足够湿润时盖好地膜，膜要封严压实，移栽时正对种植穴中间掏 5cm 的洞口，移栽后，封严膜口。揭膜方法同膜下移栽。

（3）稻草和薄膜双覆盖　可以选择移栽后先盖稻草再盖薄膜，或在团棵期揭膜后覆盖稻草。

4. 生态调控

主要通过合理轮作、土壤调酸（火土灰或石灰）和保育害虫天敌等手段，结合烟田深翻晒垡和两段式育苗等技术，减少化学农药使用。

有条件的烟区采取水旱轮作或烟稻轮作，能明显减少烟草病害的发生特别是青枯病、黑胫病等土传性病害。相较于旱地烟草连作，烟稻轮作的黑胫病、青枯病、赤星病、野火病等发生为害明显减少。

火土灰作为烟草的基肥，可改善烤烟根际微环境，如土壤通透性，调节土壤酸性，推荐用量为 6~7.5t/hm²；石灰在冬季土壤翻耕晒垡前撒施，随土壤翻耕混匀，能调节土壤酸度，杀灭病菌虫卵，推荐用量为 450~750kg/hm²。

在烟田的四周种植保育天敌的作物如芝麻、向日葵、大豆、芋头、丝瓜、苦瓜等，增加烟田的生物多样性，提高天敌昆虫的种群数量，保护和利用天敌，减轻害虫对烟草的为害。

冬季土壤深翻晒垄，可以加厚耕作层，疏松土壤，改善土壤团粒结构，提高土壤蓄水保肥能力，杀灭越冬病菌虫卵。

水旱两段式育苗，前期工厂化育苗选择晴天或无雨阴天进行操作，以杀灭病菌源、减少人为传病机会，人工捕杀害虫虫卵、幼虫。大棚集中漂浮式育苗后，分散到农户用营养土假植，提高壮苗率，增强烟株的抗性。

5. 生物防控

采用 XQ 生防菌防治青枯病。烟苗移栽时，根际范围浇施 XQ 生防菌液。移栽 25~30d 揭膜后，结合培土，再施 XQ 生防菌液于烟株根部，用量为 4.5 L，稀释成 800 倍液。

人工集中繁育蚜茧蜂、赤眼蜂，防治烟蚜、烟青虫和斜纹夜蛾，于烟草虫害集中发生时统一投放，蚜茧蜂和赤眼蜂天敌等寄生害虫虫卵或捕食烟田害虫，能安全高效抑制害虫繁殖。

6. 理化诱控

积极应用频振式杀虫灯或诱捕器，频振式杀虫灯每灯控制 1~2hm²，诱捕器配套诱芯，防治烟青虫、棉铃虫、斜纹夜蛾等害虫，一般每亩烟田安置 1 个诱捕器，适时更换诱芯。

（二）生产管理

1. 移栽前准备

水稻秧苗移栽前，在秧田集中打药 1 次，减少水稻大田的用药次数和虫口密度。

水稻种植时，以商品有机肥替代复合肥，再减少 50%~80% 的尿素追肥用量。即水稻季每公顷施用 1 500~3 000kg 商品有机肥作基肥，水稻追肥根据苗情长势，施用 30~75kg 尿素。烟苗基肥以 225~450kg 的腐熟菜籽饼肥，与 750kg

烟草专用基肥混合穴施或条施。

水稻收获前后，撒播绿肥种子，以油肥 1 号油菜和肥田萝卜籽混合播种，及时开腰沟、厢沟和围沟以利排水。

烟苗由专业育苗工厂统一育苗。播种前，做好育苗大棚苗床清理消毒、漂浮盘和基质消毒，适时播种，培育壮苗。

烟田冬季深翻晒坯，2 月底整地起垄。结合稻草还田，增施火土灰或施用石灰，改良土壤。

2. 适时移栽、合理密植

将火土灰、腐熟饼肥和其他基肥穴施或条施，但需与少量土壤混匀。移栽时，注意根系不能与基肥紧密接触，大穴深栽。移栽后，每公顷施 7.5~15kg 提苗肥，兑水 6~9t，加入 XQ 生防菌液，浇足定根水，促进烟株早生快发。

采用覆膜移栽或稻草覆盖。覆膜可减少烟苗大田前期受低温寒潮的影响，减少降水径流养分损失。膜下移栽可适当早栽，烟苗 6~7 叶 1 心时移栽，膜上移栽要适当推迟，烟苗 7~8 叶 1 心移栽。确保烟株大田生育期 110d 以上。

3. 两次培土，平衡施肥

结合烟苗追肥，加强培土。烟苗移栽后 2 周，施完第一次追肥即进行小培土，用疏松细土把移栽穴填满，茎基部培严（地膜覆盖烟田结合破膜掏苗）。大田烟株团棵后，将剩余的氮肥全部施入，打掉 2~3 片脚叶，及时大培土。

按照"保头保尾促中间"的原则控制施肥，推广"发酵饼肥+专用基肥+专用提苗肥+专用追肥+硫酸钾/硝酸钾"的施肥模式，以正常亩施纯氮 10.5kg 为标，$N:P_2O_5:K_2O$ 控制在 $1:(0.9~1.2):(2.7~3)$，分 4~5 次追肥，适当增加追肥次数，有利于提高肥料利用率。

4. 病虫防治

采取"以农业防治为基础，以预测预报为指导，物理防治、生物防治、药剂防治为辅助"的策略，通过"生态调控+生物防控+理化诱抗"措施，结合化学药剂控制综合防治病虫害。积极应用烟蚜茧蜂、频振式杀虫灯、性诱剂、食诱剂、生物药剂等物理防治、生物防治措施，配套基施火土灰、覆盖控草、深翻晒垄、两段式育苗等综合措施。

根据"烟草病虫情报"的防治建议，按防治适期、防治阈值指标实施精准防治，减少施药次数与施药量，提高防效，严禁施用广谱、高毒、高残留化学农药，采收期禁用化学防治，以保护生态、烟叶质量安全。防治病害集中在发病初期用药，防治虫害在虫口密度达到防治指标时用药。做到精准用药，减少化学药剂使用次数，降低烟叶农药残留，提高烟叶安全性。

湖南省采取烟稻轮作模式的地区，一般上半年栽烟，下半年种稻。3月中上旬移栽烟苗，6月中下旬开始采烤，至7月上旬采烤结束。烟秆全部还田，灌水、施肥可促烤烟根茎腐解。烟秆还田不但增加土壤有机质，也有控制水稻纹枯病的效果。晚稻除草时，禁止使用含二氯喹啉酸有效成分的除草剂，少用乙草胺类、2甲4氯类除草剂，防止农残对烟草造成药害；在烟田尽量减少除草剂的使用，严禁使用含除草醚、草枯醚、除草定等成分的品种。避免多年重复使用同一品种农药，以免产生抗药性。禁用高毒、高残留农药，严禁使用烟草禁用的农药品种如甲胺磷、氯丹、七氯、对硫磷、克百威等以减少农药残留和药害。

在烟田周边种植向日葵、芝麻、大豆、芋头、丝瓜、苦瓜等作物保育害虫天敌。采用XQ生防菌防治青枯病。烟蚜发生期，采用僵蚜苗散放方式，释放蚜茧蜂。在螟虫产卵高峰期，释放赤眼蜂，由蚜茧蜂、赤眼蜂等天敌自由寄生或捕食田间害虫。在烟田中，布置频振式杀虫灯、诱捕器（配性诱剂和食诱剂），控制烟青虫、棉铃虫、斜纹夜蛾繁殖。

5. 组织收获

实行烟叶分批次采收。下部烟叶，在打顶后7~10d褪绿转色时，及时早采；中部烟叶，在叶龄期70~80d适熟采收；上部烟叶，要充分成熟时采收。用药离每次采烤烟叶的时间，不得少于GB/T 8321—2002《农药合理使用准则》《中国烟叶公司烟草农药使用的推荐意见》等规定的安全间隔期。

（三）应用效果

1. 减肥减药效果

本模式与周边常规栽培相比，减少氮肥用量25%以上，氮养分利用率提高20%以上；减少化学农药防治次数1~2次，减少化学农药用量25%以上，农药利用率提高20%以上。试验显示本模式与常规栽培相比，土壤速效氮养分供应能力相当，且烟草移栽前和打顶期土壤潜在供氮能力增强。

稻草覆盖栽培既增加有机质输入，又减少除草剂1次，稻季减少用药1~2次，烟季减少用药1次。

具体见表1至表3。

表1　烟稻轮作周年肥料类型及使用量　　　　（单位：kg/hm²）

栽培模式		基肥			追肥				养分投入总量		
		有机肥	复合肥	专用基肥	尿素	专用提苗肥	专用追肥	硫酸钾	N	P	K
化肥减施栽培	水稻	2 250	0	0	60	0	0	0	61.1	35.6	25.8
	烟草	225	0	750	0	112.5	750	225	158.8	176.6	391.9
常规栽培	水稻	0	10	0	10	0	0	0	91.5	22.5	22.5
	烟草	225	0	750	0	112.5	750	225	158.8	176.6	391.9

注：所用有机肥符合NY525标准，复合肥为15-15-15的硫酸钾型复合肥，尿素N含量按46%、硫酸钾 K_2O 按50%计算；烟草专用肥养分比，专用基肥为7-17-8，专用提苗肥为20-9-0，专用追肥为10-5-29（不同市州不同年份专用追肥养分比例稍有不同，在湖南烟区还有10-0-32、11-5-28等类型）。

表2　烟稻轮作周年化肥（氮磷钾）投入量与减施率

栽培模式	化肥养分投入总量（kg/hm²）			化肥氮磷钾减施率（%）		
	N	P	K	N	P	K
化肥减施栽培	241.5	197.6	412.5	26.5	11.4	5.5
常规栽培	177.6	175.1	390.0	—	—	—

表3　减药技术模式化学农药用量与减施率

项目	农药减施技术模式	常规用药栽培模式
稻田病虫害防治	大田10%吡虫啉可湿性粉剂除稻飞虱，1次2g/亩	治虫：25%噻虫嗪，0.5g/亩；10%吡虫啉，1.6g/亩；20%高氯马4g/亩；40%水胺硫磷，8g/亩 杀菌：5%井冈霉素，5g/亩，40%稻瘟灵可湿粉剂，30g/亩
烤烟虫害防治	采用烟蚜茧蜂、赤眼蜂、诱捕器防治虫害；视蚜虫、烟青虫、棉铃虫、斜纹夜蛾发生情况增加5%啶虫脒乳油，2次共2g/亩；25g/L高效氯氟腈菊酯，2次共1g/亩	烟蚜虫：2%吡虫啉颗粒剂，3次共2.7g/亩；25g/L高效氯氟腈菊酯，2次共1g/亩；20%氯虫苯甲酰胺悬浮剂（康宽），2次共4g/亩

（续表）

项目	农药减施技术模式	常规用药栽培模式
烤烟病害防治	移栽前和移栽 25~30d 时 XQ 生防菌剂 2 次；6%寡糖·链蛋白，1.5g/亩；3%超敏蛋白微粒剂，2 次 0.6g/亩；3%多抗霉素，6g/亩；4%春雷霉素，1 次 4g/亩；72%硫酸链霉素粉剂，2 次 20.2g/亩；25%甲霜·霜霉威，25g/亩	3%超敏蛋白微粒剂，2 次 0.6g/亩；3%多抗霉素，1 次 6g/亩；2%嘧肽霉素，3 次 1.2g/亩，2%琥铜·吗啉胍（克特威灵）水剂，3 次 1.2g/亩；58%甲霜灵可湿性粉剂，29g/亩；72%硫酸链霉素粉剂，2 次 20.2g/亩
用药总量	水稻 2g/亩+烤烟 35.3g/亩	水稻 44.1g/亩+烤烟 65.9g/亩
化学农药减少比例	周年减施 66.1%（烤烟减施 46.4%）	—

注：表中所列未包括全部用药，其中水稻和烤烟苗期用药均未列出，低毒的防治病害类农药波尔多液未列出，抑芽剂不列出，覆盖栽培可以减少除草剂 1 次，但未计入；表中用量以农药有效成分计算。用作对照的常规用药模式为 2015 年以前方式。

2. 成本效益分析

除去人工，亩生产成本 1 300 元，用工约 30d/亩，产量 150kg，亩收入 5 100 元，亩纯收入 3 800 元，散户适合的适度经营规模 10 亩；种植大户适度规模经营考虑人工，按 100 元/工算，成本 4 300 元/亩，纯收入 800 元/亩，适合发展的规模为 100 亩。

3. 促进品质提升

本模式下生产的烟草，中上等烟比例在 90%以上，比常规模式高 3 个百分点。

（四）适宜区域

东南丘陵烟稻轮作区或者其他水旱轮作区。

（卢红玲、彭福元、王树声）

四川省烟草化肥农药减施增效技术模式

一、烟草化肥施用现状

烟草是四川省传统的重要经济作物，作为重要农业支柱产业，在增加地方财政收入、促进农民增收、扩大就业等方面发挥着重要作用，对实现乌蒙山区和大小凉山彝区的"精准扶贫、精准脱贫"意义重大。烟草生长周期长、生物量大、对肥料比较敏感（尤其是氮肥）、经济效益较高，当地烟农为了获得更高的产量和经济效益，过量施用化肥现象普遍，这不仅增加种植成本，降低肥料利用效率，导致农田生态环境污染，甚至造成烟叶质量下降。

（一）化肥用量大、有机肥用量少

目前，烟草生产上普遍采取增施化肥以获得高产和高收益。四川省多数烟区化肥施用量基肥为高浓度复合肥（10-15-25 或 10-15-20）450~600kg/hm²，追肥为硝酸钾（13-0-45）或高钾复合肥（9-0-35 或 5-10-35），折合为 N 97.5~113kg/hm²、P_2O_5 75~132kg/hm²、K_2O 300~330kg/hm²；随着养殖业集约化发展，烟草种植中有机肥用量逐渐减少，且种类单一普遍仅施用油枯，用量约为300kg/hm²，有机肥提供的养分占总养分的 2%~25%。化肥尤其是氮肥和磷肥的过量施用不仅造成植烟土壤质量退化和烟叶品质的下降、肥料利用率降低，甚至盈余的肥料流失引起水体富营养化污染等生态环境威胁。

（二）施肥方法有待改进

目前，烟草生产中虽然有烟草专用基肥和追肥两种复合肥，但烟草底层管理部门烟站往往将基肥和追肥同时发放给烟农，农民为了节约施肥用工和生产成本普遍采用一次性施肥方式。建议烟草部门应分批次分发肥料，烟农应采用基肥与追肥并重的施肥策略。

（三）化肥利用率低

烟草生产中四川烟区化学氮肥当季利用率较低，一般为 24% 左右，低于我国烤烟氮肥利用率 30%~40%，比世界发达国家水平低 10%~15%，四川烟区氮肥当季利用率也低于我国黄壤土区的 24%~29% 和红壤土区的 25%~31%。四川省烟草化肥利用率低的主要原因，一方面可能是烟草生产中化肥用量大，另一方面一次性施肥导致肥料养分释放与烟株养分吸收不同步。

二、烟草生产农药施用现状

在烟草生产中，病虫草害是影响烟叶产量和品质的重要原因之一。目前，防治烟草病虫草害的措施以农业防治为基础、物理防治为辅助、生物防治为重点、化学防治为保障，化学防治因高效便捷、省时省力，仍是四川省当前的主要防治手段。烟草生产过程中农药滥用、乱用现象十分普遍且长期存在，不仅带来了严峻的环境问题，还制约了烟草产业的健康发展。

（1）农药施用量大 登记可用于烟草病虫害防治的化学农药品种较少，当地烟农对化学农药的长期单一、大剂量和大面积施用，极易造成病虫产生抗药性，导致防治效果下降甚至失效；因用药剂量逐渐加大，烟叶农药残留风险极高；同时，过量农药在土壤中残留能造成土壤污染，进入水体后扩散造成水体污染，或通过漂移和挥发造成大气污染，严重威胁生态环境安全。

（2）对病虫害防治技术差 四川烟多分布于贫困山区，以凉山彝区为主，烟农的文化知识普遍较差，对病虫害认识较少，造成用药时期不准、施药方法不当，特别是对病害的防治基本是见病打药，没有体现预防为主，最终造成施药次数多，防治效果还差。

（3）施药器械技术落后 烟草种植大部分在山区，烟农主要采用一家一户的分散式防治手段进行病虫害防治，且多选用小型背负式喷雾器等传统药械，因药械设备简陋、使用可靠性差等，导致药液在喷施过程中常出现滴漏、飘失等情况，农药的有效利用率低。

三、烟草化肥农药减施增效技术模式

（一）核心技术

本模式的核心内容主要包括"配方平衡施肥+病虫害绿色防控"。

1. 配方平衡施肥

（1）肥料种类 施用烟草专用配方肥，基肥氮磷钾养分含量分别为10%、15%、20%，追肥氮磷钾养分含量分别为9%、0%、35%，追肥硝酸钾氮磷钾养分含量分别为13%、0%、45%，施用商品有机肥或腐熟的农家肥。

（2）施肥量 根据植烟土壤肥力高低确定施肥量，四川烟区中等肥力植烟土壤上烟草专用基肥亩施用25～30kg、硝酸钾亩施用10～15kg、烟草专用追肥亩施用20kg、商品有机肥亩施用100kg或腐熟农家肥750kg以上。

（3）施肥时期 全部有机肥和烟草专用基肥作为底肥在整地起垄前或烟苗移栽后施用；烟草移栽7～10d，亩追施硝酸钾3～8kg，烟草移栽14～17d，亩追施硝酸钾6～10kg；揭膜培土时施入烟草专用追肥。

（4）施肥方式 整地起垄前底肥采用条施、烟苗移栽后底肥采用环施的方式，硝酸钾采用兑水浇灌的方式，环施烟草专用追肥。

2. 主要病虫害绿色防控

（1）农业防治是基础　清除田间烟草病残体，减少病虫越冬和传播基数，做好育苗过程卫生消毒，培育无病壮苗。

（2）物理防治为辅助　蚜虫迁飞期，悬挂黄板诱杀有翅蚜，降低蚜虫迁飞烟株定殖基数，并能减轻蚜传病害（CMV、TMV），在斜纹夜蛾、烟青虫成虫发生期，利用性诱剂及杀虫灯诱杀成虫。

（3）生物防治是重点　①释放天敌昆虫控制害虫：在烟蚜发生期人工释放七星瓢虫、烟蚜茧蜂防治蚜虫。②微生物农药防治病虫害：枯草芽孢杆菌防治黑胫病、绿僵菌防治地下害虫、短稳杆菌防治烟青虫（斜纹夜蛾）。

（4）化学农药的科学使用　①对症下药，正确识别病虫害：选择高效低毒、低残留的农药品种。②选择最佳的防治时期，正确的施药方法：病害防治应在发病前预防为主，虫害应在低龄幼虫期及低虫口密度时期，土传病虫害防治应以灌根方式为主。

（二）应用效果

1. 减肥减药效果

本模式与周边常规生产模式相比，减少化肥用量20%，化肥利用率提高12%，减少化学农药防治次数3次，减少化学农药用量33%，农药利用率提高11%。病虫为害率控制在3%以下。

2. 成本效益分析

亩生产成本400元，亩产量150kg，亩收入4 500元，亩纯收入2 000元，适合发展的适度经营规模2万亩。

3. 促进品质提升

本模式下生产的烟叶，中上等烟所占比例达95%以上，烟叶以橘黄色为主，叶片结构较疏松，身份中等或适中，饱满度、均匀度较好，有油润感，光泽度尚可，化学成分协调性较好，烟叶感官质量评价综合得分较高。

（三）适宜区域

四川烟区。

（樊红柱、吴斌、叶鹏盛、王树声）